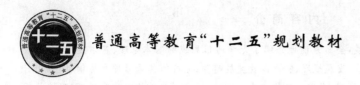

普通高等教育"十二五"规划教材

光纤通信系统

（第 2 版）

马丽华　李云霞

蒙　文　康晓燕　王豆豆　编著

北京邮电大学出版社

·北京·

内 容 简 介

本书紧密结合光纤通信的最新发展,全面系统地介绍了光纤通信系统的基本原理、基本技术、系统设计方法,主要内容包括:光纤通信的组成、发展概况、特点以及发展趋势;光纤的传输原理和传输特性、光纤的非线性效应;光源器件的结构与发光机理、光发送机的组成与设计;光检测器件的结构和原理、光接收机的相关理论;光纤连接器、耦合器、光开关等光无源器件的作用、原理与类型;光放大器的一般概念、典型光放大器的原理与应用;色散补偿的概念与一般方法;波分复用系统原理、设计与器件;光纤通信系统性能指标与设计;相干光通信、光孤子通信、光交换技术、全光通信网、量子通信等光纤通信新技术以及应用。

本书内容系统全面,材料充实丰富,可供通信工程专业本科生及相关专业的高年级学生使用,也可作为通信技术人员的参考书。

图书在版编目(CIP)数据

光纤通信系统/马丽华等编著. --2 版. --北京:北京邮电大学出版社,2015.8(2022.12 重印)
ISBN 978-7-5635-4116-4

Ⅰ.①光… Ⅱ.①马… Ⅲ.①光纤通信—通信系统—高等学校—教材 Ⅳ.①TN929.11

中国版本图书馆 CIP 数据核字(2014)第 189760 号

书　　　名:光纤通信系统(第 2 版)
著作责任者:马丽华　李云霞　蒙　文　康晓燕　王豆豆　编著
责 任 编 辑:陈岚岚
出 版 发 行:北京邮电大学出版社
社　　　址:北京市海淀区西土城路 10 号(邮编:100876)
发 行 部:电话:010-62282185　传真:010-62283578
E-mail:publish@bupt.edu.cn
经　　　销:各地新华书店
印　　　刷:保定市中画美凯印刷有限公司
开　　　本:787 mm×1 092 mm　1/16
印　　　张:17.25
字　　　数:428 千字
版　　　次:2009 年 9 月第 1 版　2015 年 8 月第 2 版　2022 年 12 月第 4 次印刷

ISBN 978-7-5635-4116-4　　　　　　　　　　　　　　　定　价:36.00 元

第 2 版前言

光纤通信作为现代通信的主要传输手段,在现代电信网中起着重要作用。光纤通信有巨大的信息传输容量,一条光频通路理论上可同时允许几十亿人通话。光纤通信通过短短几十年的发展,在扩大网络传输容量方面起到了其他方式不可替代的作用。展望未来,光通信仍将一如既往地向前发展,把通信网从电到光推向更高的台阶。不仅在传输,而且在交换;不仅在网络核心,而且在网络边缘,都将引入光通信,最终把光送到千家万户。

本书主要讲述光纤通信原理与技术,包括光纤传输原理、光无源和有源器件原理、光纤通信系统以及近年来发展的各种部件技术和系统技术。内容强调器件和系统的概念,同时也重视介绍它们的应用。

全书共分 10 章。第 1 章为导论,主要介绍光纤通信的概念、发展历史、系统组成、特点应用以及发展趋势;第 2 章主要介绍光纤传输原理与传输特性,包括光纤的结构、类型、导光原理、传输特性及非线性效应,并介绍几种典型的单模光纤与光缆以及光纤接续;第 3 章为光源和光发送机,讨论半导体光源的原理、结构、特性及由其构成的光发送机的结构、光调制特性以及将光信号注入光纤的耦合方式与技术;第 4 章为光检测器与光接收机,在介绍光检测器的原理、结构和特性的基础上讨论了接收机主要组成部分的电路与特性,并详细讨论接收机的噪声和灵敏度及降低噪声和提高灵敏度的方法;第 5 章介绍光纤通信系统常用无源器件,主要包括光纤连接器、光耦合器、光开关、光衰减器等器件的作用、工作原理与种类;第 6 章为光放大及色散补偿技术,包括光放大器的一般概念、几种典型光放大器的原理与应用以及色散补偿的概念与一般方法;第 7 章为光波分复用技术,重点介绍波分复用系统原理、设计与器件;第 8 章为光纤通信系统与性能,介绍了两种数字传输体制、系统性能指标,光纤损耗、色散对系统性能的影响以及光纤通信系统的设计;第 9 章为光纤通信新技术,分别介绍了相干光通信、光孤子通信、光交换技术、全光通信网、量子通信等光纤通信新技术以及应用;第 10 章为光网络,介绍光网络及其发展、光交换技术、光传送网(OTN)、自动交换光网络(ASON)、波长交换光网络、分组传送网(PTN)。

本书由马丽华、李云霞、蒙文、康晓燕和王豆豆共同编著完成。其中,第 1、5、6、8 章由马丽华编写,第 2 章由王豆豆编写,第 3、4 章由蒙文编写,第 7、9 章由李云霞编写,第 10 章由康晓燕编写。全书由马丽华统稿。编写工作得到赵尚弘教授的关心与支持,在此表示诚挚的感谢。

为保证理论部分的系统性，本书参考了相关领域出版的部分著作和教材，同时引用了一些文献中发表的内容，它们使得本书能够反映光纤通信技术发展的当前水平。在此，对这些成果的作者表示深深的感谢。

　　由于经验不足，加之编者水平有限和时间仓促，书中的疏漏之处在所难免，敬请读者批评指正。

作　者

目　录

第1章

导　论

光纤通信作为现代通信的主要传输手段,在现代电信网中起着重要作用。光纤通信有巨大的信息传输容量,一条光频通路理论上可同时允许几十亿人通话。本章对光纤通信的发展历史进行了简单回顾,介绍了光纤通信系统的基本组成、特点、应用以及光纤通信的发展趋势等。

1.1　光纤通信的基本概念

光纤通信是指以光波为载频,以光导纤维(光纤)为传输媒介的通信方式。

光波是一种电磁波,电磁波按照波长或频率不同可分为如图 1.1.1 所示的种类。其中,紫外光、可见光、红外光都属于光波,光纤通信工作在近红外区,即波长是 $0.8 \sim 1.8\ \mu m$,对应的频率为 $167 \sim 375$ THz。

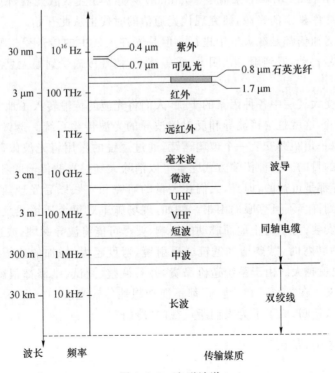

图 1.1.1　电磁波谱

1.2 光纤通信发展历史

1838 年 Samuel F. B. Morse 发明了电报,标志着人类进入了电通信时代。1876 年贝尔(Bell)发明电话,一对线通一路话,从此开创了模拟电话通信。1918 年采用明线传输的三路载波机问世。此后,为了扩大通信容量,载波频率不断增加,主要的通信手段有电缆载波通信和微波载波通信。在理论上载频频率越高,所能携带的信号带宽就越大,系统容量就大。通信的发展就是要进一步地使用更高频率的波段,以便得到更大的带宽来提高信息容量,降低通信成本。因此,电通信系统总是倾向于采用更高的频率。

光通信可追溯到远古时代。中国古代烽火台的烟火、美洲印第安人利用烟火传递信息等都是原始性的一种光通信。由烽火台或山顶放出的断断续续的青烟就可以认为是一种信号,光是信息的载体,空气是传输媒质,人的眼睛就是光检测器。17 世纪以来沿用的灯光传送信号及手旗通信至今仍在船舶上使用。1880 年,贝尔制作了一台叫做"光电话"的装置,利用太阳光做光源,用硒晶体作为接收光信号的器件,进行了实验,达到了能与最远相距213 m 的人通话。无论是古代的"烽火台"还是贝尔的"光电话"都与现今的光通信有很大的区别。太阳光、灯光等普通的光源,都不适合作为现代光通信的光源,因为这些光都是带有"噪声"的光。也就是说,这些光的频率不稳定,光的性质是复杂的。因此,真要用光来通信,必须要解决两个根本性的问题:一是必须有能稳定传送光的介质;二是必须要找到理想的光源。长期以来,由于这两项关键技术没有得到解决,因此光通信一直裹足不前。

1960 年 7 月 8 日,美国科学家梅曼(Maiman)发明了红宝石激光器,使人们获得了性质和电磁波相似而频率稳定的光源,研究现代光通信的时代也从此开始。

开始研究的光通信都是在大气中进行。但是光在大气中的传送受气候的影响很大,大气湍流会造成信号抖动,遇到雨、雪、阴天、雾等情况,信号传输受到很大衰减,无法满足长距离通信。

为使光波不受大气层中各种因素的干扰,人们将光波的传输转入了地下,进行了光波地下传输的各种试验,这就是透镜波导和反射镜波导的光波传输系统。透镜波导是在金属或水泥管道内,每隔一定距离安装一个玻璃透镜,通过透镜的作用将光波限制在管道内传输,以达到光波通信的目的。这种传输方式完全可以消除大气对光波传输的各种干扰。从理论上说,这两种波导都是可行的,但是,人们在大量的研究和实践以后发现,在实际应用时,这种传输方式将遇到许多不可克服的困难。例如,现场施工对每个透镜或反射镜要进行严格的校准和牢固的安装;为了防止地面震动的影响,要尽可能将波导深埋,或选择人、车稀少的地区;在波导路由转弯时,需要增加透镜或反射镜,弯度越大,增加的透镜或反射镜数也越多,光能的损耗也就越大。由于系统造价昂贵,并且调整、测试、维修都很困难,因此光波地下通信无实用意义。在"天空"和"地下"都不能理想地传输光波的情况下,1965 年左右,光波通信的研究进入低潮,成了不为人们所重视的"冷门"。

1.2.1 光纤的发展

1966 年 7 月,英籍华人高锟博士在 PIEE 杂志上发表了一篇十分著名的文章《用于光频的光纤表面波导》,该文从理论上分析证明了用光纤作为传输媒体以实现光通信的可能性;设计了通信用光纤的波导结构;更重要的是,科学地预言了制造通信用的超低耗光纤的可能性,即加强原材料提纯,加入适当的掺杂剂,可把光纤的衰减系数从当时的 1 000 dB/km 降低到 20 dB/km 以下,以实现通信。这一近乎神话的预言在 4 年后获得证实。图 1.2.1 为光纤通信发明家高锟(左)1998 年在英国接受 IEE 授予的奖章。

图 1.2.1 光纤通信发明家高锟(左)1998 年在英国接受 IEE 授予的奖章

　　1970 年被称为光纤通信的元年,这一年,一是美国康宁公司成功地拉制出了世界上第一根衰减水平为 20 dB/km 的光纤;二是美国贝尔实验室制作出可在室温下连续工作的铝镓砷(AlGaAs)半导体激光器。这两项科学成就揭开了光纤通信蓬勃发展的历史。

　　自康宁公司之后,世界各发达国家对光纤通信的研究倾注了大量的人力与物力,光纤衰减不断下降。

- 1970 年,美国康宁公司马勒博士等三人的研究小组首次研制成功损耗为 20 dB/km 的光纤。
- 1974 年,贝尔实验室发明了制造低损耗光纤的方法,称为改进的化学气相沉积法(MCVD),光纤损耗下降到 1 dB/km。
- 1976 年,日本电报电话公司使光纤损耗下降到 0.5 dB/km。
- 1979 年,日本电报电话公司研制出 0.2 dB/km 的光纤。
- 目前,通信光纤最低损耗为 0.17 dB/km。

1.2.2 光纤通信系统的发展

小型光源和低损耗光纤的同时问世,在全世界范围内掀起了发展光纤通信的高潮。

- 1976 年,美国在亚特兰大开通了世界上第一个实用化光纤通信系统,传输速率为 45 Mbit/s,中继距离为 10 km。
- 1978 年,日本开始了速率为 100 Mbit/s 的多模光纤通信系统的现场试验。
- 1981 年,日本 F-100M 光纤通信系统(100 Mbit/s)商用。
- 1985 年,多模光纤通信系统(140 Mbit/s)商用化,并着手单模光纤通信系统的现场试验工作。
- 1990 年,单模光纤通信系统进入商用化阶段(565 Mbit/s),并着手进行零色散位移光纤和波分复用及相干光通信的现场试验。
- 1993 年,SDH 产品开始商用化(622 Mbit/s 以下)。SDH 设备等级如表 1.2.1 所示。

表 1.2.1　SDH 设备等级

SDH 设备	STM-1	STM-4	STM-16	STM-64	STM-256
速率	155.520 Mbit/s	622.08 Mbit/s	2.5 Gbit/s	10 Gbit/s	40 Gbit/s
话路数	1 890 路 (63 个 2 M 口)	7 560 路	30 240 路	120 960 路	48.384 万路

- 1995 年,Lucent 的 8×2.5 Gbit/s 密集波分复用系统正式投入商用。
- 1998 年,10 Gbit/s 的 SDH 产品开始进入商用化阶段。
- 1999 年,美国朗讯 1 Tbit/s(100×10 Gbit/s) 产品试验,话路数相当于 1 200 万路。
- 2000 年,日本 NEC 3.2 Tbit/s(160×20 Gbit/s)产品试验。
- 2001 年,日本 NEC 10.92 Tbit/s(273×40 Gbit/s)试验(话路数相当于 1.32 亿路)。

光纤通信进展确实很快,在不到 20 年的时间里,衡量通信容量的比特率-距离积 BL(B 为比特率,L 为中继距离)增加了几个数量级。光纤通信系统在技术上经历了以下各具特点的 5 个阶段(或五代光波通信系统)。

第一代:工作于 0.85 μm 波段,使用多模光纤,其比特率在 20～100 Mbit/s 之间,最大中继间距 10 km,最大通信容量 500 (Mbit/s)·km。与同轴电缆通信系统相比,中继间距长,投资和维护费用低,是工程和商业运营追求的目标。

第二代:工作于损耗更低的 1.31 μm 波段,采用能克服模间色散限制的单模光纤,最大通信容量为 85 (Gbit/s)·km。

第三代:工作于石英光纤最低损耗波长区 1.55 μm 波段,色散问题通过使用设计在 1.55 μm 附近具有最小色散的色散位移光纤(DSF)与单纵模激光器来克服。最大通信容量 1 000 (Gbit/s)·km。

第四代:采用波分复用(WDM)和光放大(OA)技术,在单信道比特率一定的条件下,通过增加复用信道数和延长中继距离的方法达到提高通信容量的目的。特别是 20 世纪 90 年代初期光纤放大器的问世引起光纤通信领域的重大变革。

第五代:以光孤子脉冲为通信载体,采用光时分复用技术(OTDM)和波分复用技术(WDM)联合复用为通信手段,以超大容量、超高速率为特征的通信方式。

光波通信技术得到巨大发展,现在世界通信业务的 90％需经光纤传输,光纤通信的业务量以每年 40％的速度上升。随着光波通信系统技术的发展,光波系统在通信网中的应用得到了相应的发展。现在,世界上许多国家都将光波系统引入了公用电信网、中继网和接入网中,光纤通信的应用范围越来越广。

1.3　光纤通信系统的基本组成

典型的光纤通信系统方框图如图 1.3.1 所示。图中仅表示了一个方向的传输,反方向的传输结构是相同的。从图 1.3.1 可以看出,光纤通信系统由电端机、光发送机、光纤光缆、光中继器与光接收机 5 部分组成。

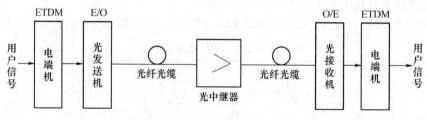

图 1.3.1　光纤通信系统方框图

1. 电端机

电端机的作用是对来自信源的信号进行处理,如模/数(A/D)变换、多路复用处理。它是一般的电通信设备。信息源把用户信息转换为原始电信号,这种信号称为基带信号。电端机把基带信号转换为适合信道传输的信号,这个转换如果需要调制,则其输出信号称为已调信号。对于数字电话传输,电话机把话音转换为频率范围为 0.3~3.4 kHz 的模拟基带信号,电端机把这种模拟信号转换为数字信号,并把多路数字信号组合在一起。模/数转换目前普遍采用脉冲编码调制(PCM)方式,这种方式是通过对模拟信号进行抽样、量化和编码而实现的。一路话音转换成传输速率为 64 kbit/s 的数字信号,然后用数字复接器把 24 路或 30 路 PCM 信号组合成 1.544 Mbit/s 或 2.048 Mbit/s 的一次群甚至高次群的数字系列,再输入光发射机。对于模拟电视传输,则用摄像机把图像转换为 6 MHz 的模拟基带信号,直接输入光发送机。

2. 光发送机

光发送机的功能是把输入电信号转换为光信号,并用耦合技术把光信号最大限度地注入光纤线路。光发射机由光源、驱动器和调制器组成,光源是光发射机的核心。光发射机的性能基本上取决于光源的特性,对光源的要求是输出光功率足够大,调制频率足够高,谱线宽度和光束发散角尽可能小,输出功率和波长稳定,器件寿命长。目前广泛使用的光源有半导体发光二极管(LED)和半导体激光二极管(或称激光器)(LD),以及谱线宽度很小的动态单纵模分布反馈(DFB)激光器。有些场合也使用固体激光器,如大功率的掺钕钇铝石榴石(Nd:YAG)激光器。

光发送机把电信号转换为光信号的过程(常简称为电/光或 E/O 转换)是通过电信号对光的调制而实现的。目前有直接调制和间接调制(或称外调制)两种调制方案。直接调制是用电信号直接调制半导体激光器或发光二极管的驱动电流,使输出光随电信号变化而实现的。这种方案技术简单,成本较低,容易实现,但调制速率受激光器的频率特性所限制。外调制是把激光的产生和调制分开,用独立的调制器调制激光器的输出光而实现的。目前有多种调制器可供选择,最常用的是电光调制器。这种调制器是利用电信号改变电光晶体的折射率,使通过调制器的光参数随电信号变化而实现调制的。外调制的优点是调制速率高,缺点是技术复杂,成本较高,因此只在大容量的波分复用和相干光通信系统中使用。对光参数的调制,原理上可以是光强(功率)、幅度、频率或相位调制,但实际上目前大多数光纤通信系统都采用直接光强调制。因为幅度、频率或相位调制需要幅度和频率非常稳定、相位和偏振方向可以控制、谱线宽度很窄的单模激光源,并采用外调制方案,所以这些调制方式只在新技术系统中使用。

3. 光纤光缆

光纤光缆作为线路,其功能是把来自光发送机的光信号以尽可能小的畸变(失真)和衰减传输到光接收机。光纤线路由光纤、光纤接头和光纤连接器组成。光纤是光纤线路的主体,接头和连接器是不可缺少的器件。实际工程中使用的是容纳许多根光纤的光缆。

光纤线路的性能主要由缆内光纤的传输特性决定。对光纤的基本要求是损耗和色散这两个传输特性参数都尽可能小,而且有足够好的机械特性和环境特性。例如,在不可避免的应力作用下和环境温度改变时,保持传输特性稳定。

目前使用的石英光纤有多模光纤和单模光纤,单模光纤的传输特性比多模光纤好,价格比多模光纤便宜,因而得到更广泛的应用。单模光纤配合半导体激光器,适合大容量、长距离光纤传输系统,而小容量、短距离光纤传输系统用多模光纤配合半导体发光二极管更加合适。为适应不同通信系统的需要,已经设计了多种结构不同、特性优良的单模光纤,并成功地投入实际应用。

石英光纤在近红外波段,除杂质吸收峰外,其损耗随波长的增加而减小,在 $0.85~\mu m$、$1.31~\mu m$ 和 $1.55~\mu m$ 有 3 个损耗很小的波长窗口。这 3 个波长窗口损耗分别小于 2 dB/km、0.4 dB/km 和 0.2 dB/km。石英光纤在波长 $1.31~\mu m$ 色散为零,带宽极大值高达几十 GHz·km。通过光纤设计,可以使零色散波长移到 $1.55~\mu m$,实现损耗和色散都最小的色散移位单模光纤,或者设计在 $1.31~\mu m$ 和 $1.55~\mu m$ 之间色散变化不大的色散平坦单模光纤等。根据光纤传输特性,光纤通信系统的工作波长都选择在 $0.85~\mu m$、$1.31~\mu m$ 或 $1.55~\mu m$,特别是 $1.31~\mu m$ 和 $1.55~\mu m$ 应用更广泛。

因此,作为光源的激光器的发射波长和作为光检测器的光电二极管的波长响应,都要和光纤这 3 个波长窗口相一致。目前在实验室条件下,$1.55~\mu m$ 的损耗已达到 0.154 dB/km,接近石英光纤损耗的理论极限,因此人们开始研究新的光纤材料。光纤是光纤通信的基础,光纤技术的进步有力地推动着光纤通信向前发展。

4. 光中继器

在长距离光纤通信系统中,延长通信距离的方法是采用中继器。中继器将经过长距离光纤衰减和畸变后的微弱光信号经放大、整形、再生成一定强度的光信号,继续送向前方以保证良好的通信质量。

目前大量应用的是光电光中继器,首先要将光信号转化为电信号,在电信号上进行放大、再生、重定时等信息处理后,再将信号转化为光信号,经光纤传送出去。这样通过加入级联的电再生中继器可以建成很长的光纤传输系统。但是,这样的光电光中继需要光接收机和光发送机来进行光/电和电/光转换,设备复杂,成本昂贵,维护运转不方便。

近几年迅速发展起来的光放大器,尤其是掺铒光纤放大器(EDFA,Erbium Doped Fiber Amplifier),在光纤通信技术上引发了一场革命。在长途干线通信中,它可以使光信号直接在光域进行放大而无须转换成电信号进行信号处理,即用全光中继来代替光电光中继。这使成本降低、设备简化、维护运转方便。EDFA 的出现,对光纤通信的发展影响重大,促进和推动了光纤通信领域中重大新技术的发展,使光纤通信的整体水平上了一个新的台阶。它已经对光纤通信的发展产生了深远的影响。

5. 光接收机

光接收机的功能是把从光纤线路输出的产生畸变和衰减的微弱光信号转换为电信号,并经放大和处理后恢复成发射前的电信号。光接收机由光检测器、放大器和相关电路组成,光检测器是光接收机的核心。对光检测器的要求是响应度高、噪声低和响应速度快。目前广泛使用的光检测器有两种类型:在半导体 PN 结中加入本征层的 PIN 光电二极管(PIN-PD)和雪崩光电二极管(APD)。

光接收机把光信号转换为电信号的过程(常简称为光/电或 O/E 转换)是通过光检测器的检测实现的。检测方式有直接检测和外差检测两种。直接检测是用检测器直接把光信号转换为电信号。这种检测方式设备简单、经济实用,是当前光纤通信系统普遍采用的方式。外差检测要设置一个本地振荡器和一个光混频器,使本地振荡光和光纤输出的信号光在混频器中产生差拍而输出中频光信号,再由光检测器把中频光信号转换为电信号。外差检测方式的难点是需要频率非常稳定、相位和偏振方向可控制、谱线宽度很窄的单模激光源;优点是有很高的接收灵敏度。

目前,实用光纤通信系统普遍采用直接调制-直接检测方式。外调制-外差检测方式虽然技术复杂,但是传输速率和接收灵敏度很高,是很有发展前途的通信方式。

光接收机最重要的特性参数是灵敏度。灵敏度是衡量光接收机质量的综合指标,它反映接收机调整到最佳状态时接收微弱光信号的能力。灵敏度主要取决于组成光接收机的光电二极管和放大器的噪声,并受传输速率、光发射机参数和光纤线路色散的影响,还与系统要求的误码率或信噪比有密切关系。所以灵敏度也是反映光纤通信系统质量的重要指标。

基本光纤传输系统作为独立的"光信道"单元,若配置适当的接口设备,则可以插入现有的数字通信系统或模拟通信系统;若配置适当的光器件,可以组成传输能力更强、功能更完善的光纤通信系统。例如,在光纤线路中插入光纤放大器组成光中继长途系统,配置波分复用器和解复用器组成大容量波分复用系统,使用耦合器或光开关组成无源光网络,等等。

1.4　我国光纤通信的发展

1.4.1　我国光纤通信的历程

我国光通信起步较早,20 世纪 70 年代初就开始了大气传输光通信的研究,随之又进行光纤和光电器件的研究,自 1977 年初研制出第一根石英光纤起,跨过一道道难关,取得了一个又一个零的突破。

1977 年,第一根短波长(0.85 μm)阶跃型石英光纤问世,长度为 17 m,衰减系数为 300 dB/km;研制出 Si-APD。

1978 年,阶跃光纤的衰减降至 5 dB/km;研制出短波长多模梯度光纤,即 G.651 光纤;研制出 GaAs-LD。

1979 年,研制出多模长波长光纤,衰减为 1 dB/km;建成 5.7 km 的 8 Mbit/s 光通信系统试验段。

1980 年,1 300 nm 窗口衰减降至 0.48 dB/km,1 550 nm 窗口衰减为 0.29 dB/km;研制出短波长用的 AlGaAs-LD。

1981 年,研制出长波长用的 InGaAsP-LD 和 PIN 探测器;多模光纤活动连接器进入实用;研制出三次群 34 Mbit/s(480 路)光传输设备。

1982 年,研制出四次群 140 Mbit/s(1 920 路)光传输设备;研制成功长波长用的激光器组件和探测器组件(PIN-FET)。

1984 年,武汉、天津 34 Mbit/s 市话中继光传输系统工程建成(多模)。

1985 年,研制出 1 300 nm 单模光纤,衰减达 0.40 dB/km。

1986 年,研制出动态单纵模激光器。

1988 年,全长 245 km 的武汉-沙市 34 Mbit/s 多模光缆通信系统工程通过邮电部鉴定验收;扬州-高邮 4 Mbit/s 单模光缆通信系统工程通过邮电部鉴定验收。

1989 年,汉阳-汉南 40 Mbit/s 单模光传输系统工程通过邮电部鉴定验收。

1990 年,研制出 G. 652 标准单模光纤,最小衰减达 0. 35 dB/km,到 1992 年降至 0. 26 dB/km;研制出 1 550 nm 分布反馈激光器(DFB-LD)。

1991 年,研制出五次群 565 Mbit/s(7 680 路)光传输设备;研制出 G. 653 色散位移光纤,最小衰减达 0. 22 dB/km。

1992 年,研制出掺铒光纤(EDF);研制出可调谐 DFB-LD 和泵浦源 LD;FC-PC 陶瓷单模光纤活动连接器通过邮电部鉴定。

1993 年,在掺铒光纤放大器的研究上取得突破性进展,小信号增益达 25 dB;上海-无锡 565 Mbit/s 单模光传输系统工程通过邮电部鉴定验收。

1995 年,研制出 STM-1、STM-4 SDH 设备。

1996 年,研制出 STM-16 SDH 设备。

1997 年,研制出 G. 655 非零色散位移光纤;研制出应变多量子阱 DFB 激光器,成都-攀枝花 22 Mbit/s SDH 光传输系统工程通过邮电部鉴定验收;咸宁 622 Mbit/s SDH 双自愈环互连系统工程通过建设部门初验。

1998 年,海口-三亚 5 Gbit/s 光传输系统工程通过邮电部鉴定验收,该工程全长 322 km,仅在万宁设一个中继站,海口-万宁的中继距离为 172 km,仅在发送机中使用一个 EDFA 就实现了这一超长中继;研制出 OADM、OXC 样机。

1999 年,8×2.5 Gbit/s DWDM 系统通过国家验收;研制出 STM-64 SDH 设备。

2002 年,研制出 320 Gbit/s (32×10 Gbit/s) (387 万路)光传输设备,即 32 波长每波长携带 10 Gbit/s。

2003 年,研制出 1.6 Tbit/s (160×10 Gbit/s) (1 935.36 万路)光传输设备。

1.4.2　我国光纤通信现状

在 20 世纪 80 年代之前我国干线网基本上采用模拟载波技术,大部分路由所用传输媒介为明线和模拟微波。80 年代初,光纤系统产品商用化后,原中国电信就决定以光纤为主、数字微波为辅建设干线传输网,在实施过程中本着高起点、新技术的原则,积极采用可以商用的大容量系统。中国干线光纤网的建设是从 1985 年宁汉 140 Mbit/s PDH 光缆通信系统开始的,随后国产 34 Mbit/s、140 Mbit/s 光缆通信系统研制成功并陆续投入省内和干线使用,八五期间干线建设以 140 Mbit/s PDH 系统为主。

90 年代初 SDH 技术商用化后,原中国电信就转向以 SDH 建设光纤传送网,从 1994 年起除极少数干线采用 622 Mbit/s 系统外,大多数干线直接采用 2.5 Gbit/s 系统。到 1998 年年底,原中国电信已建成八纵八横的光纤网。沿海地区很多省光纤已到乡,光纤接入网建设进展也很快,以广东为例,由光纤所提供的用户线已超过 30%,在大城市光纤到大楼和住宅小区的工作正加速进行。

我国的核心网光传输已主要采用 2.5 Gbit/s 以上的 SDH 系统,部分干线采用 32× 10 Gbit/s DWDM 系统。国产的 32×10 Gbit/s 系统已应用于干线工程。目前已建成的 DWDM 系统基本上都是点到点的系统,还没有形成环路,部分考虑了 SDH 层面上的保护。

正在建设的 DWDM 系统已采用 OADM 环网的方案。

接入网中已大量采用了光纤接入的方式,包括采用有源光接入 DLC(如以 PDH 或 SDH 为传输平台)和无源光网络(PON)的光纤接入方式,以实现 FTTC、FTTB,为最终实现 FTTH 打下基础。有的城市已用光纤带光缆敷设了 100 多个光纤环,为全市的接入光纤化迈出了重要的一步。在广电部门,光纤 CATV 的应用已十分广泛,并主要采用 HFC、Cable Modem 技术实现广播电视与话音、数据的综合接入。

目前,国内以中国电信为首的各大运营商纷纷在规划建设全新的全国骨干光传输网络,以迎接加入 WTO 后的电信大战。中国电信已宣布在过去"八纵八横"的基础骨干网之外建设以 3 个 10 Gbit/s 密集波分复用(DWDM)环状网为主体的全国高速大容量骨干网;在中国联通也将建设以 5 个 10 Gbit/s DWDM 环状网为主的国家级高速骨干网;中国移动正在积极规划建设自身的国家干线网和省内二级干线网;中国网通也正在策划其骨干网络的扩展与提速。

据统计,1999 年我国总敷设光缆约 660 万芯千米,2000 年我国总敷设光缆约 720 万芯千米,2001 年光缆总需求为 1 000 万芯千米,2002 年 4 月达 1 150 万芯千米,2005 年达到 1 600 万芯千米以上。

1.5　光纤通信的特点与应用

1.5.1　光纤通信的特点

在光纤通信系统中,作为载波的光波频率比电波频率高得多,而作为传输介质的光纤又比同轴电缆损耗低得多,因此相对于电缆或微波通信,光纤通信具有许多独特的优点。

(1) 频带宽、通信容量大

光纤通信使用的频率为 $10^{14} \sim 10^{15}$ Hz 数量级,比常用的微波频率高 $10^4 \sim 10^5$ 倍。从理论上讲,一根仅有头发丝粗细的光纤可以同时传输话路数 100 亿路。虽然目前远未达到如此高的传输容量,但用一根光纤传输 10.92 Tbit/s(话路数相当于 1.32 亿路)的试验已经取得成功,它比传统的明线、同轴电缆、微波等要高出几万倍乃至几十万倍。

(2) 损耗低、中继距离长

由于光纤具有极低的衰耗系数(目前已达 0.2 dB/km 以下),若配以适当的光发送、光接收设备以及光放大器,可使其再生中继距离达数百千米以上甚至数千千米。这是传统的电缆(1.5 km)、微波(50 km)等根本无法与之相比拟的。

(3) 保密性能好

在现代社会,不但国家的政治、军事和经济情报需要保密,企业的经济和技术情报也已经成为竞争对手的窃听目标。因此,通信系统保密性能往往是用户必须考虑的一个问题。现代侦听技术已能做到在离同轴电缆几千米以外的地方窃听电缆中传输的信号,可是对光缆却困难得多。因此,要求保密性高的网络不能使用电缆。

在光纤中传输的光泄漏非常微弱,即使在弯曲地段也无法窃听。没有专用的特殊工具,光纤不能分接,因此信息在光纤中传输非常安全,对军事、政治和经济都有重要的意义。

（4）抗电磁干扰

自然界中对通信的各种干扰源比比皆是,如雷电干扰、电离层的变化和太阳的黑子活动等;有工业干扰源,如电动马达和高压电力线;还有无线电通信的相互干扰等,这都是现代通信必须认真对待的问题。一般说来,现有的电通信尽管采取了各种措施,但都不能满意地解决以上各种干扰的影响。由于光纤由电绝缘的石英材料制成,所以光纤通信线路不受以上各种电磁干扰的影响,这将从根本上解决电通信系统多年来困扰人们的干扰问题。它不怕外界强电磁场的干扰,耐腐蚀。无金属加强筋非常适合于在存在强电磁场干扰的高压电力线路周围、油田、煤矿和化工等易燃、易爆环境中使用。

（5）体积小、质量小、便于施工和维护

由于电缆体积和质量较大,安装时必须慎重处理接地和屏蔽问题。在空间狭小的场合,如舰船和飞机中,这个弱点更显突出。而光纤质量小、直径小,相同容量情况下,光缆要比电缆轻 95%,故运输和敷设都比铜线电缆方便。

通信设备的质量和体积对许多领域(特别是军事、航空和宇宙飞船等)的应用具有特别重要的意义。在飞机上用光纤代替电缆,不仅降低了通信设备的成本,提高了通信质量,而且降低了飞机的制造成本。

（6）价格低廉

制造同轴电缆和波导管的金属材料在地球上的储量是有限的。制造石英光纤最基本的原材料是二氧化硅,即沙子,而沙子在自然界中几乎是取之不尽、用之不竭的,因此其价格是十分低廉的。目前,普通单模光纤的价格比铜线便宜。有专家说现在的光纤比草绳还便宜。从话路成本来说,光纤每话路成本要比电缆便宜得多。

1.5.2　光纤通信的应用

人类社会现在已经发展到了信息社会,声音、图像和数据等信息的交流量非常大,而光纤通信正以其容量大、保密性好、体积小、质量小、中继距离长等优点得到广泛应用。其应用领域遍及通信、交通、工业、医疗、教育、航空航天和计算机等行业,并正向更广更深的层次发展。可以把光纤通信网分成 3 个层次,一是远距离的长途干线网;二是城域网,由一个大城市中的很多光纤用户组成;三是局域网,如一个单位、一个大楼、一个家庭。

光纤通信的应用主要体现在以下几个方面。

（1）光纤在公用电信网间作为传输线路

由于光纤损耗低、容量大、直径小、质量小和敷设容易,所以特别适合用做室内电话中继线及长途干线线路,这是光纤的主要应用场合。

（2）满足不同网络层面的应用

为使光传送网向更高速、更大容量、更长距离方向发展,不同层次的网络对光纤的要求也不尽相同。在核心网层面和局域网层面,光纤通信都得到了广泛应用。局域网应用的是一种把计算机和智能终端通过光纤连接起来以实现工厂、办公室、家庭自动化的局部地区数字通信网。

（3）光纤宽带综合业务数字网及光纤用户线路

光纤通信的发展方向是把光纤直接通往千家万户。我国已敷设了光纤长途干线及光纤市话中继线,目前除发展光纤局域网外,还要建设和发展光纤宽带综合业务数字网以及光纤用户线。光纤宽带综合业务数字网除了开办传统的电话、高速数据通信外,还开办可视电话、可视会议电话、远程服务以及闭路电视、高质量的立体声广播业务。

(4) 作为危险环境下的通信线路

诸如发电厂、化工厂、石油库等场所对于防强电、防辐射、防危险品流散、防火灾、防爆炸有很高的要求。因为光纤不导电,没有短路危险,通信容量大,故最适合这类系统。

(5) 应用于专网

光纤通信主要应用于电力、公路、铁路、矿山等通信专网,例如,电力系统是我国专用通信网中规模较大、发展较为完善的专网。随着通信网络光纤化趋势进程的加速,我国电力专用通信网在很多地区已经基本完成了从主干线到接入网向光纤过渡的过程。目前,电力系统中光纤通信承载的业务主要有语音、数据、宽带和 IP 电话等常规电信业务。可以说,光纤通信已经成为使电力系统安全稳定运行以及电力系统生产生活中不可缺少的重要组成部分。

1.6 光纤通信发展趋势

光纤通信技术的问世与发展给世界通信带来了革命性的变革。特别是经历了近 40 年的研究开发,光纤、光缆、器件、系统的品种不断更新,性能逐渐完善,已使光纤通信成为信息高速公路的传输平台。当今光纤通信技术的发展趋势主要有如下几点。

1.6.1 光纤、光缆发展趋势

光纤是构筑新一代网络的物理基础。传统的 G.652 单模光纤已经不能适应超高速、长距离传输网络的发展要求,开发新型光纤、光缆已成为开发下一代网络基础设施的重要组成部分。

为了适应干线网和城域网的不同发展需要,G.655 光纤(非零色散光纤)已经广泛应用于 WDM 光纤通信网络。G.655 光纤在 1 550 nm 附近的工作波长区呈现较低的色散,但足以压制四波混频(FWM)和交叉相位调制(XPM)等非线性效应的影响,可满足时分复用(TDM)和密集波分复用(DWDM)的发展需要。

无水吸收峰光纤(全波光纤)也在被不断地开发与应用。这种光纤消除了 1 385 nm 附近的水吸收峰,大大扩展了光纤的可用频谱,可满足城域网复杂多变的业务环境。

由于光纤通信容量不断增大、中继距离不断增长,保偏光纤是重要的研究方向。采用相干光纤通信系统可实现越洋无中继通信,但要求保持光的偏振方向不变,以保证相干探测效率,因此常规单模光纤要向着保偏光纤方向发展。

随着通信的发展,用户对通信的要求也从窄带电话、传真、数据和图像业务逐渐转向可视电话、视频点播、图文检索和高速数据等宽带新业务,由此促生了光纤用户网。光纤用户网的主要传输媒介是光纤,需要大量适用于用户接入的用户光缆。用户光缆的特点是含纤数量要高,每根光缆可高达 2 000～4 000 芯,这种高密度化的带状光缆可减小光缆的直径和质量,在工程施工中便于分支和提高接续速度。

1.6.2　光纤通信系统高速化发展趋势

随着信息社会的到来,信息共享、有线电视、视频点播、电视会议、家庭办公、计算机互联网等应运而生,迫使光纤通信向高速化、大容量发展。实现高速化、大容量的主要手段是采用时分复用、波分复用和频分复用。

从过去20多年的电信发展看,网络容量的需求和传输速率的提高一直是一对主要矛盾。传统光纤通信的发展始终按照电的时分复用(TDM)方式进行,每当传输速率提高4倍,传输每比特的成本下降30%～40%,因而高比特率系统的经济效益大致按指数规律增长。目前实用化的商用光纤通信系统可达10 Gbit/s。

采用TDM方式扩容的潜力已经接近电子技术的极限,然而光纤的带宽资源仅仅利用了不到1%,还有99%的资源尚待挖掘。采用波分复用(WDM)可充分利用光纤较宽的低损耗区,在不改变现有光纤线路的基础上,可以很容易地成倍提高光纤通信系统的容量。目前密集波分复用(DWDM)加掺铒光纤放大器(EDFA)的高速光纤通信系统发展成为主流。实用的DWDM系统工作在8～32个波长,每个波长可传输2.5 Gbit/s或10 Gbit/s。

相干光纤通信系统的发展是另外一个趋势。目前大多数光纤通信系统采用的是强度调制直接检测(IM/DD)方式,在相干光纤通信系统中采用相干检测方式,最大的好处是可提高光接收机的检测灵敏度,从而提高光纤通信系统的无中继传输距离。

1.6.3　光纤通信网络发展趋势

随着网络化时代的到来,网络的不断演进和巨大的信息传输需求,对光纤通信提出了更高的要求,同时也促进了光纤通信计划的发展。就光纤通信网络技术而言,其发展方向有以下几点。

1. 信道容量不断增加

目前,实用化的单信道速率已由155 Mbit/s到32×10 Gbit/s,160×10 Gbit/s系统也已投入商用。在实验室,NEC实现了274×40 Gbit/s系统;阿尔卡特实现了256×40 Gbit/s系统;西门子实现了176×40 Gbit/s系统。

2. 超长距离传输

目前,实用化的传输距离已由40 km增加到160 km。拉曼光纤放大器的出现,为进一步增大无中继距离创造了条件。在实验室,无电中继的传输距离已从600 km增加到4 000 km。

3. 光传输与交换技术融合的全光通信网络

实用化的点到点通信的WDM系统具有巨大的传输容量,但其灵活性和可靠性不够理想。近年来新技术和新型器件的发展使全光通信网络逐步成为现实。采用光分插复用器(OADM)和光交叉连接设备(OXC)实现光联网,发展自动交换光网络(ASON)。预计在未来10年的超高速网络中,采用原来数字交叉互连设备(DXC)的网络将走向采用OXC的光传输网,其关键技术是DWDM传输、光放大、光节点处理及多信道管理等。全光通信网络成为发展的必然趋势。

4. 光纤接入网

接入网是信息高速公路的最后一公里。以铜线组成的接入网已成为宽带信号传输的瓶颈。为适应通信发展的需要,我国正在加紧改造和建设接入网,逐渐用光纤取代铜线,将光纤向家庭延伸。

　　实现宽带接入网有各种不同的解决方案,其中光纤接入是最能适合未来发展的解决方案。ATM 无源光网络(APON)已被证明是当前一种既经济又较为成熟的方案。因地制宜地发展宽带光纤接入网并最终实现光纤到家庭是接入网的发展方向。

小　　结

　　1. 光纤通信是指以光波为载频、以光导纤维(光纤)为传输媒介的通信方式。

　　2. 光纤通信系统由电端机、光发送机、光缆、光中继器与光接收机 5 部分组成。

　　3. 光纤通信的发展历史:1966 年,英籍华人高锟博士提出光纤通信的理论,揭开了现代光通信崭新的一页;低损耗光纤和小型光源的问世,在全世界范围内掀起了发展光纤通信的高潮;光纤通信在技术上经历了各具特点的 5 个发展阶段。

　　4. 光纤通信的特点包括:通信容量大、中继距离长、保密性能好、抗电磁干扰能力强、体积小、成本低。

　　5. 光纤通信网络的发展趋势:信道容量不断增加、超长距离传输、光传输与交换技术融合的全光通信网络以及光纤接入网。

思考与练习

　　1-1　什么是光纤通信? 目前使用的通信光纤大多数采用石英光纤,它工作在电磁波的哪个区域? 波长范围是多少? 对应的频率范围是多少?

　　1-2　基于光波进行通信必须解决哪两个关键问题?

　　1-3　为什么光纤通信传输容量巨大?

　　1-4　试绘出光纤通信系统基本组成方框图,各部分主要作用是什么?

　　1-5　光纤通信主要有哪些优点?

　　1-6　通信系统的容量用 BL 积表示,B 和 L 分别是什么含义?

　　1-7　请查阅最新资料论述光纤通信的发展趋势。

第2章

光纤与光缆

光纤是光纤通信系统重要的组成部分。自1970年美国康宁玻璃公司按照高锟博士的预言成功地生产出了损耗为20 dB/km的光纤后,光纤损耗就逐年下降。到1979年,光纤在1.55 μm的损耗下降到0.2 dB/km。低损耗光纤的问世导致了光波技术领域的革命,开创了光纤通信时代。本章将介绍光纤的结构、类型;分别从射线理论和波动理论的角度分析光纤的传输原理;对光纤的传输特性——损耗、色散以及非线性效应——进行详细的讨论;简单介绍几种新型的单模光纤;最后介绍光缆的结构与种类。

2.1　光纤的结构与分类

2.1.1　光纤的结构

光纤是一种高度透明的玻璃丝,由纯石英经复杂的工艺拉制而成,从横截面上看基本由3部分组成,即折射率较高的芯区、折射率较低的包层和表面涂敷层。根据芯区折射率径向分布的不同,可分为两类光纤:折射率在纤芯与包层界面突变的光纤称为阶跃型光纤;折射率在纤芯内按某种规律逐渐降低的光纤称为渐变型光纤。不同的折射率分布,传输特性完全不同。图2.1.1给出了这两种光纤横截面的折射率分布,其典型尺寸为:单模光纤纤芯直

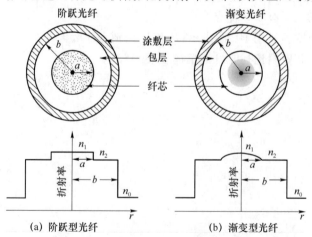

图 2.1.1　光纤的横截面和折射率分布

径 $2a = 8 \sim 10~\mu m$，包层直径 $2b = 125~\mu m$；多模光纤 $2a = 50~\mu m$，$2b = 125~\mu m$。对单模光纤，$2a$ 与传输波长 λ 处于同一量级，由于衍射效应，模场强度有相当一部分处于包层中，不易测出 $2a$ 的精确值，因而只有结构设计上的意义，在应用中并无实际意义。实际应用中常用模场或模斑直径（MFD）表示。

1. 纤芯

纤芯位于光纤的中心，其成分是高纯度的二氧化硅（SiO_2），有时还掺有极少量的掺杂物（如 GeO_2、P_2O_5 等），以提高纤芯的折射率（n_1）。纤芯的功能是提供传输光信号的通道。纤芯的折射率一般是 $1.463 \sim 1.467$（根据光纤的种类而异）。

2. 包层

包层位于纤芯的周围，其成分也是含有极少量掺杂物的高纯度二氧化硅，而掺杂物（如 B_2O_3 或 F）的作用则是适当降低包层的折射率（n_2），使之略低于纤芯的折射率（n_1），以满足光传输的全反射条件。包层的作用是将光封闭在纤芯内，并保护纤芯，增加光纤的机械强度。包层的折射率为 $1.45 \sim 1.46$。

3. 涂敷层

光纤的最外层是由丙烯酸酯、硅树脂和尼龙组成的涂敷层，其作用是增加光纤的机械强度与柔韧性以及便于识别等。绝大多数光纤的涂敷层外径控制在 $250~\mu m$，但是也有一些光纤涂敷层直径高达 $1~mm$。通常，双涂敷层结构是优选的，软内涂敷层能阻止光纤受外部压力而产生的微变，而硬外涂敷层则能防止磨损以及提高机械强度。

2.1.2　光纤的分类

光纤的种类很多，分类方法也是各种各样。

1. 按制造材料分

按照制造光纤所用的材料分类，有石英系光纤、多组分玻璃光纤、石英芯塑料包层光纤、全塑料光纤和氟化物光纤等。

2. 按传输模式分

按光在光纤中的传输模式可分为：单模（SM，Single Mode）光纤和多模（MM，Multi Mode）光纤。

从直观上讲，单模光纤与多模光纤的区别就在于二者纤芯尺寸的不同：多模光纤的纤芯粗（一般为 $50~\mu m$），而单模光纤的纤芯较细（为 $8 \sim 10~\mu m$），但两者包层直径都为 $125~\mu m$。

正是由于单模光纤具有非常细的纤芯，使其只能传一种模式的光（HE_{11} 基模），因而色散很小，适用于高速率、大容量、远距离通信；而多模光纤由于可传多种模式的光，使其模式色散较大，这就限制了传输数字信号的速率及传输距离，因此，只能用于短距离、低速率传输场合，如各种局域网中。

3. 按折射率分布分

按光纤横截面上折射率分布情况可分为阶跃型（SI，Step Index）和渐变型（GI，Graded Index）光纤，如图 2.1.1 所示。

在阶跃型光纤中，光纤纤芯及包层的折射率都各为一常数，同时为满足全反射条件，纤芯的折射率高于包层折射率。由于这种光纤在芯包界面处折射率是突变的，所以称为阶跃型光纤，也称突变光纤。这种光纤的传输模式很多，各种模式的传输路径不一样，经传输后到达终点的时间也不相同,从而使光脉冲展宽。所以这种光纤只适用于短距离、低速率通信。

阶跃型光纤折射率分布的表达式为

$$n(r) = \begin{cases} n_1 & (r < a) \\ n_2 & (a \leqslant r \leqslant b) \end{cases} \tag{2.1.1}$$

式中,n_1 为光纤纤芯的折射率;n_2 为包层的折射率;a 为纤芯半径;b 为包层半径。

为了解决阶跃光纤存在的弊端,人们又研制开发了渐变折射率光纤,简称渐变型光纤。

渐变型光纤纤芯的折射率不是均匀的,而是沿光纤径向从纤芯中心到芯包界面逐渐变小,从而可使高次模的光按正(或余)弦形式传播,这样能减少模式色散、提高光纤带宽、增加传输距离。渐变型光纤的包层折射率分布与阶跃型光纤一样,为一常数。

渐变型光纤折射率分布的表达式为

$$n(r) = \begin{cases} n_1 \left[1 - 2\Delta \left(\dfrac{r}{a} \right)^a \right]^{1/2} & (r < a) \\ n_1 (1 - 2\Delta)^{1/2} = n_2 & (a \leqslant r \leqslant b) \end{cases} \tag{2.1.2}$$

式中,n_1 为纤芯轴线上的折射率;n_2 为包层的折射率;a 为纤芯半径;b 为包层半径;$\Delta = (n_1^2 - n_2^2)/2n_1^2 \approx (n_1 - n_2)/n_1$ 为相对折射率差;α 为剖面参量,在 $0 \sim \infty$ 间取值。当 $\alpha = 2$ 时,称为抛物线或平方率分布光纤;当 $\alpha \to \infty$ 时,相当于阶跃折射率分布光纤。

4. 按工作波长分

按光纤的工作波长分类,有短波长光纤和长波长光纤。

(1) 短波长光纤

在光纤通信初期,人们使用的光波波长在 $600 \sim 900$ nm 范围内(典型值为 850 nm),习惯上把在此波长范围内呈现低损耗的光纤称为短波长光纤。短波长光纤属早期产品,目前很少采用,因为其损耗与色散都比较大。

(2) 长波长光纤

随着研究工作的不断深入,人们发现在波长 1 310 nm 和 1 550 nm 区域,石英光纤的损耗呈现更低数值;不仅如此,在此波长范围内石英光纤的材料色散也大大减小。因此人们的研究工作又迅速转移,并研制出在此波长范围损耗更低、带宽更宽的光纤,习惯上把工作在 1 000 ~ 2 000 nm 范围的光纤称为长波长光纤。

长波长光纤因具有低损耗、宽带宽等优点,适用于长距离、大容量的光纤通信。目前长途干线使用的光纤全部是长波长光纤。

5. 按套塑类型分

(1) 紧套光纤

所谓紧套光纤是指二次、三次涂敷层与预涂敷层及光纤的纤芯、包层等紧密地结合在一起的光纤。此类光纤属早期产品。

未经二次、三次涂敷的光纤,其损耗-温度特性本是十分优良的,但经过二次、三次涂敷之后其温度特性下降。这是因为涂敷材料的膨胀系数比石英高得多,在低温时收缩比较厉害,压迫光纤发生微弯曲,增加了光纤的损耗。

但对光纤进行二次、三次涂敷可以大大增加光纤的机械强度。

（2）松套光纤

所谓松套光纤是指经过预涂敷后的光纤松散地放置在一塑料管内，不再进行二次、三次涂敷。

松套光纤的制造工艺简单，其损耗-温度特性也比紧套光纤好，因此越来越受到人们的重视。

2.1.3　光纤的制造工艺

制造石英光纤时，先要熔制成一根合适的玻璃棒或玻璃管，在制备纤芯玻璃棒时均匀地掺入比石英折射率高的材料（如锗）；制备包层玻璃棒时，均匀地掺入比石英折射率低的材料（如硼）。这种玻璃棒就称为预制棒，典型的预制棒直径为 $10 \sim 25 \, mm$，长度为 $60 \sim 120 \, cm$。光纤则是由图 2.1.2 所示的设备拉制而成。

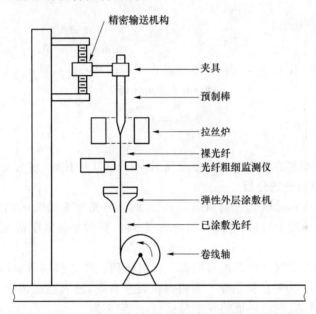

图 2.1.2　光纤拉丝设备示意图

把预制棒极为准确地送入高温（约 $2\,000 \, ℃$）拉丝炉中，预制棒的一端软化并将其牵引形成极细的玻璃丝。通过置于拉丝炉底部的卷线轴的旋转速度来控制光纤的拉制速度，进而决定了光纤的直径。所以在拉丝过程中卷线轴的速度必须精确控制并保持不变，光纤直径监测仪通过一个反馈环来实现对拉丝速度的监测和控制。为了保护光纤不受外界污染物（如污物和水汽）的影响，要立即对光纤进行涂敷，即在外部加一层高分子材料涂敷层，同时可增加光纤的柔韧性和机械强度。

2.2　光纤的传输原理

光波是一种频率极高的电磁波，而光纤本身是一种介质波导，因此光在光纤中的传输理论是十分复杂的。光纤的传输原理与结构特性通常可用射线理论与波动理论两种方法进行分析。基于几何光学的射线理论可以很好地理解多模光纤的导光原理和特性,而且物理图像直观、形象、易懂。虽然是近似方法,但当纤芯直径 $2a$ 远大于光波波长 λ 时是完全可行的。当 $2a$ 与 λ 可比拟时,需用波动理论进行分析。

2.2.1 射线理论分析光纤的传输原理

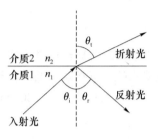

图 2.2.1 光的反射与折射

光线在均匀介质中传播时是以直线方向进行的,传播速度 $v=c/n$, c 为真空中的光速(3×10^8 m/s),n 为介质的折射率。但当光线由折射率为 n_1 的介质斜入射到折射率为 n_2 的介质时,在两种介质分界面上,光线将发生反射和折射,如图 2.2.1 所示。其中,θ_i 为入射角,θ_r 为反射角,θ_t 为折射角。

由斯涅耳(Snell)定理知:入射线、反射线、折射线在同一平面内,且

$$\theta_r=\theta_i$$
$$n_1\sin\theta_i=n_2\sin\theta_t \qquad (2.2.1)$$

由式(2.2.1)知:若 $n_1>n_2$,则 $\theta_t>\theta_i$。当 θ_i 增加到某一值 θ_c 时,$\theta_t=90°$,即

$$n_1\sin\theta_c=n_2\sin90°$$

$$\theta_c=\arcsin\left(\frac{n_2}{n_1}\right)$$

θ_c 称为临界角。

如果 $\theta_i>\theta_c$,光线将在分界面上发生全反射,在介质 1 中传输,没有光能量穿过界面。

1. 阶跃光纤中的光线分析

考察图 2.2.2 所示阶跃光纤剖面图,一束光线以与光纤轴线成 θ_i 的角度入射到芯区中心,在光纤-空气界面发生折射,弯向界面的法线方向,折射光的角度 θ_r 由 Snell 定律决定:

$$n_0\sin\theta_i=n_1\sin\theta_r \qquad (2.2.2)$$

式中,n_0 和 n_1 分别为空气和纤芯的折射率。折射光到达纤芯包层界面时,若入射角 ϕ 满足关系 $\sin\phi<n_2/n_1$(n_2 为包层折射率),则将再次发生折射,进入包层传输。若入射角 ϕ 大于临界角 ϕ_c,光线在纤芯-包层界面将发生全反射,ϕ_c 定义为

$$\sin\phi_c=\frac{n_2}{n_1} \qquad (2.2.3)$$

这种全反射发生在整条光纤上,所有 $\phi>\phi_c$ 的光线都将被限制在纤芯中,这就是光纤约束和导引光传输的基本机制。

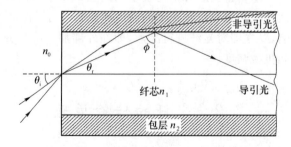

图 2.2.2 光线在阶跃光纤中的传播途径

利用式(2.2.2)与式(2.2.3),可得到将入射光限制在纤芯所要求的与光纤轴线间的最

大角度 θ_{imax}。对这种光线,$\theta_{\mathrm{r}} = \pi/2 - \phi_c$,以此代入式(2.2.2),得

$$n_0 \sin \theta_{\mathrm{imax}} = n_1 \cos \phi_c = \sqrt{n_1^2 - n_2^2} \tag{2.2.4}$$

与光学透镜类似,$n_0 \sin \theta_{\mathrm{imax}}$ 称为光纤的数值孔径(NA),代表光纤的集光能力。对于 $n_1 \approx n_2$,NA 可近似为

$$\mathrm{NA} = \sqrt{n_1^2 - n_2^2} = n_1 \sqrt{2\Delta} \tag{2.2.5}$$

$$\Delta = \frac{n_1^2 - n_2^2}{2n_1^2} \approx \frac{n_1 - n_2}{n_1}$$

式中,Δ 为纤芯-包层相对折射率差。表面看来,为了将尽可能多的光线收集或耦合进入光纤,Δ 应越大越好,但后面将会看到,过大的 Δ 将引起多径色散,这是一种弥散效应导致的结果,在模式理论中称为模式色散,不能用于光纤通信系统中。因此 NA 的取值要兼顾光纤接收光的能力和模式色散。ITU-T 建议光纤的 NA=0.18~0.23。

由图 2.2.2 可知,以不同入射角 θ_i 进入光纤的光线将经历不同的路径,虽然在输入端同时入射并以相同的速度传播,但到达光纤输出端的时间却不相同,出现了时间上的分散,导致脉冲严重展宽,这种现象称为多径色散。例如,对于 $\theta_i = 0°$ 的光线,路径最短,正好等于光纤长度 L;当 θ_i 由式(2.2.4)给定时,路径最长,为 $L/\sin \phi_c$。在纤芯中光速为 $v = c/n_1$,则这两条光线到达输出端的时差 ΔT 为

$$\Delta T = \frac{n_1}{c} \left(\frac{L}{\sin \phi_c} - L \right) \approx \frac{L}{c} \frac{n_1^2}{n_2} \Delta \tag{2.2.6}$$

经历最短和最长路径的两束光线间的时差是输入脉冲展宽的一种度量。

原来很窄的光脉冲在光纤中传播,由于多径色散的影响,其宽度展宽到 ΔT,为使这种展宽不产生码间干扰,ΔT 应小于信息传输容量决定的比特间隔,即 $\Delta T < T_B$,而 $T_B = 1/B$,则应有 $B\Delta T < 1$,于是由式(2.2.6)可得光纤信息传输的容量为

$$BL < \frac{n_2}{n_1^2} \frac{c}{\Delta} \tag{2.2.7}$$

上式给出了对 $2a \gg \lambda$ 的阶跃光纤传输容量的基本限制。需要指出,式(2.2.7)仅仅是一种近似估计,它只适用于每次内反射后都经过光纤轴线的光线,即子午射线,对于传输角与光纤轴线斜交的偏斜线,可能在弯曲和不规则处逸出纤芯,就不能按该式估计。

2. 渐变光纤中的光线分析

前面已指出,渐变光纤的芯区折射率不是一个常数,它从芯区中心的最大值 n_1 逐渐降低到纤芯-包层界面的最小值 n_2,大部分渐变光纤按二次方规律下降,称为抛物线型光纤。在渐变光纤中,光线不是以曲折的锯齿形式向前传播,而是以一种正弦振荡形式向前传播,如图 2.2.3 所示。

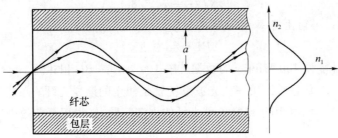

图 2.2.3　渐变光纤中的光线轨迹

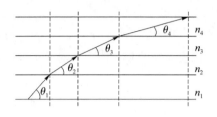

图 2.2.4 光线在多层介质平板中的传输

为理解光在渐变光纤中的传输特性,首先看一种简单情况。假设有一多层介质平板,每一层的折射率皆为一常数,且其折射率由下到上逐渐变小,即:$n_1 > n_2 > n_3 > n_4 \cdots$,如图 2.2.4 所示。

由 Snell 定理可得

$$n_1 \cos \theta_1 = n_2 \cos \theta_2 = n_3 \cos \theta_3 = n_4 \cos \theta_4$$

由于 $n_1 > n_2$,则有 $\theta_2 < \theta_1$。这样,光在每两层介质的分界面处的折射光线皆远离法线。如果层数足够,在到达某一分界面处,将由于全反射而使光线朝高折射率层方向传播。

对于渐变光纤,可用这种折射率阶跃变化的分层结构来进行近似分析,因此具有正弦振荡形式向前传播的特征。

当然,由图 2.2.3 可知,类似于阶跃光纤,入射角大的光线路径长,由于折射率的变化,光速沿路径变化,虽然沿光纤轴线传播路径最短,但轴线上折射率最大,光传播最慢,而斜光线的大部分路径在低折射率的介质中传播,虽然路径长,但传输得快,因而合理设计折射率分布,可使所有光线同时到达光纤输出端,降低了多径或模式色散。

由经典光学理论可知,在傍轴近似条件下,光线轨迹可用下列微分方程描述

$$\frac{\mathrm{d}^2 r}{\mathrm{d} z^2} = \frac{1}{n} \frac{\mathrm{d} n}{\mathrm{d} z} \tag{2.2.8}$$

式中,r 为射线离轴线的径向距离。当折射率 n 为抛物线分布,即 $\alpha = 2$ 时,利用式(2.1.2),则式(2.2.8)可简化为简谐振荡方程,其通解为

$$r = r_0 \cos (pz) + \left(\frac{r_0'}{p}\right) \sin(pz) \tag{2.2.9}$$

式中,$p = \left(\frac{2n_1 \Delta}{a^2}\right)^{\frac{1}{2}}$,$r_0$ 和 r_0' 分别为入射光线的位置和方向。

上式表明,所有的射线在距离 $z = 2m\pi/p$ 处恢复它们的初始位置和方向,其中 m 为整数。因此抛物线型光纤不存在多径或模式色散,但应注意,这个结论是在几何光学和傍轴近似下得到的,对于实际光纤,这些条件并不严格成立。

更严格地分析发现,光线在长为 L 的渐变光纤中传播时,其最大路径时差,即模式色散 $\Delta T/L$ 将随 α 而变,对于 $n_1 = 1.5$ 和 $\Delta = 0.01$ 的渐变光纤,最小色散发生在 $\alpha = 2(1-\Delta)$ 处,它与 Δ 的关系为

$$\Delta T/L = n_1 \Delta^2 / 8c \tag{2.2.10}$$

利用准则 $B\Delta T < 1$,可得比特率-距离积的极限为

$$BL < 8c/n_1 \Delta^2 \tag{2.2.11}$$

最优的 α 设计能使 100 Mbit/s 的数据传输 100 km,其 BL 积达约 10 (Gbit/s)·km,比阶跃光纤提高了 3 个数量级。第一代光波系统就是使用的渐变光纤。单模光纤能进一步提高 BL 积,但几何光学不能用于研究单模光纤的许多问题,必须用复杂的电磁导波或模式理论来讨论。

2.2.2　波动理论分析光纤的传输原理

前面用射线理论分析了阶跃多模光纤及渐变多模光纤中的传输原理,得到了一些有用的结论。这种方法虽然可以简单直观地得到光线在光纤中传输的物理图像,但由于忽略了光的波动性质,不能了解光场在纤芯、包层中的结构分布以及其他许多特性。尤其对单模光纤,由于芯径小,射线理论就不能正确处理单模光纤的问题。因此,在光波导理论中,更普遍地采用波动光学的方法,其实质是把光作为电磁波来处理,研究电磁波在光纤中的传输规律,得到光纤中的传输波形(模式)、场结构、传输常数及截止条件等。本节从波动理论出发,求解波方程,以得到光纤的一系列重要特性。

用波动理论分析阶跃型光纤中的导波,通常有两种方法:矢量解法和标量解法。矢量解法是一种严格的传统解法,要求满足光纤边界条件的矢量波动方程的解,求解过程比较烦琐。对于目前实际应用的弱导波光纤,可以寻求近似解法,求出均匀光纤的场方程、特征方程,并在此基础上分析标量模的特性。

1. 光在光纤中的传播方程

光纤是一种介质波导,而光波是电磁波。用电磁理论分析光波在光纤中的传输特性,必须从麦克斯韦方程组出发。光纤材料是各向同性媒介,假设光强较弱时,不考虑光纤的非线性特性,且不存在传导电流和自由电荷,则麦克斯韦方程组具有如下形式:

$$\nabla \times \boldsymbol{E} = -\frac{\partial \boldsymbol{B}}{\partial t} \tag{2.2.12a}$$

$$\nabla \times \boldsymbol{H} = \frac{\partial \boldsymbol{D}}{\partial t} \tag{2.2.12b}$$

$$\nabla \cdot \boldsymbol{D} = 0 \tag{2.2.12c}$$

$$\nabla \cdot \boldsymbol{B} = 0 \tag{2.2.12d}$$

式中,$\boldsymbol{D} = \varepsilon \boldsymbol{E}$;$\boldsymbol{B} = \mu \boldsymbol{H}$;$\varepsilon$ 为介质(光纤)的介电常数;μ 为介质的磁导率。

求解麦克斯韦方程组可得到光纤中电磁场的波动方程:

$$\nabla^2 \boldsymbol{E} + \left(\frac{n\omega}{c}\right)^2 \boldsymbol{E} = 0 \tag{2.2.13a}$$

$$\nabla^2 \boldsymbol{H} + \left(\frac{n\omega}{c}\right)^2 \boldsymbol{H} = 0 \tag{2.2.13b}$$

式(2.2.13)即著名的亥姆霍兹方程。

2. 阶跃光纤的矢量解法

矢量解法是一种严格的传统解法,即求解满足光纤边界条件的矢量波动方程。由于光纤通常都制成圆柱形结构,且光波沿光纤轴线方向传播。为了在求解时应用边界条件,一般采用 z 轴与光纤轴线一致的圆柱坐标系 (r, φ, z),如图 2.2.5 所示。下面首先求解导波方程,再导出阶跃型光纤中的波动方程,最后得出导波模式。

(1)阶跃折射率光纤中的波动方程

将亥姆霍兹方程在圆柱坐标系中展开,

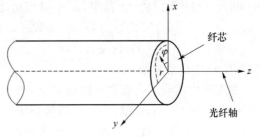

图 2.2.5　光纤中的圆柱坐标

得到电磁场 z(纵向)分量 E_z 的波动方程为

$$\frac{\partial^2 E_z}{\partial r^2} + \frac{1}{r}\frac{\partial E_z}{\partial r} + \frac{1}{r^2}\frac{\partial^2 E_z}{\partial \varphi^2} + \frac{\partial^2 E_z}{\partial z^2} + \left(\frac{n\omega}{c}\right)^2 E_z = 0 \qquad (2.2.14a)$$

$$\frac{\partial^2 H_z}{\partial r^2} + \frac{1}{r}\frac{\partial H_z}{\partial r} + \frac{1}{r^2}\frac{\partial^2 H_z}{\partial \varphi^2} + \frac{\partial^2 H_z}{\partial z^2} + \left(\frac{n\omega}{c}\right)^2 H_z = 0 \qquad (2.2.14b)$$

式(2.2.14)为二阶三维偏微分方程,求解可得出 E_z 和 H_z,其余的横向分量 E_r、E_φ、H_r、H_φ 可通过 E_z 和 H_z 结合麦克斯韦方程组求得。式(2.2.14)中分别只含有 E_z 或 H_z,这说明电场 E 和磁场 H 的纵向分量和其他分量不会耦合,所以可以将其任意地分离出来。

用分离变量法求解 E_z,假设 E_z 有如下形式的解:

$$E_z = AF_1(r)F_2(\varphi)F_3(z)F_4(t) \qquad (2.2.15)$$

根据物理概念,E_z 随时间和坐标轴 z 的变化规律是简谐函数,即

$$F_3(z)F_4(t) = e^{j(\omega t - \beta z)} \qquad (2.2.16)$$

式中,$\beta = k_0 n_1 \sin\theta$ 为传播常数。

场分量 $F_2(\varphi)$ 表示 E_z 沿圆周的变化规律,由于光纤结构的圆对称性,E_z 应是方位角 φ 以 2π 为周期的周期函数,即

$$F_2(\varphi) = e^{jm\varphi} \qquad (2.2.17)$$

式中,m 为整数。现在只有 $F_1(r)$ 为未知函数,将式(2.2.16)、式(2.2.17)代入式(2.2.15),再代入波动方程(2.2.14a),得

$$\frac{\partial^2 F_1(r)}{\partial r^2} + \frac{1}{r}\frac{\partial F_1(r)}{\partial r} + \left(n^2 k_0^2 - \beta^2 - \frac{m^2}{r^2}\right)F_1(r) = 0 \qquad (2.2.18)$$

这就是众所周知的贝塞尔(Bessel)方程,是只含 $F_1(r)$ 的二阶常微分方程,方程中 $n^2 k_0^2 - \beta^2$ 为常数,$k_0 = \frac{2\pi}{\lambda} = \frac{2\pi f}{c} = \frac{\omega}{c}$,$\lambda$ 和 f 分别是光在真空中的波长和频率。求解式(2.2.18)可得到 $F_1(r)$ 的表示形式。

式(2.2.18)必须在纤芯和包层两个区域分别求解。在纤芯区域,导波场必须在 $r \to 0$ 时取有限值;而在外部区域当 $r \to \infty$ 时,场解必须衰减为零。因此,在纤芯内部区域 $(0 \leqslant r \leqslant a)$,$F_1(r)$ 的解为 m 阶第一类贝塞尔函数(类似振幅衰减的正弦曲线),即 $F_1(r) = J_m(ur)$。其中,$u^2 = n_1^2 k_0^2 - \beta^2 = k_1^2 - \beta^2$。纤芯中 E_z 和 H_z 的表达式为

$$E_z(r,\varphi,z,t) = AJ_m(ur)e^{jm\varphi}e^{j(\omega t - \beta z)} \qquad (0 \leqslant r \leqslant a) \qquad (2.2.19a)$$

$$H_z(r,\varphi,z,t) = BJ_m(ur)e^{jm\varphi}e^{j(\omega t - \beta z)} \qquad (0 \leqslant r \leqslant a) \qquad (2.2.19b)$$

其中,A、B 为任意常数。

在纤芯外部区域 $(r \geqslant a)$,式(2.2.18)的解是第二类修正贝塞尔函数(类似衰减的指数曲线),即 $F_1(r) = K_m(wr)$。其中,$w^2 = \beta^2 - n_2^2 k_0^2 = \beta^2 - k_2^2$。包层中 E_z 和 H_z 的表达式为

$$E_z(r,\varphi,z,t) = CK_m(wr)e^{jm\varphi}e^{j(\omega t - \beta z)} \qquad (r \geqslant a) \qquad (2.2.20a)$$

$$H_z(r,\varphi,z,t) = DK_m(wr)e^{jm\varphi}e^{j(\omega t - \beta z)} \qquad (r \geqslant a) \qquad (2.2.20b)$$

其中,C、D 为任意常数。

根据第二类修正贝塞尔函数的定义,当 $wr \to \infty$ 时,$K_m(wr) \to e^{-wr}$,所以只有当 $w > 0$(即 $k_0 n_2 < \beta$)时,才能使得 $r \to \infty$ 时场解趋于零。关于 β 的第二个条件可以从 $J_m(ur)$ 的特性中推出,在纤芯中参数 u 必须是实数,从而使 $F_1(r)$ 成为实函数,这要求 $\beta < k_0 n_1$。所以对于有界的场解,β 的取值范围是 $k_0 n_2 < \beta < k_0 n_1$。其中,$k_0 = 2\pi/\lambda$ 是自由空间传播常数。

（2）阶跃折射率光纤中的模式方程

传播常数 β 的解取决于边界条件，电磁场的边界条件要求两侧电场 $\boldsymbol{E}$ 的切向分量 E_φ 和 E_z 在电介质分界面上（$r=a$）必须连续（即取相同的值）；对于磁场 $\boldsymbol{H}$ 的切向分量 H_φ 和 H_z 亦是如此。首先考虑电场的切向分量，在纤芯包层界面的内侧（$E_z=E_{z1}$），电场 z 分量由式（2.2.19a）决定；在界面的外侧（$E_z=E_{z2}$）则由式（2.2.20a）决定，边界处的连续条件要求

$$E_{z1}-E_{z2}=AJ_m(ua)-CK_m(wa)=0 \tag{2.2.21a}$$

同理可得

$$E_{\varphi 1}-E_{\varphi 2}=-\frac{\mathrm{j}}{u^2}\left[A\frac{jm\beta}{a}J_m(ua)-B\omega\mu uJ'_m(ua)\right]-$$

$$\frac{\mathrm{j}}{w^2}\left[C\frac{jm\beta}{a}K_m(ua)-D\omega\mu wK'_m(wa)\right]=0 \tag{2.2.21b}$$

$$H_{z1}-H_{z2}=BJ_m(ua)-DK_m(wa)=0 \tag{2.2.21c}$$

$$H_{\varphi 1}-H_{\varphi 2}=-\frac{\mathrm{j}}{u^2}\left[B\frac{jm\beta}{a}J_m(ua)-A\omega\varepsilon_1 uJ'_m(ua)\right]-$$

$$\frac{\mathrm{j}}{w^2}\left[D\frac{jm\beta}{a}K_m(ua)-C\omega\varepsilon_2 wK'_m(wa)\right]=0 \tag{2.2.21d}$$

以上是一个关于 A、B、C、D 的齐次方程组，只有当其系数行列式等于零时该方程组才有非零解，即

$$\begin{vmatrix} J_m(ua) & 0 & K_m(wa) & 0 \\ \dfrac{\beta m}{au^2}J_m(ua) & \dfrac{\mathrm{j}\omega\mu}{u}J'_m(ua) & \dfrac{\beta m}{aw^2}K_m(wa) & \dfrac{\mathrm{j}\omega\mu}{w}K'_m(wa) \\ 0 & J_m(ua) & 0 & K_m(wa) \\ -\dfrac{\mathrm{j}\omega\varepsilon_1}{u}J'_m(ua) & \dfrac{\beta m}{au^2}J_m(ua) & \dfrac{\mathrm{j}\omega\varepsilon_2}{w}K'_m(wa) & \dfrac{\beta m}{aw^2}K_m(wa) \end{vmatrix}=0 \tag{2.2.22}$$

展开上述系数行列式，即可得到关于 β 的本征方程

$$\left[\frac{J'_m(U)}{UJ_m(U)}+\frac{K'_m(W)}{WK_m(W)}\right]\left[n_1^2\frac{J'_m(U)}{UJ_m(U)}+n_2^2\frac{K'_m(W)}{WK_m(W)}\right]=\left(\frac{m\beta}{k_0}\right)^2\left(\frac{V}{UW}\right)^2 \tag{2.2.23}$$

式中，$U=ua$，$W=wa$，$V^2=U^2+W^2$。当给定参数 a、k_0、n_1 和 n_2 后，式（2.2.23）就可求得传输常数 β。但本征方程是一个超越方程，故必须用数值方法求解。通常，对每个整数 m，存在多个解，记为 β_{mn}（$n=1,2,3,\cdots$）。

（3）导波模式及传输特性

每一个 β_{mn} 对应于一种能在光纤中传输的光场的空间分布，这种空间分布在传输中只有相位的变化，没有形状的改变，始终满足边界条件，这种空间分布就称为模式。根据不同的 m 与 n 的组合，将存在许多的模式，分别对应于 TE_{mn}、TM_{mn}、EH_{mn} 和 HE_{mn} 模。其中 4 个低阶模式在光纤剖面内的横向电场分布如图 2.2.6 所示。

由前面的分析可知，光纤中的光场在纤芯中按贝塞尔函数变化规律分布，在包层中则按第二类修正贝塞尔函数变化规律分布。当光能以传播模式传输时，要求包层中的电场消逝为零，其必要条件是 $w^2>0$，即 $\beta>k_0n_2$；反之，当 $\beta<k_0n_2$ 时，$w^2<0$，电场在包层中振荡，传播模式将转化为辐射模式，能量从包层中辐射出去；当 $\beta=k_0n_2$ 时，即 $w=0$，是介于传播模式和辐射模式的临界状态，称为模式截止。此时，$V=V_c=U_c$，称为导波模的截止频率。

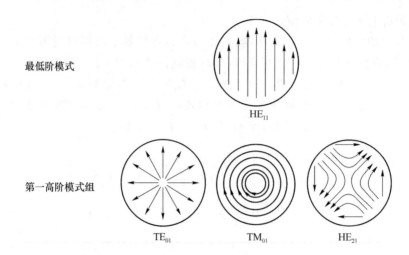

最低阶模式 HE_{11}

第一高阶模式组 TE_{01} TM_{01} HE_{21}

图 2.2.6 阶跃折射率光纤中 4 个低阶模式在剖面内的横向电场的分布图

3. 阶跃光纤的标量解法

在实际应用中,大多数通信光纤的纤芯与包层的折射率差 Δ 都很小,满足弱导波条件 $(n_1 \approx n_2 \approx n)$,这种光纤称为弱导光纤。由于弱导光纤的全反射临界角 $\theta_c = \arcsin(n_2/n_1) \approx \pi/2$。若要使光线在光纤中形成导波,光线在纤芯与包层界面处的入射角 θ_i 要大于 θ_c,所以射线传播的轨迹几乎与光纤轴线平行,这样的波类似于横电磁波(TEM 波)。

(1)标量解

在弱导光纤中横向电场偏振方向在传输过程中保持不变,可以用一个标量来描述。设横向电场沿 y 轴偏振,它满足标量亥姆霍兹方程:

$$\nabla^2 E_y + k_0^2 n^2 E_y = 0 \tag{2.2.24a}$$

式中,E_y 为电场在直角坐标 y 轴的分量。在圆柱坐标系中展开(z 轴沿光纤轴线的方向),可得

$$\frac{\partial^2 E_y}{\partial r^2} + \frac{1}{r}\frac{\partial E_y}{\partial r} + \frac{1}{r^2}\frac{\partial^2 E_y}{\partial \varphi^2} + \frac{\partial^2 E_y}{\partial z^2} + k_0^2 n^2 E_y = 0 \tag{2.2.24b}$$

式(2.2.24)是二阶三维偏微分方程,可用分离变量法求解。根据光纤横截面折射率分布的对称性和横向平移不变性,E_y 沿圆周方向的变化规律应是以 2π 为周期的简谐函数;又因导波是沿 z 轴传播的,它沿该方向呈行波状态,光纤中光场的分布应具有如下形式:

$$E_y(r,\varphi,z) = AR(r)\cos m\varphi e^{-j\beta z} \tag{2.2.25}$$

式中,β 是 z 方向的传播常数,如果 z 方向有能量损失,则 β 是复数,其虚数部分代表单位距离的损失,实数部分代表单位距离相位的传播。将式(2.2.25)代入式(2.2.24b),并考虑纤芯和包层中的折射率分别为 n_1 和 n_2,可得

$$r^2\frac{\mathrm{d}^2 R(r)}{\mathrm{d}r^2} + r\frac{\mathrm{d}R(r)}{\mathrm{d}r} + [(n_1^2 k_0^2 - \beta^2)r^2 - m^2]R(r) = 0 \ (0 \leqslant r \leqslant a) \tag{2.2.26a}$$

$$r^2\frac{\mathrm{d}^2 R(r)}{\mathrm{d}r^2} + r\frac{\mathrm{d}R(r)}{\mathrm{d}r} + [(n_2^2 k_0^2 - \beta^2)r^2 - m^2]R(r) = 0 \ (r \geqslant a) \tag{2.2.26b}$$

导波场在纤芯内应为振荡解,故式(2.2.26a)的解应为第一类贝塞尔函数;在包层中应为衰减解,式(2.2.26b)的解应为第二类修正贝塞尔函数。于是 $R(r)$ 可表示为

$$R(r) = J_m\left[(n_1^2 k_0^2 - \beta^2)^{\frac{1}{2}} r\right] \qquad (0 \leqslant r \leqslant a) \qquad (2.2.27a)$$

$$R(r) = K_m\left[(\beta^2 - n_2^2 k_0^2)^{\frac{1}{2}} r\right] \qquad (r \geqslant a) \qquad (2.2.27b)$$

式中,J_m 为 m 阶贝塞尔函数,K_m 为 m 阶修正贝塞尔函数。下面引入几个重要的无量纲参数,令

$$U = \sqrt{k_0^2 n_1^2 - \beta^2}\, a \qquad (2.2.28a)$$

$$W = \sqrt{\beta^2 - k_0^2 n_2^2}\, a \qquad (2.2.28b)$$

U 表示在光纤的纤芯中导波沿半径 r 方向场的分布规律,称为导波的归一化径向相位常数;W 表示在包层中场沿半径 r 方向的衰减规律,称为导波的归一化径向衰减常数。由 U 和 W 可引出光纤的另一个参数,即归一化频率 V:

$$V = \sqrt{U^2 + W^2} = \sqrt{n_1^2 - n_2^2}\, k_0 a = \sqrt{2\Delta}\, n_1 k_0 a \qquad (2.2.29)$$

由式(2.2.29)可知,V 与光纤的解构参数 a、相对折射率差 Δ、纤芯折射率 n_1 及工作波长有关,是一个重要的综合参数,光纤的许多特性都与 V 有关。

将 $R(r)$ 代入式(2.2.25),并考虑到式(2.2.28),可得纤芯和包层中的场分布分别为

$$E_{y1} = A_1 J_m(Ur/a)\cos m\varphi\, e^{-j\beta z} \qquad (0 \leqslant r \leqslant a) \qquad (2.2.30a)$$

$$E_{y2} = A_2 K_m(Wr/a)\cos m\varphi\, e^{-j\beta z} \qquad (r \geqslant a) \qquad (2.2.30b)$$

利用光纤的边界条件,即 $r = a$ 时,$E_{y1} = E_{y2}$,可得 $A_1 J_m(U) = A_2 K_m(W) = A$,代入上式得

$$E_{y1} = A\frac{J_m(Ur/a)}{J_m(U)}\cos m\varphi\, e^{-j\beta z} \qquad (0 \leqslant r \leqslant a) \qquad (2.2.31a)$$

$$E_{y2} = A\frac{K_m(Wr/a)}{K_m(W)}\cos m\varphi\, e^{-j\beta z} \qquad (r \geqslant a) \qquad (2.2.31b)$$

由电磁场的性质,对 TEM 波,有 $H_x = -E_y/Z = -E_y n/Z_0$,其中,$Z_0 = \sqrt{\dfrac{\mu_0}{\varepsilon_0}} = 337\ \Omega$ 是自由空间波阻抗。光纤中的场近似为 TEM,于是有

$$H_{x1} = -A\frac{n_1}{Z_0}\frac{J_m(Ur/a)}{J_m(U)}\cos m\varphi\, e^{-j\beta z} \qquad (0 \leqslant r \leqslant a) \qquad (2.2.32a)$$

$$H_{x2} = A\frac{n_2}{Z_0}\frac{K_m(Wr/a)}{K_m(W)}\cos m\varphi\, e^{-j\beta z} \qquad (r \geqslant a) \qquad (2.2.32b)$$

利用麦克斯韦方程组可得场的纵向分量 E_z、H_z 与横向分量 E_y、H_x 之间的关系:

$$E_z = \frac{jZ_0}{k_0^2 n^2}\frac{dH_x}{dy} \qquad (2.2.33a)$$

$$H_z = \frac{j}{k_0 Z_0}\frac{dE_y}{dx} \qquad (2.2.33b)$$

将 E_y、H_x 代入式(2.2.33a)和式(2.2.33b),即可求出 E_z、H_z,进一步可求得电磁场横向分量 E_r、H_r 和 E_φ、H_φ。

(2)标量解的特征方程

标量解的特征方程可由芯包界面处的边界条件得出。在 $r = a$ 处,电场和磁场的轴向分量是连续的,即 $E_{z1} = E_{z2}$,在弱导近似下可忽略 n_1、n_2 之间的微小差别,令 $n_1 = n_2$ 可得

$$U\frac{J_{m+1}(U)}{J_m(U)} = W\frac{K_{m+1}(W)}{K_m(W)} \qquad (2.2.34a)$$

$$U \frac{J_{m-1}(U)}{J_m(U)} = -W \frac{K_{m-1}(W)}{K_m(W)} \qquad (2.2.34b)$$

以上两式即为弱导光纤标量解的特征方程,按贝塞尔函数的递推公式,可以证明这两式属同一方程,可选择其中一个使用。从特征方程可解出 U(或 W)的值,从而确定 W(或 U)和相位常数 β,确定光纤的场分布及其特性。由于式(2.2.34)是超越方程,必须用数值方法求解。下面只讨论其在截止和远离截止两种情况下的解。

(3) 标量模及其特性

在弱导光纤中,把具有横向场的极化方向在传输过程中保持不变的横电磁波,当成其方向沿传输方向不变(仅大小变化)的标量模,可以认为是线性偏振模,即 LP_{mn} 模(Linearly Polarized Mode)。LP 模的基本出发点是,不考虑 TE、TM、EH、HE 模的具体区别,仅仅注意它们的传播常数,用 LP 模把所有弱导近似下传播常数相等的模式概括起来,因此 LP 模并不是光纤中存在的真实模式,它是在弱导近似情况下,人们为简化分析而提出的一种分析方法。

① LP_{mn} 模的传导条件

LP_{mn} 模的归一化频率 V 是由光纤的参数和工作波长来确定的。根据电磁场理论,只要 V 大于 LP_{mn} 模所对应的归一化截止频率 V_c,则该 LP_{mn} 模可以传导。光纤中的 U 值和 W 值都与 V 值有关,即光纤的场也随 V 值而变化。光纤归一化频率 V 越大,传输的模式越多,越不容易截止。在极限情况下(远离截止),$V \to \infty$ 表示场完全集中在纤芯中,包层中的场为零。由 $V = 2\pi(n_1^2 - n_2^2)^{1/2} a/\lambda_0$ 可知,当 $V \to \infty$ 时,有 $a/\lambda_0 \to \infty$,表明光波相当于在折射率为 n_1 的无限大空间($a \to \infty$)中传播。此时其传播常数 $\beta \to k_0 n_1$,所以 $U = a(k_0^2 n_1^2 - \beta^2)^{1/2}$ 和 $W = a(\beta^2 - k_0^2 n_2^2)^{1/2}$ 相比就很小,于是 $W = (V^2 - U^2)^{1/2} \to \infty$。由特征方程式(2.2.34a)可知,此时方程右边趋于无穷,为使方程左右两边相等,必有 $J_m(U) = 0$。进而可以确定远离截止情况时传导模对应的 U 值。$m = 0$ 时,上式的根为:

- 第一个根即 $n=1$ 时,$U = 2.40483$,是 LP_{01} 模远离截止时的 U 值;
- 第二个根即 $n=2$ 时,$U = 5.52008$,是 LP_{02} 模远离截止时的 U 值。

表2.2.1是几个低阶 LP 模式远离截止时的 U 值。

表2.2.1 几个低阶 LP 模式远离截止时的 U 值

n \ m	0	1	2
1	2.40483	3.83171	5.13562
2	5.52008	7.01559	8.41724
3	8.65373	10.17347	11.61984

对应一对 m、n 值,就有一个确定的 U 值,从而就有确定的 W 及 β 值,对应一个确定的场分布和传输特性。这种独立的场分布就叫做光纤的一个模式,即为标量模 LP_{mn}。m、n 表示对应传导模式的场在横截面上的分布规律,m 表示沿圆周方向电场出现最大值的个数,而 n 表示沿半径方向电场出现最大值的个数。m 代表贝塞尔函数的阶次,n 代表根的序号。由式(2.2.31)可知 LP_{mn} 模在光纤中的横向电场为

$$E_y = Ae^{-j\beta z}\cos m\varphi \frac{J_m(Ur/a)}{J_m(U)}$$

其圆周及半径方向的分布规律分别为 $\cos m\varphi$ 和 $J_m(Ur/a)$。

- 当 $m=0$ 时，$\cos m\varphi=1$，电场在圆周方向无变化，即在圆周方向电场出现最大值的个数为零；
- 当 $m=1$ 时，$\cos m\varphi=\cos\varphi$，电场在圆周方向按余弦规律变化，当 φ 在 $0\sim2\pi$ 变化时，沿圆周方向出现一对最大值；
- 当 $m=2$ 时，$\cos m\varphi=\cos2\varphi$，当 φ 在 $0\sim2\pi$ 变化时，沿圆周方向出现两对最大值，其余依次类推。

电场沿半径方向按贝塞尔函数规律变化，其变化情况与 n 有关（n 表示沿半径出现最大值的个数）。

以上场分布是远离截止时（$V\to\infty$）的情况，此时电场全部集中在光纤的纤芯中传播。随着 V 值的减小，电场将向包层中伸展。

② LP_{mn} 模的截止条件和单模传输条件

当某一模式不能沿光纤有效地传输时，称该模式截止，通常用径向归一化衰减常数 W 来衡量。对于导波，其电场在纤芯外是衰减的，此时，$W^2>0$（即 W 为实数）；当 $W=0$ 时，表示电场在纤芯外恰处于不衰减的临界状态，以此作为导波截止的标志，将此时的 W 记为 W_c，对应的归一化径向相位常数和归一化截止频率分别记为 U_c 和 V_c，有 $V_c^2=U_c^2+W_c^2=U_c^2(V_c=U_c)$。如果求出了某模式的 U_c，就能确定该模式的归一化截止频率 V_c，从而确定了各模式截止的条件。由截止条件下的特征方程 $W_c=0$，得

$$U_c J_{m-1}(U_c)/J_m(U_c)=-W_c K_{m-1}(W_c)/K_m(W_c)=0 \tag{2.2.35}$$

当 $U_c\neq0$ 时，$J_{m-1}(U_c)=0$，该式即截止时的特征方程，由此可解出 $m-1$ 阶贝塞尔函数的根 U_c，进而确定截止条件。

当 $m=0$ 时，$J_{-1}(U_c)=J_1(U_c)=0$，可解出 $U_c=\mu_{1,n}=0,3.831\,71,7.015\,59,10.173\,47,\cdots$，这里 $\mu_{1,n}$ 是一阶贝塞尔函数的第 n 个根，$n=1,2,3,\cdots$。显然，LP_{01} 模的截止频率为 0，LP_{02} 模的截止频率为 $3.831\,71$，这意味着当归一化频率 V 小于 $3.831\,71$ 时，LP_{02} 模不能在光纤中传播，而 LP_{01} 模总是可以在光纤中传播的，意味着该模无截止情况，故将 LP_{01} 模称为基模。第二个归一化截止频率较低的模是 LP_{11} 模，称为二阶模，其 $V_c=U_c=2.404\,8$。其他模的 $V_c=U_c$ 值更大，基模以外的模统称为高次模。表 2.2.2 列出了部分较低阶 LP_{mn} 模截止时的 U_c 值。

表 2.2.2　截止情况下的 LP_{mn} 模的 U_c 值

n ＼ m	0	1	2
1	0	2.404 83	3.831 71
2	3.831 71	5.520 08	7.015 59
3	7.015 59	8.653 73	10.173 47

由光纤传输理论可知,将光纤所传输信号的归一化频率 V 与某一模式的归一化截止频率 V_c 相比,若 $V > V_c$,则这种模式的光信号可在光纤中导行;若 $V < V_c$,则这种模式截止。通常把只能传输一种模式的光纤称为单模光纤,单模光纤只传输一种模式即基模 LP_{01}(或 HE_{11} 模),所以它不存在模式色散且带宽极宽,一般都在 GHz·km 以上,适用于长距离、大容量的通信。要保证单模传输,需要二阶模截止,即让光纤的归一化频率 V 小于二阶模(LP_{11})归一化截止频率 $V_c(LP_{11})$,从而可得

$$V = \frac{2\pi a}{\lambda} \sqrt{n_1^2 - n_2^2} < 2.404\,83 \tag{2.2.36}$$

这一重要关系称为"单模传输条件"。将 $V_c(LP_{11})$ 对应的波长 $\lambda_c = 2\pi(n_1^2 - n_2^2)^{1/2} a/V_c$ 叫做截止波长,是单模光纤的重要参数。对于给定的光纤(n_1、n_2 和 a 确定),当 $\lambda < \lambda_c$ 时为多模传输;$\lambda > \lambda_c$ 时为单模传输。所以 λ_c 又称为临界波长。

2.3　光纤的传输特性

光纤的传输特性主要包括光纤的损耗特性、色散特性和非线性效应。

2.3.1　光纤的损耗特性

光纤的传输损耗是指光信号通过光纤传播时,其功率随传播距离的增加而减少的物理现象。衰减是光纤的一个重要参数,是光纤传输系统无中继传输距离的主要限制因素之一(另一重要因素是色散所决定的带宽距离积),因此努力把光纤的损耗降到最低,是人们长期以来一直努力奋斗的目标。光纤产生损耗的原因很多,涉及很多物理机制、工艺和材料性质问题。对于由某些原因产生的损耗能够近似计算,但另外一些则很困难,更没有计算包括所有原因的总衰减的公式。降低衰减主要依赖于工艺的提高和对材料的研究等。

光纤损耗是以光波在光纤中传播时单位长度上的衰减量来表示的,通常以 α 表示,单位是 dB/km。若光纤的长度为 L(单位 km),光纤的输入光功率为 P_{in},输出光功率为 P_{out},则单位长度的光纤损耗为

$$\alpha = \frac{10}{L} \log \frac{P_{in}}{P_{out}} \tag{2.3.1}$$

图 2.3.1 展示了一个具有 $2a = 9.4\ \mu m$、$\Delta = 1.9 \times 10^{-3}$、截止波长 $\lambda_c = 1.1\ \mu m$ 的单模光纤的损耗谱。可见,在不同波长处,光纤损耗是不同的。在 1.55 μm 附近 α 仅为 0.2 dB/km,这是 1979 年达到的最低损耗,接近于石英光纤的基本限制(0.15 dB/km)。而在 1.39 μm 附近存在一个高的吸收峰和一些低的吸收峰,在 1.3 μm 附近出现第二个低损耗区,该处 $\alpha < 0.5$ dB/km。由于在 1.3 μm 附近色散最小,因此该低损耗窗口亦是光波系统的通信窗口。在短波长区,损耗相当高,在可见光区,$\alpha > 0.5$ dB/km。

光纤的衰减机理主要有 3 种:吸收损耗、散射损耗和辐射损耗,如图 2.3.2 所示。吸收损耗与光纤材料有关,散射损耗则与光纤材料及光纤中的结构缺陷有关,而辐射损耗是由光纤几何形状的微观和宏观扰动引起的,下面分别进行讨论。

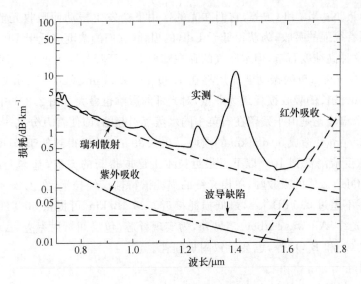

图 2.3.1 单模光纤的损耗谱特性

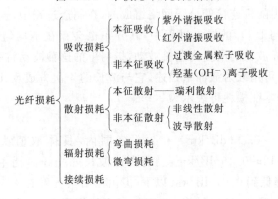

图 2.3.2 光纤损耗的分类

1. 吸收损耗

无论纤芯用什么材料制成,光信号通过时都或多或少地存在着吸收现象。所谓吸收损耗,就是指组成光纤的材料及其中的杂质对光的吸收作用而产生的损耗。光被吸收后,其能量大都转变为分子振动以热的形式散发出去。材料对光的吸收强弱与材料本身结构、光波长以及掺杂等因素有关。

材料吸收损耗有两种:本征吸收损耗与非本征吸收损耗,前者对应于纯石英引起的损耗,后者对应于杂质引起的损耗。在任一波长处,任何材料的吸收均与特定分子的电子共振和分子共振有关。对于石英(SiO_2)分子,电子共振发生在紫外区($\lambda < 0.4\ \mu m$)内,而分子共振发生在红外区($\lambda > 7\ \mu m$)内。由于熔融石英的非结晶特性,这些共振表现为吸收带形,吸收带延伸到了可见光区。图 2.3.1 显示出,石英的本征材料吸收在 $0.8 \sim 1.6\ \mu m$ 范围内,低于 0.1 dB/km。事实上,用于光波系统通常光纤,通常在 $1.3 \sim 1.6\ \mu m$ 窗口,材料吸收损耗 < 0.03 dB/km。

非本征材料吸收源于杂质的存在。光纤中的杂质对光的吸收作用是造成光纤损耗的主要原因。光纤中的杂质大致可以分为两大类,即过渡金属离子与氢氧根离子。过渡金属杂质,如 Fe、Cu、Co、Ni、Mn 和 Cr 等,它们在光的作用下会发生振动而吸收光能量,在 $\lambda=0.6$ ~1.6 μm 范围有很强的吸收,为获得低于 1 dB 的损耗,它们的浓度应低于 10^{-9}。现代的工艺水平已能获得这种高纯度石英,但水蒸气的存在却使非本征吸收大大增加。OH^- 的共振发生在 2.73 μm,其基波与石英的振动波作用将在 1.39 μm、1.24 μm 和 0.95 μm 处产生很强的吸收,其中 1.39 μm 波长的吸收损耗最为严重,对光纤的影响也最大。图 2.3.1 中在这 3 个波长附近显示的 3 个谱峰正是由于残留在石英中的水蒸气引起的,即使百万分之一(10^{-6})的 OH^- 浓度也能在 1.39 μm 处造成 50 dB/km 的损耗。在 1.39 μm 处为得到低于 10 dB/km 的损耗,一般 OH^- 的浓度应降低到 10^{-8} 以下。最近技术上已取得新的突破,基本上消除了 1.29 μm 与 1.40 μm 处 OH^- 造成的吸收峰,单模光纤的损耗谱特性已经拉平,在 1.2~1.6 μm 波长范围内,最大损耗不超过 0.5 dB/km,最低损耗接近 0.25 dB/km,可提供 50 THz 的带宽,这种光纤称为全波光纤(All wave fiber)。另外,为实现纤芯-包层间折射率差(Δ)而加入的掺杂物,如 GeO_2、P_2O_5 和 B_2O_3 等,也会导致附加损耗。

2. 散射损耗

所谓散射损耗是指光信号在光纤中遇到微小粒子或不均匀结构时发生的散射造成的损耗。由于石英玻璃是由随机连接的分子网络组成的,在制造过程中,这种结构中会存在分子密度的不均匀,GeO_2 与 P_2O_5 的掺入过程中,其分布也会存在不均匀。分子密度的这种波动导致折射率在小于光波长的限度内随机波动,折射率的这种波动将引起信号光的散射,这种散射称为瑞利散射,可用散射截面来描述,它与波长的 4 次方成反比。石英光纤在波长 λ 处,由瑞利散射引起的本征损耗可表示为

$$\alpha_R = C/\lambda^4 \qquad (2.3.2)$$

式中,常数 C 在 0.7~0.9(dB/km)· μm^4 范围内,具体取值决定于光纤结构。在 $\lambda=1.55$ μm 时,$\alpha_R=0.12$~0.16 dB/km,表明在该波长处光纤损耗主要由瑞利散射引起。在 $\lambda=3$ μm 附近,α_R 降低到 0.01 dB/km 以下,但由于石英光纤在 $\lambda>1.6$ μm 的红外区,光纤损耗主要决定于红外吸收,所以尽管 α_R 很低,仍不能用于 3 μm 光波的传输。瑞利散射是一种普遍存在于任何光纤中的散射,它决定了光纤基本损耗的最小值。

有一种新的氟化锆(ZrF_4)光纤,在 $\lambda=2.55$ μm 附近具有很低的本征材料吸收损耗(约 0.01 dB/km),比石英光纤低一个数量级,具有诱人的应用潜力,但目前由于工艺水平的限制,其非本征损耗还比较高(约 1 dB/km)。另一种硫化物和多晶光纤在 $\lambda=10$ μm 附近的红外区亦具有很低的损耗,理论上预示,这类光纤的 α_R 很低,最低损耗将小于 10^{-3} dB/km。

光纤在高功率、强光场作用下,将呈现非线性特性,诱发对入射波的散射作用,使输入光能转移一部分到新的频率上去,包括受激拉曼散射和受激布里渊散射。在功率门限值以下时,它们对传输不产生影响。但因为光纤很细,电磁场又集中,所以不大不小的功率就可以产生这种散射,这一特性决定了光纤的入射光功率的最大值。因此,防止发生非线性散射的根本方法就是不要使光纤中的光信号功率过大,如不超过 +25 dBm。

当光纤芯径沿光纤轴向变化不均匀或折射率分布不均匀时,将引起光纤中传输模与辐射模间的相互耦合,能量将从传输模转移到辐射模,产生了附加损耗。这种损耗叫做波导散射损耗。

3. 辐射损耗

当理想的圆柱形光纤受到某种外力作用时,会产生一定曲率半径的弯曲,引起能量泄漏

到包层,这种由能量泄漏导致的损耗称为辐射损耗。光纤受力弯曲有两类:①曲率半径比光纤直径大得多的弯曲,例如,当光缆拐弯时就会发生这样的弯曲;②光纤成缆时产生的随机性扭曲,称为微弯。轻微的弯曲引起的附加损耗一般很小,基本上观测不到。当弯曲程度加大、曲率半径减小时,损耗将随 $\exp(-R/R_c)$ 成比例增大,R 是光纤弯曲的曲率半径;R_c 为临界曲率半径,$R_c \approx 3n_1^2\lambda/[4\pi(n_1^2-n_2^2)^{3/2}]$,即当曲率半径 $R_o \approx \dfrac{3n_1^2\lambda}{4\pi(n_1^2-n_2^2)^{3/2}}$ 达到 R_c 时,就可观测到弯曲损耗。对单模光纤,R_c 的典型值为 $0.2\sim0.4$ mm。当曲率半径大于 5 mm 时,弯曲损耗小于 0.01 dB/km,可忽略不计。大多数弯曲半径 R 大于 5 mm,这种弯曲损耗实际上可忽略。但是当弯曲的曲率半径 R 进一步减小到比 R_c 小得多时,损耗将变得非常大。

弯曲损耗源于延伸到包层中的消逝场的尾部的辐射。原来这部分场与纤芯中的场一起传输,共同携载能量,当光纤发生弯曲时,位于曲率中心远侧的消逝场尾部必须以较大的速度才能与纤芯中的场一同前进,但离纤芯的距离为某临界距离时,消逝场尾部必须以大于光速的速度运动,才能与纤芯中的场一同前进,这是不可能的。因此超过临界距离外的消逝场尾部中的光能量就辐射出去,所以弯曲损耗是通过消逝场尾部辐射产生的。

为减小弯曲损耗,通常在光纤表面上模压一种压缩护套,当受外力作用时,护套发生变形,而光纤仍可以保持准直状态。

除上述损耗外,对长途光缆线路来讲,光纤接续是无法避免的。在接续过程中,由于各种主客观原因而导致两光纤不同轴(单模光纤同轴度要求小于 $0.8~\mu m$)、端面与轴心不垂直、端面不平、对接芯径不匹配和熔接质量差等造成的损耗,叫做接续损耗。在实际操作中,要严格按照熔接机的操作规范与流程,确保每个接头符合要求(如小于 0.02 dB)。

2.3.2　光纤的色散特性

色散是不同成分(模式或波长)的光信号在光纤中传输时,因其群速度不同产生不同的时间延迟而引起的一种物理效应。

对于模拟调制,色散限制了带宽;对于数字脉冲信号,如果在发送端向光纤输入一个矩形光脉冲,经过一段长度的光纤传输之后,就会发现光脉冲不仅被展宽而且形状也发生了明显的失真。这说明光纤传输对光脉冲有展宽与畸变作用,即光纤具有色散效应(色散是沿用了光学中的名词)。

光脉冲的展宽与畸变会导致光传输质量的劣化,引起相邻脉冲发生重叠,产生码间干扰、发生误码等,从而限制光纤的传输容量(BL 积)。

在光纤的射线分析中指出,光线的多径色散导致光脉冲产生相当大的展宽(约 $10~\mu s/km$)。在模式理论中,多径色散对应于模式色散。单模光纤不存在模式色散,但这并不意味单模光纤不存在色散和脉冲展宽。由于实际的原因,由光源发射进入光纤的光脉冲包含许多不同频率的分量,脉冲的不同频率分量将以不同的群速度传输,因而在传输过程中必将出现脉冲展宽,这种现象称为模内色散或色度色散。模内色散的主要来源有两种:波导色散和材料色散。

下面分别对这几种色散进行分析。

1. 模式色散

所谓模式色散,是指光在多模光纤中传输时存在着许多种传播模式,因为每种传播模式在传输过程中都具有不同的轴向传播速度,因此虽然在输入端同时发送光脉冲信号,但到达接收端的时间却不同,于是产生了时延,使光脉冲发生展宽与畸变。

模式色散仅对多模光纤有效,而单模光纤则不存在模式色散。模式色散在光纤的色散中占有极大比重,比材料色散与波导色散之和还要高出几十倍。渐变光纤模式色散引起的脉冲展宽要比阶跃光纤小得多,这就是为什么多模光纤的绝大部分采用渐变折射率分布的原因。

2. 材料色散

材料色散是由于构成纤芯的材料对不同波长的光波所呈现的不同折射率而造成的,波长短则折射率大,波长长则折射率小。就目前的技术水平而言,光源尚不能达到严格单频发射的程度,所以无论谱线宽度多么狭窄的光源器件,它所发出的光也会包含有多根谱线(多种频率成分),只不过光波长的数量以及各光波长的功率所占的比例不同而已。每根谱线都会各自受光纤色散的作用,而接收端不可能对每根谱线受光纤色散作用所造成的畸变皆进行理想均衡,故会产生脉冲展宽现象。这就是所谓的材料色散。

理论和实践都已证明:在波长为 1.28 μm 左右时,纯石英光纤的材料色散趋于零。同时,不同的"零材料色散波长"可通过使用不同材料而获得。

3. 波导色散

所谓波导色散,是指光纤的波导结构对不同波长的光产生的色散作用。波导结构包括光纤的纤芯与包层直径的大小、光纤的横截面折射率分布规律等。这种色散通常很小,可以忽略不计。但是,它对制造各种色散位移单模光纤非常重要。

单模光纤的色散由材料色散和波导色散构成,其色散系数 D 为材料色散系数 D_M 与波导色散系数 D_W 之和,即

$$D = D_M + D_W \tag{2.3.3}$$

图 2.3.3 给出了 D_M、D_W 和 D 随波长的变化关系。当波长短于材料的零色散波长时,D_M 与 D_W 同号,均为负且相互加强,使总色散增加;在波长大于材料零色散波长时,D_M 与 D_W 反号,两者互相抵消,使总色散为零,此处即光纤的零色散波长。可以看出,改变波导色散可使零色散波长移动,但在一般情况下移动不大,这是因为波导色散较小。除了在零色散波长附近,起主导作用的是 D_M。

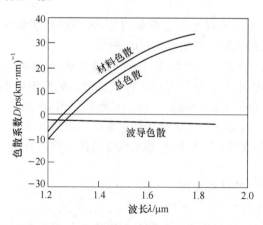

图 2.3.3 普通单模光纤的色散特性

在单模光纤中,只存在材料色散和波导色散,而且其数值远远小于模式色散。这就是单模光纤能够进行大容量传输的原因。

随着技术的不断发展,人们可以巧妙地设计光纤的波导结构,使光纤的波导色散与材料色散在人们所希望的波长处相互抵消,使光纤的总色散呈现极小的数值甚至为零,即所谓的色散移位单模光纤,如把零色散点从 1 310 nm 波长区移到 1 550 nm 波长区。

2.3.3　光纤的非线性效应

在传统的光纤通信系统中发送光功率较低(约 1 mW),故近似认为光纤是一种线性媒质。但随着光功率的增加,单模光纤的损耗又很低,并将光场限制在横截面积很小的区域,则高光强在光纤中能保持很长的距离。尽管石英材料并不是高非线性的,但单模光纤中的非线性效应仍会变得十分显著,对光信号的传输有重要的影响,并在许多方面得到应用。尤其是光纤通信技术发展到今天,作为主要传输媒质的单模光纤的非线性效应问题,愈来愈成为影响系统性能的关键因素。

使得单模光纤中非线性影响愈来愈大的原因有:①光源性能提高及光放大器的广泛采用,使入纤功率达到 10 dBm 甚至 20 dBm 以上;②WDM 技术普遍采用,单个信道的功率即使不大,多个信道合成的功率也可能很大,光纤的非线性效应使信道间产生严重的相互串扰;③单信道速率愈来愈高,色散与非线性间的相互作用也愈来愈严重,等等。

单模光纤中的非线性效应,虽有可能引起光纤通信系统中的附加衰减、相邻信道间的串扰等不良影响,从而限制了发送光功率及中继距离,但也可利用这种效应构成许多有用的信号传输和处理器件,如放大器、调制器和激光器等。

光纤的非线性可分为两类:受激散射和折射率扰动。

1. 受激散射

受激散射是指光场把部分能量转移给非线性介质。非线性受激散射发生在光信号与光纤中的声波或系统振动相互作用的调制系统中,包括受激拉曼散射(SRS, Stimulated Raman Scattering)和受激布里渊散射(SBS, Stimulated Brillouin Scattering)。

(1) 受激拉曼散射

在入射光作用下,媒质内部分子间的相对运动导致感应电偶极矩随时间周期性调制,并对入射光产生散射作用。设入射光(称为泵浦光)的频率为 ω_p,介质分子的振动频率为 ω_v,则散射光的频率从 ω_p 移动了 $n\omega_v$,即 $\omega_s = \omega_p - n\omega_v$ 和 $\omega_{as} = \omega_p + n\omega_v$($n$ 为整数)。产生频率为 ω_s 散射光的散射叫做斯托克斯(Stokes)散射,而产生频率为 ω_{as} 散射光的散射叫做反斯托克斯散射,且反斯托克斯散射光要比斯托克斯散射光弱得多。这些散射光谱线相对于原入射光谱线的移动是有规律的,只与媒质的分子结构有关,与入射光波长无关。

对典型的单模光纤,受激拉曼散射产生的最低阈值泵浦光功率 P_R 可近似表示为

$$P_R \approx \frac{16A_{eff}}{L_{eff} g_R} \tag{2.3.4}$$

式中,A_{eff} 为纤芯有效面积,即 $A_{eff} \approx \pi W_0^2$($W_0$ 为模场半径);L_{eff} 为光纤的有效作用长度;g_R 是拉曼增益系数。

受激拉曼散射的频移量在光频范围内时,ω_s 波和 ω_p 波传输方向一致,ω_s 波和 ω_{as} 波传输方向相反,可采用光隔离器来消除后向传输的光功率。

当入射光为普通低强度光源时,介质的普通拉曼散射较弱,散射光强度很小。当入射光为高强度激光时,介质的拉曼散射过程具有受激发射性质,称为受激拉曼散射。SRS 只有在入射光强超过某一阈值后才能产生,且散射光具有与激光辐射同样的特点。散射光通过介质时可以获得放大,从而构成拉曼放大器。受激散射光在适当条件下可往返放大而产生振荡,构成拉曼激光器。

(2) 受激布里渊散射

入射到光纤中的光,其光强在一定强度时,引起声光子振动,由此产生的非线性现象称为受激布里渊散射。

入射光频率为 ω_p 的泵浦光将部分能量转移给频率为 ω_s 的斯托克斯波,并发出频率为 $Q = \omega_p - \omega_s$ 的声波。

SBS 与 SRS 在物理过程上类似,只是 SBS 的频移量在声频范围,ω_s 波和 ω_p 波传输方向相反,是一种背向散射。在光纤中,SBS 产生的最低阈值泵浦光功率可近似表示为

$$P_B \approx \frac{21 A_{eff}}{L_{eff} g_B} \tag{2.3.5}$$

当光源的谱线宽比布里渊增益带宽大很多或者信号功率低于 SBS 阈值功率时,SBS 对系统性能的影响可忽略。

2. 折射率扰动

在低光功率下,纤芯的折射率可以认为是常数。但在高光功率下,3 阶非线性效应使得光纤折射率成为光强的函数,可表示为

$$n = n_0 + n_2 P / A_{eff} = n_0 + n_2 |\boldsymbol{E}|^2 \tag{2.3.6}$$

式中,n_0 为线性折射率;n_2 为非线性折射率;P 为输入的光功率;A_{eff} 为纤芯有效面积;$\boldsymbol{E}$ 为光场强度。虽然这种与功率相关的非线性折射率非常小,但对光信号在光纤中传播过程的影响却很显著,使光信号的相位产生调制,引起自相位调制(SPM)、交叉相位调制(CPM)及四波混频(FWM)等效应。

(1) 自相位调制

SPM(Self Phase Modulation)是指在传输过程中光脉冲自身相位变化导致脉冲频谱展宽的现象。自相位调制与自聚焦有密切联系,如果十分严重,在密集型波分复用系统中,频谱展宽会重叠进入邻近的信道。

光脉冲在光纤传输过程中的相位变化为

$$\phi = (n_0 + n_2 |\boldsymbol{E}|^2) k_0 L = \phi_0 + \phi_{NL} \tag{2.3.7}$$

式中,$k_0 = 2\pi/\lambda$;L 是光纤长度;$\phi_0 = n_0 k_0 L$ 是相位变化的线性部分;$\phi_{NL} = n_2 k_0 L |\boldsymbol{E}|^2$ 为自相位调制。

从原理上,自相位调制可以实现调相;可在光纤中产生光孤子,实现光孤子通信。

(2) 交叉相位调制

CPM(Cross Phase Modulation)是一个脉冲对其他信道脉冲相位的作用。两个或多个不同波长的光波在光纤的非线性作用下,将产生 CPM,其产生机理与 SPM 类似,只是 CPM 仅出现在多信道系统中。

不同波长的脉冲之间相互作用,会造成光谱的展宽,再加上光纤色散,会使信号脉冲在经过光纤传输后产生较大的时域展宽,并在相邻波长通路中产生干扰。通过合适地选择和

控制通路间隔可以有效地控制 CPM 的影响。

（3）四波混频

FWM(Four Wave Mixing)是指由两个或 3 个波长的光波混合后产生新的光波,其原理如图 2.3.4 所示。

在系统中,某一波长的入射光会改变光纤的折射率,从而在不同频率处发生相位调制,产生新的波长。新波长数量与原始波长数量是呈几何递增的,即 $N = N_0^2(N_0-1)/2$ (N_0 为原始波长数)。而且 FWM 与信道间隔关系密切,间隔越小,FWM 越严重。FWM 对波分复用系统的影响为:将波长的部分能量转化为无用的新生波长,从而损耗光信号的功率;新生波长可能与某信号波长相同或重叠,造成干扰。

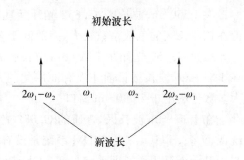

图 2.3.4 四波混频产生原理

2.4 单模光纤的种类及性能参数

由于单模光纤具有衰减小、带宽宽、适合于大容量传输等优点,所以获得了广泛的应用。同时,随着理论研究的深入和制造技术的发展,单模光纤的性能亦在逐步提高,从而推出了一系列单模光纤,分别针对不同的应用场合。

2.4.1 光纤的主要性能参数

光纤的主要性能参数是衰减系数 α、色度色散系数 $D(\lambda)$。因为从某种程度上讲,衰减系数 α 基本上决定了光纤通信系统的损耗受限下的传输距离(还可以用光放大器来增加),而色度色散系数 $D(\lambda)$ 基本上决定了系统的色散受限传输距离(还可以用色散补偿的方法来增加)。

对于用来传输 WDM 系统的单模光纤来讲,除了衰减系数与色散系数之外,还有两项重要的特性参数,即零色散波长 λ_0 与零色散斜率 S_0,因为它们关系到 WDM 系统的色散补偿问题。由于 WDM 系统的工作波长范围很宽,要想对系统的整个工作波长范围进行理想补偿是相当困难的;但 S_0 越小,说明光纤的色散随波长的变化越缓慢,则越容易进行一次性比较理想的色散补偿。

2.4.2 单模光纤种类

1. G.652 标准单模光纤

国际电信联盟(ITU-T)把零色散波长在 1 310 nm 窗口的单模光纤规范为 G.652 光纤,即 1 310 nm 波长性能最佳光纤,又称色散未移位光纤。G.652 光纤拥有 1 310 nm 和 1 550 nm 两个波长窗口,但在 1 310 nm 窗口的性能最佳。

在 1 310 nm 波长区域,因为在光纤制造时未对光纤的零色散点进行移位设计,所以零色散点仍然在 1 310 nm 波长区。它在该波长区域的色散系数最小,低于 3.5 ps/(nm·km);其损耗系数也呈现出较小的数值,其规范值为 0.3~0.4 dB/km,故称其为 1 310 nm 波长性能最佳光纤。

在 1 550 nm 波长区,G. 652 光纤呈现出极低的损耗,损耗系数为 0. 15~0. 25 dB/km;但在该波长区的色散系数较大,一般低于 20 ps/(nm·km)。

虽然 G. 652 光纤在 1 310 nm 波长区的性能最佳——损耗系数小、色散系数低,但由于在 1 310 nm 波长区目前还没有商用化的光放大器,解决不了超长距离传输的问题,所以绝大多数仍然用于 1 550 nm 窗口。

在 1 550 nm 波长区,普通的 G. 652 光纤用来传输 TDM 方式的 2. 5 Gbit/s 的 SDH 系统或 $N×2. 5$ Gbit/s 的 WDM 系统是没有问题的,因为 WDM 系统对光纤的色散要求仍相当于其一个复用通道即单波长 2. 5 Gbit/s 系统的要求。但用来传输 10 Gbit/s 的 SDH 系统或 $N×10$ Gbit/s 的 WDM 系统则遇到了麻烦。这是因为 G. 652 光纤在 1 550 nm 波长区的色散系数较大,易出现色散受限。

为了解决这个问题,2000 年 ITU-T 又对 G. 652 光纤进行了规范与分类,即分为 G. 652A、G. 652B 与 G. 652C 光纤。

G. 652A 光纤与原 G. 652 光纤一样,适用于传输最高速率为 2. 5 Gbit/s 的 SDH 系统及 $N×2. 5$ Gbit/s 的 WDM 系统。G. 652B 光纤可用于传输最高速率为 10 Gbit/s 的 SDH 系统及 $N×10$ Gbit/s 的 WDM 系统(C、L 波段),其技术指标增加了对偏振模色散的要求,即小于 $0. 5$ ps$/\sqrt{km}$。而 G. 652C 光纤是一种低水峰光纤,它在 G. 652B 光纤的基础上把应用波长扩展到 1 360~1 530 nm(C、L、S 波段)。

2. G. 653 色散位移光纤

G. 653 光纤即 1 550 nm 波长性能最佳光纤,又称色散位移光纤。它主要应用于 1 550 nm 窗口,在 1 550 nm 波长区的性能最佳。

在 1 550 nm 波长区,因为在光纤制造时已对光纤的零色散点进行了移位设计,即通过巧妙设计光纤的波导结构把光纤的零色散点从原来的 1 310 nm 波长区移位到 1 550 nm 波长区,所以它在 1 550 nm 波长区域的色散系数最小,低于 3. 5 ps/(nm·km);而且其损耗系数在该波长区也呈现出极小的数值,其规范值为 0. 19~0. 25 dB/km,故称其为 1 550 nm 波长性能最佳光纤。

这种光纤在 1 550 nm 窗口具有的良好特性使之成为单波长、大容量、超长距离传输的最佳选择,用它来传输 TDM 方式的 10 Gbit/s SDH 系统是没有问题的。G. 653 光纤在国外已有了一定范围的应用,其中日本大量敷设这种光纤,我国仅在已敷设的京—九—广干线光缆中采用了 6 芯 G. 653 光纤。但随着波分复用技术研究的深入,人们发现零色散是导致非线性四波混频效应的根源,因而这种光纤在密集波分复用系统中很少应用。目前,G. 653 光纤已完全被 G. 655 光纤替代,新敷设光纤已不再考虑 G. 653 光纤。

3. G. 654 衰减最小光纤

G. 654 光纤又称截止波长位移光纤或 1 550 nm 波长衰减最小光纤。这类光纤设计的重点是降低 1 550 nm 窗口的衰减,而零色散点仍然在 1 310 nm 波长区,因而 1 550 nm 的色散较高,可达 18 ps/(nm·km),必须配用单纵模激光器才能消除色散的影响。

G. 654 光纤在 1 550 nm 波长区域的衰减系数为 0. 15~0. 19 dB/km,它主要应用于需要中继距离很长的海底光纤通信,但其传输容量却不能太大,如 2. 5 Gbit/s 系统,由于其性能上的原因,目前已基本停止生产。

4. G. 655 非零色散光纤

G. 655 光纤又称非零色散光纤。其基本设计思路是在 1 550 nm 波长区具有较低的色散(约为 G. 652 光纤的四分之一),以支持 TDM 10 Gbit/s 的长距离传输而基本上无须进行色散补偿;同时又因为保持了非零色散特性,其低色散值足以抑制四波混频与交叉相位调制等非线性效应,从而可以传输足够数量波长的 WDM 系统。

2000 年 ITU-T 又对 G. 655 光纤进行了规范分类,即 G. 655A 光纤与 G. 655B 光纤。G. 655A 光纤只适用于 C 波段,它可用于传输最高速率为 10 Gbit/s 的 SDH 系统,以及单信道速率为 10 Gbit/s、通道间隔≥200 GHz 的 WDM 系统。G. 655B 光纤适用于 C 波段(1 530~1 565 nm)与 L 波段(1 570~1 605 nm),它可用于传输最高速率为 10 Gbit/s 的 SDH 系统,以及单通道速率为 10 Gbit/s、通道间隔≤100 GHz 的 WDM 系统。

2.5　光纤接续

光纤接续是光缆施工与维护中一个非常重要的环节。接头质量的好坏,直接关系到光纤通信系统的最大无中继距离、传输质量甚至系统寿命。目前,光纤的接续基本采用光纤熔接法来完成,它是借助于光纤熔接机的电极的尖端放电,电弧产生的高温将要连接的两根光纤熔化、靠近、熔接为一体。光纤熔接的过程如下。

1. 熔接前的准备工作

(1) 选择载纤槽:由于不同厂家生产的光纤的被覆层尺寸不一样,因此熔接机设置了不同的载纤槽用来夹持不同被覆层尺寸光纤。

(2) 选合适的熔接程序:对于不同的环境、不同种类的光纤,可以根据熔接效果更换程序和参数,以达到最佳熔接效果。

(3) 装热缩保护管:将用于保护光纤接头的热缩套管套在待接续的两根光纤之一上。

(4) 光纤端面制作:用光纤钳剥去光纤被覆层约 40 mm,用酒精棉球擦去裸光纤上的污物,然后用高精度光纤切割刀将裸光纤切去一段,保留裸纤约 16 mm。

2. 光纤安装

(1) 按"复位"键使光纤夹持器复位。

(2) 将切好端面的光纤放入 V 形槽,光纤端面不能擦到 V 形槽底部,光纤被覆层尾端应紧靠裸纤定位板。

(3) 依次放下光纤压头和光纤夹持器压板,光纤安放完成。此时显示屏上应有图像,两光纤轴向距离小于光纤半径 R。

3. 光纤对准

光纤放好后,盖下防风盖。使用"上"、"下"键来调整一根光纤,使两光纤同心;然后按"画面"键,将画面切换到另一个方向上,同样使用"上"、"下"键调整另一根光纤,使两根光纤于该画面上同心。按"左"、"右"键实现另一根光纤的左、右移动。

4. 光纤熔接

(1) 设定间隙:按"间隙"键设置两光纤间的间隙。

(2) 光纤预熔:按"预熔"键对光纤进行预熔,以进一步对光纤进行清洁。

(3) 正式熔接:按"熔接"键对光纤进行正式熔接,实现两根光纤的熔融对接。

5. 熔接质量评估

熔接质量是通过熔接损耗估算值和熔接外形来判断的,只有二者结合起来,才能给出接点客观的评价。即光纤熔接机上显示的损耗小,同时从显示屏上看不到任何熔接的痕迹。

6. 熔接点的保护

(1) 取出熔接好的光纤:依次打开防风罩、左右光纤压头以及左右光纤夹持器盖板,小心取出接好的光纤,避免碰到电极。

(2) 移放热缩管:将事先装套在光纤上的热缩套管小心地移到光纤接点处,使两光纤被覆层留在热缩套管中的长度基本相等。

(3) 加热热缩管:将热缩管放入加热器中,按加热键,加热指示灯亮即开始给热缩管加热,到加热指示灯灭自动停止加热。等冷却后取出收缩好的保护管,接点保护即告完成。

7. 盘余留尾纤

对接头两端的余留光纤,在盘纤板上按"0"型或倒"8"字形收容好,以免发生意外。

需要说明的是,现在的熔接机都具有全自动熔接功能,也就是说,对于上述过程 3～4,只要按"自动"键,熔接机进入全自动工作过程:自动清洁光纤、检查端面、设定间隙、纤芯准直、放电熔接、接点损耗估算显示等。

2.6 光   缆

由于裸露的光纤抗弯强度低,容易折断,为使光纤在运输、安装与敷设中不受损坏,必须把光纤成缆。光缆的设计取决于应用场合,总的要求是保证光纤在使用寿命期内能正常完成信息传输任务。为此需要采取各种保护措施,包括机械强度保护、防潮、防化学腐蚀、防紫外光、防氢、防雷电、防鼠虫等功能,还应具有适当的强度和韧性,易于施工、敷设、连接和维护等。

光缆设计的任务是,为光纤提供可靠的机械保护,使之适应外部使用环境,并确保在敷设与使用过程中光缆中的光纤具有稳定可靠的传输性能。对光缆最基本的要求有 5 点:缆内光纤不断裂;传输特性不劣化;缆径细、质量小;制造工艺简单;施工简便、维护方便。

光缆的制造技术与电缆是不一样的。光纤虽有一定的强度和抗张能力,但经不起过大的侧压力与拉伸力;光纤在短期内接触水是没有问题的,但若长期处在多水的环境下会使光纤内的氢氧根离子增多,增加了光纤的损耗。因此制造光缆不仅要保证光纤在长期使用过程中的机械物理性能,而且还要注意其防水、防潮性能。

2.6.1 光缆的基本结构

光缆由光纤、导电线芯、加强芯和护套等部分组成。一根完整、实用的光缆,从一次涂敷到最后成缆,要经过很多道工序,结构上有很多层次,包括光纤缓冲层、结构件和加强芯、防潮层、光缆护套、油膏、吸氧剂和铠装等,以满足上述各项要求。

一根光缆中纤芯的数量根据实际的需要来决定,可以有 1～144 根不等(国外已经研制出了 4 000 芯的用户光缆),每根光纤放在不同的位置,具有不同的颜色,便于熔接时识别。

导电线芯是用来进行遥远供电、遥测、遥控和通信联络的,导电线芯的根数、横截面积等也根据实际需要来确定。

　　加强芯是为了加大光缆抗拉、耐冲击的能力,以承受光缆在施工和使用过程中产生的拉伸负荷,一般采用钢丝作为加强材料,在雷击严重的地区应采用芳纶纤维、纤维增强塑料棒(FRP 棒)或高强度玻璃纤维等非导电材料。

　　光缆护套的基本作用与电缆相同,也是为了保护纤芯不受外界的伤害。光缆护套又分为内护套和外护套。外光缆护套的材料要能经受日晒雨淋,不致因紫外线的照射而龟裂;要具有一定的抗拉、抗弯能力,能经受施工时的磨损和使用过程中的化学腐蚀。室内光缆可以用聚氯乙烯(PVC)护套,室外光缆可用聚乙烯(PE)护套。要求阻燃时,可用阻燃聚乙烯、阻燃聚醋酸乙烯脂、阻燃聚胺脂、阻燃聚氯乙烯等。在湿热地区、鼠害严重地区和海底,应采用铠装光缆。聚氯乙烯护套适合于架空或管道敷设,双钢带绕包铠装和纵包搭接皱纹复合钢带适用于直埋式敷设,钢丝铠装和铅包适用于水下敷设。

2.6.2　光缆的分类

　　光缆的分类方法很多。按应用场合可分为室内光缆和室外光缆;按光纤的传输性能可分为单模光缆和多模光缆;按加强筋和护套等是否含有金属材料可分为金属光缆和非金属光缆;按护套形式可分为塑料护套、综合护套和铠装光缆;按敷设方式不同可分为架空、直埋、管道和水下光缆;按成缆结构方式不同可分为层绞式、骨架式、束管式、叠带式等。

　　下面仅以成缆方式的不同,介绍几种典型的光缆结构特点。

　　(1) 层绞式光缆

　　层绞式光缆的结构和成缆方法类似电缆,但中心多了一根加强芯,以便提高抗拉强度,其典型结构如图 2.6.1(a)所示。它在一根松套管内放置多根(如 12 根)光纤,多根松套管围绕加强芯绞合成一体,加上聚乙烯护层成为缆芯,松套管内充稀油膏,松套管材料为尼龙、聚丙烯或其他聚合物材料。层绞式光缆结构简单、性能稳定、制造容易、光纤密度较高(典型的可达 144 根)、价格便宜,是目前主流光缆结构。但由于光纤直接绕在光缆中的加强芯上,所以难以保证其在施工与使用过程中不受外部侧压力与内部应力的影响。

　　(2) 骨架式光缆

　　骨架式光缆的典型结构如图 2.6.1(b)所示,它由在多股钢丝绳外挤压开槽硬塑料而成,中心钢丝绳用于提高抗拉伸和低温收缩能力,各个槽中放置多根(可达 10 根)未套塑的裸纤或已套塑的裸纤,铜线用于公务联络。这类光缆抗侧压能力强,但制造工艺复杂。目前已有 8 槽 72 芯骨架光缆投入使用。

　　(3) 带状光缆

　　带状光缆的典型结构如图 2.6.1(c)所示,是一种高密度光缆结构。它是先把若干根光纤排成一排黏合在一起,制成带状芯线(光纤带),每根光纤带内可以放置 4～16 根光纤,多根光纤带叠合起来形成一矩形带状块再放入缆芯管内。缆芯典型配置为 12 芯×12 芯。目前所用的光纤带的基本结构有两种:一种为薄型带;另一种为密封式带。前者用于少芯数(如 4 根);后者用于多芯数,价格低、性能好。它的优点是结构紧凑、光纤密度高,并可做到多根光纤一次接续。

　　(4) 束管式光缆

　　束管式光缆是后来开发的一种轻型光缆结构,其典型结构如图 2.6.1(d)所示,其缆芯的基本结构是一根光纤束,每根光纤束由两条螺旋缠绕的扎纱将 2～12 根光纤松散地捆扎在一起,最大束数为 8,光纤数最多为 96 芯。光纤束置于一个 HDPE(高密度聚乙烯)内护套内,内护套外有皱纹钢带铠装层,该层外面有一条开索和挤塑 HDPE 外护套,使钢带和外护套紧密地粘接在一起。在外护套内有两根平行于缆芯的轴对称的加强芯紧靠铠装层外侧,加强芯旁也有开索,以便剥离外护套。在束管式光缆中,光纤位于缆芯,在束管内有很大的活动空间,改善了光纤在光缆内受压、受拉、弯曲时的受力状态;此外,束管式光缆还具有缆芯细、尺寸小、制造容易、成本低且寿命长等优点。

总之,伴随光纤通信技术的不断发展,光缆的设计与制造技术也在日益取得进展。

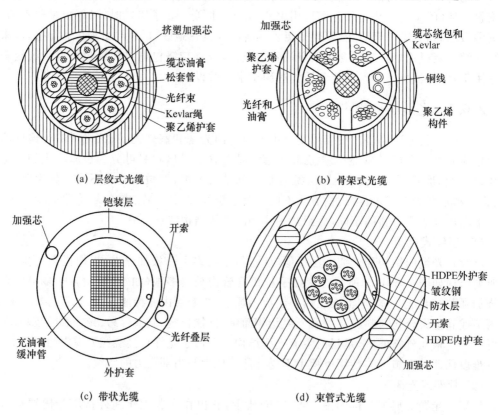

图 2.6.1 光缆的典型结构

小　　结

1. 光纤的基本结构包括 3 部分:折射率较高的芯区、折射率较低的包层和表面涂敷层。
2. 光纤的分类。

按照制造材料分类:石英系光纤、多组分玻璃光纤、石英芯塑料包层光纤、全塑料光纤和氟化物光纤等;

按传输模式分类:单模光纤和多模光纤;

按横截面上折射率分布情况分类:阶跃型光纤和渐变型光纤;

按工作波长分类:短波长光纤和长波长光纤;

按套塑类型分类:紧套光纤和松套光纤。

3. 光纤的传输原理。用射线理论分析了多模光纤的导光原理和特性;分别用波动理论矢量解法和标量解法对阶跃型光纤中的导波特性进行了分析。

4. 光纤的传输特性。

损耗特性:光信号通过光纤传播时,其功率随传播距离的增加而减少的物理现象。损耗是光纤传输系统无中继传输距离的主要限制因素之一。

色散特性:不同成分(模式或波长)的光信号在光纤中传输时,因其群速度不同,产生不同的时间延迟而引起的一种物理效应。色散包括模式色散、材料色散和波导色散,限制了系统的传输速率。

非线性效应:非线性受激散射和折射率扰动。

5. 单模光纤的种类及性能参数。

单模光纤衰减小、带宽宽、适合于大容量传输。其衰减系数 α 基本上决定了光纤通信系统的损耗受限下的传输距离,色度色散系数 $D(\lambda)$ 基本上决定了系统的色散受限传输距离。

6. 光缆由光纤、导电线芯、加强芯和护套等部分组成。按照成缆结构方式不同可分为层绞式、骨架式、束管式、叠带式等。

思 考 与 练 习

2-1 光纤由哪几部分构成? 各起何作用?

2-2 光纤的分类方式有哪些? 阶跃型光纤与渐变型光纤的区别是什么?

2-3 射线理论中,光纤的导光原理是什么? 光在阶跃型光纤与渐变型光纤中分别是如何传播的?

2-4 光纤的数值孔径(NA)是如何定义的? 其物理意义是什么?

2-5 计算 $n_1 = 1.48$ 及 $n_2 = 1.46$ 的阶跃折射率分布光纤的数值孔径(NA)。如果光纤端面外介质折射率 $n_0 = 1.00$,光纤的最大接收角为多少?

2-6 某阶跃光纤纤芯与包层的折射率分别为: $n_1 = 1.5, n_2 = 1.485$,试计算:

(1) 纤芯与包层的相对折射率差 Δ;

(2) 光纤的数值孔径(NA);

(3) 在 1 m 长的光纤上,由子午光线光程差引起的最大时延差 ΔT。

2-7 某光纤纤芯直径为 8 μm,在 $\lambda = 1\,300\,nm$ 处,其纤芯与包层的折射率分别为: $n_1 = 1.468, n_2 = 1.464$,试计算:

(1) 光纤的数值孔径(NA)及折射率差 Δ;

(2) 光纤的 V 参数,它是单模光纤吗?

(3) 使光纤处于多模工作的波长。

2-8 造成光纤传输损耗的主要因素有哪些? 如何表示光纤损耗?

2-9 什么是光纤色散? 可分为哪几种? 单模光纤中的色散包含哪些?

2-10 G.652、G.653、G.654 及 G.655 光纤的特点是什么? 分别应用在什么场合?

2-11 光纤熔接的过程是什么?

2-12 光缆的基本结构是什么?

2-13 光缆按照成缆结构方式不同可分为哪几种?

第3章

光源和光发送机

光发送机是将电输入信号转换为相应的光信号的光电转换中心,是各种光波系统的基本组成单元和决定光波系统性能的基本因素。光发送机的核心部件是光源,光纤通信系统均采用半导体发光二极管(LED)和激光二极管(LD)作为光源,这类光源具备尺寸小、耦合效率高、响应速度快、波长和尺寸与光纤适配、可在高速条件下直接调制等优点。本章将讨论半导体光源的原理、结构、特性及由它构成的光发送机的结构、光调制特性以及将光信号注入光纤的耦合方式与技术。

3.1 光纤通信用光源

在光纤通信中,将电信号转变为光信号是由光发射机来完成的。光发射机的关键器件是光源,光纤通信对光源的要求可以概括为:

(1) 光源发射的峰值波长应在光纤低损耗窗口之内;

(2) 有足够高的、稳定的输出光功率,以满足系统对光中继距离的要求;

(3) 单色性和方向性好,以减少光纤的材料色散,提高光源和光纤的耦合效率;

(4) 易于调制,响应速度快,以利于高速率、大容量数字信号的传输;

(5) 噪声强度要小,以提高模拟调制系统的信噪比;

(6) 电光转换效率高,驱动功率低,寿命长,可靠性高。

光纤通信中最常用的光源是半导体激光二极管和发光二极管,尤其是单纵模(或单频)半导体激光器在高速率、大容量的数字光纤系统中得到广泛应用。近年来逐渐成熟的波长可调谐激光器是多信道 WDM 光纤通信系统的关键器件,越来越受到人们的关注。

3.1.1 半导体光源的发光机理

1. 玻尔假说

1913 年玻尔(N. Bohr)以下述两个基本假设为基础,提出了一个解释氢原子光谱的理论。玻尔理论开创了原子现象研究的先河,为原子结构的量子理论奠定了基础。

(1) 定态假设

原子中存在具有确定能量的定态,在这些定态中,电子绕核运动不辐射也不吸收电磁能量。原子定态的能量是不连续的,是量子化的,只能取某些允许的分立数值 $E_1, E_2, \cdots, E_n$。

(2) 跃迁假设

只有当原子从具有较高能量 E_n 的定态跃迁到较低能量 E_m 的定态时,才能发射一个能

量为 $h\nu$ 的光子,其频率满足

$$h\nu = E_n - E_m \qquad (3.1.1)$$

式(3.1.1)为玻尔频率条件。式中,h 为普朗克常量。反之,原子在较低能量 E_m 的定态,吸收一个能量为 $h\nu$、频率为 ν 的光子,跃迁到较高能量 E_n 的定态。原子各定态的能量值称为原子能级。原子能级中能量最低的定态称为基态,能量高于基态的定态称为激发态,如图 3.1.1 所示。

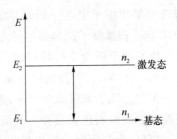

图 3.1.1　原子能级(二能级系统)

2. 粒子数正常分布

物质由原子、分子和离子等微观粒子所组成,以后把这些微观粒子通称为原子。根据量子力学的结论,每一个原子处于一定的能量状态之中,原子只能占据一些分立的能级。前面所说的原子的各个能级,是指原子可能具有的能级。在某一时刻,一个原子只能处于某一能级。但是,物质中含有的原子数目是相当庞大的,对于某一个原子,它可能具有这个能级或那个能级。对于由大量原子所组成的物质系统来讲,由热力学统计理论可知,在热平衡状态下,处于各能级上原子的数目是一定的,且原子数目按能级的分布服从玻耳兹曼分布律。设原子体系的热平衡热力学温度为 T,原子有 n 个能级,第 i 个能级的能量为 $E_i(i=1,2,\cdots,n)$,能级 E_i 的能级简并度(能级为 E_i 的状态数)为 g_i,能级 E_i 上的原子数为 n_i,则玻耳兹曼分布指出

$$n_i = Ag_i\mathrm{e}^{-\frac{E_i}{kT}} \qquad (3.1.2)$$

即随着能级 E_i 的增高,能级 E_i 上的原子数 n_i 按指数规律减少。式中 k 为玻耳兹曼常量,A 为常数。如果原子的总数为 n,则可由 $\sum\limits_{i=1}^{n} n_i = n$ 求出常数

$$A = \frac{n}{\sum\limits_{i=1}^{n} g_i\mathrm{e}^{-\frac{E_i}{kT}}} \qquad (3.1.3)$$

由式(3.1.2)可求得在热平衡状态下,处于两个能级 E_2 和 E_1 上原子数之比为

$$\frac{n_2}{n_1} = \frac{g_2}{g_1}\mathrm{e}^{-\frac{E_2-E_1}{kT}} \qquad (3.1.4)$$

从上式可以看出,若 $E_2 > E_1$,则必有 $(n_2/g_2) < (n_1/g_1)$。这就是说,在热平衡状态下,高能级 E_2 上每个简并能级的平均原子数 n_2/g_2 一定小于低能级 E_1 上每个简并能级的平均原子数 n_1/g_1,则 n_2/g_2 与 n_1/g_1 的比值由体系的温度决定。在给定温度下,$E_2 - E_1$ 差值越大,n_2/g_2 比 n_1/g_1 就相对地减小。以氢原子为例,它的第一激发态能量为 $E_2 = -3.40$ eV,基态能量为 $E_1 = -13.60$ eV,则 $E_2 - E_1 = 10.20$ eV,令 $g_1 = g_2 = 1$,在室温 $T = 300$ K 时($kT \approx 0.026$ eV),式(3.1.4)可以计算出

$$\frac{n_2}{n_1} = \mathrm{e}^{-\frac{10.20}{0.026}} \approx \mathrm{e}^{-392} \approx 10^{-170}$$

可见,在室温热平衡状态下,气体中几乎全部原子处于基态,这种分布是原子在能级上的正常分布。

3. 光与物质的共振相互作用

在普朗克于 1900 年用辐射量子化假设成功地解释了黑体辐射分布规律,以及玻尔在

1913 年提出原子中电子运动状态量子化假设的基础上,爱因斯坦从光量子概念出发,于 1917 年重新推导了黑体辐射的普朗克公式,并在题为《关于辐射的量子理论》的论文中,首次提出了两个极为重要的概念:自发辐射和受激辐射,为物质发光过程的物理解释奠定了理论基础。40 年后,受激辐射在激光技术中得到了应用。

按照光辐射和吸收的量子理论,物质发射光或吸收光的过程都是与构成物质的原子在其能级之间的跃迁联系在一起的。光与物质原子的共振相互作用有 3 种基本过程,即光的自发辐射、受激辐射和受激吸收。对于一个包含着大量原子的物质体系,这 3 种过程是同时存在而又不可分开的。发光的物质在不同的情况下,这 3 种过程所占的比例不同,例如,在普通光源中自发辐射占绝对优势,而在激光放大介质中受激辐射则占绝对优势。

为了简化问题,讨论中只考虑与辐射直接相关的两个能级 E_1 和 E_2($E_2 > E_1$,且 $h\nu = E_2 - E_1$),设 E_2、E_1 之间满足辐射跃迁的选择定则,处于能级 E_1 和 E_2 的原子数密度分别为 n_1 和 n_2,构成黑体物质原子中辐射场能量密度为 $\rho(\nu)$,如图 3.1.1 所示。

(1) 自发辐射

处于高能级 E_2 的原子是不稳定的,即使在没有任何外界作用的情况下,也有可能自发地跃迁到低能级 E_1,并且发射一个频率为 ν、能量为 $h\nu = E_2 - E_1$ 的光子,这种过程称为自发辐射过程,如图 3.1.2(a)所示。自发辐射过程常用自发辐射概率 A_{21} 来描述,代表着每一个处于能级 E_2 的原子在单位时间内向能级 E_1 自发辐射的概率。A_{21} 又称为自发辐射爱因斯坦系数,定义为单位时间内能级 E_2 上 n_2 个原子中发生自发跃迁的原子数与 n_2 的比值。即

$$A_{21} = \left(\frac{\mathrm{d}n_{21}}{\mathrm{d}t}\right)_{\mathrm{sp}} \frac{1}{n_2} \tag{3.1.5}$$

式中,$(\mathrm{d}n_{21})_{\mathrm{sp}}$ 为由自发跃迁引起的由能级 E_2 向能级 E_1 跃迁的原子数。

自发跃迁是一种只与原子特性有关而与外界辐射场无关的过程,因此 A_{21} 只由原子本身固有性质决定。由于自发跃迁的存在,单位时间内能级 E_2 上减少的原子数为

$$\frac{\mathrm{d}n_2}{\mathrm{d}t} = -\left(\frac{\mathrm{d}n_{21}}{\mathrm{d}t}\right)_{\mathrm{sp}} = -A_{21}n_2 \tag{3.1.6}$$

由此可得

$$n_2(t) = n_{20}\mathrm{e}^{-A_{21}t} = n_{20}\mathrm{e}^{-\frac{t}{\tau_\mathrm{s}}} \tag{3.1.7}$$

式中,n_{20} 为 $t=0$ 时能级 E_2 上的原子数;τ_s 称为原子在能级 E_2 上的平均寿命,在数值上等于能级 E_2 上的原子数减少到它的初始值 $1/\mathrm{e}$ 所需的时间。由式(3.1.7)可以看出,自发辐射过程使得高能级 E_2 上的原子数以指数规律衰减。τ_s 越大,即 A_{21} 越小,表明原子在能级上逗留时间越长,自发辐射的过程越慢。若 $\tau_\mathrm{s} \to \infty$(即 $A_{21} = 0$),则称这种能级为稳定能级;一般激发态 τ_s 仅为 $10^{-7} \sim 10^{-8}$ s;若 τ_s 为 10^{-3} s 或更长,则称这种能级为亚稳能级。亚稳能级在激光理论中占有重要地位,它能聚集较多的激发能。一般来说,激光跃迁的高能级为亚稳能级。

自发辐射是不受外界辐射场影响的自发过程,各个原子在自发跃迁过程中是彼此无关的,不同原子产生的自发辐射光在频率、相位、偏振方向及传播方向上都有一定的任意性。因此,自发辐射光是非相干的荧光,自发辐射光场的能量分布在一个很宽的频率范围内,平均分配于腔内所有光波模中。普通光源的发光过程就是处于高能级的大量原子的自发辐射过程。

（2）受激辐射

处于高能级 E 的原子，在频率为 ν、能量为 $h\nu = E$ 的外来光子的激励下，受激跃迁到低能级 E_1，并发射一个能量为 $h\nu$ 且与外来激励光子处于同一光子态的光子，这两个光子又可以去诱发其他发光原子，产生更多状态相同的光子。这样，在一个入射光子作用下，就可以产生大量运动状态相同的光子，这种过程称为受激辐射过程，如图 3.1.2(b)所示。同样，受激辐射过程可用受激辐射概率 W_{21} 来描述，代表着每一个处于能级 E_2 的原子在单位时间内发生受激辐射的概率，定义为在频率为 ν 的外来光子的激励下，单位时间内能级 E_2 上 n_2 个原子中发生受激跃迁的原子数与 n_2 的比值。即

$$W_{21} = \left(\frac{\mathrm{d}n_{21}}{\mathrm{d}t}\right)_{\mathrm{st}} \frac{1}{n_2} \tag{3.1.8}$$

式中，$(\mathrm{d}n_{21})_{\mathrm{st}}$ 为由受激跃迁引起的由能级 E_2 向能级 E_1 跃迁的原子数。

W_{21} 不仅与原子本身的固有性质有关，还与频率为 ν 的外界辐射场能量密度 $\rho(\nu)$ 成正比，即

$$W_{21} = B_{21}\rho(\nu) \tag{3.1.9}$$

式中，B_{21} 为受激辐射爱因斯坦系数，由原子本身固有性质决定。

受激辐射是在外界辐射场激励下的发光过程，受激辐射所发出的光子在频率、相位、偏振方向及传播方向上与激励的光子高度一致。因此，受激辐射光子与激励光子属于同一光子态，或者说受激辐射场与外界辐射场属于同一光波模式，特别是大量原子在同一辐射场激励下产生的受激辐射处于同一光子态或同一光波模式，因而受激辐射光场是相干的。

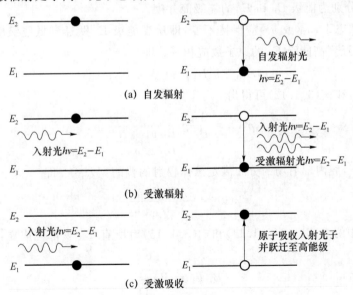

图 3.1.2　原子的自发辐射、受激辐射和受激吸收示意图

（3）受激吸收

受激吸收是受激辐射的反过程。处于低能级 E_1 的原子，在频率为 ν、能量为 $h\nu = E_2 - E_1$ 的外来光子的激励下，吸收一个能量为 $h\nu$ 的光子并受激跃迁到高能级 E_2，这种过程称为受激吸收过程，如图 3.1.2(c)所示。同样，受激吸收过程可用受激吸收概率 W_{12} 来描述。它代

表着每一个处于能级 E_1 的原子在单位时间内发生受激吸收的概率。该概率定义为在频率为 ν 的外来光子的激励下,单位时间内能级 E_1 上 n_1 个原子中发生受激跃迁的原子数与 n_1 的比值。即

$$W_{12} = \left(\frac{\mathrm{d}n_{12}}{\mathrm{d}t}\right)_{\mathrm{st}} \frac{1}{n_1} \tag{3.1.10}$$

式中,$(\mathrm{d}n_{12})_{\mathrm{st}}$ 为由受激跃迁引起的由能级 E_1 向能级 E_2 跃迁的原子数。

W_{12} 不仅与原子本身的固有性质有关,还与频率为 ν 的外界辐射场能量密度 $\rho(\nu)$ 成正比。即

$$W_{12} = B_{12}\rho(\nu) \tag{3.1.11}$$

式中,B_{12} 为受激吸收爱因斯坦系数,由原子本身固有性质决定。

(4) 系数 A_{21}、B_{21} 和 B_{12} 的关系

系数 A_{21}、B_{21} 和 B_{12} 称为爱因斯坦系数,都是原子本身的性质,与体系中原子按能级的分布状况无关。

实际上,在外辐射场 $\rho(\nu)$ 与物质相互作用时,3 种跃迁过程是同时存在的,而且这 3 种过程不是各自孤立的,而是有着某种内在的联系,这表现在 A_{21}、B_{21} 和 B_{12} 3 系数的关系上。现通过讨论空腔黑体的热平衡过程,导出 A_{21}、B_{21} 和 B_{12} 的相互关系。

在热平衡状态下,腔内物质的原子数按能级分布服从玻耳兹曼分布律,即

$$\frac{n_2}{n_1} = \frac{g_2}{g_1}\mathrm{e}^{-\frac{E_2-E_1}{kT}} \tag{3.1.12}$$

式中,g_1 和 g_2 分别为能级 F_1 和 E_2 的能级简并度。

在热平衡状态下,n_2(或 n_1)应保持不变,即从高能级 E_2 跃迁到低能级 E_1 的原子数与从低能级 E_1 跃迁到高能级 E_2 的原子数应相等。即

$$n_2 A_{21} + n_2 B_{21}\rho(\nu) = n_1 B_{12}\rho(\nu) \tag{3.1.13}$$

联立式(3.1.13)和式(3.1.12)可得出

$$\rho(\nu) = \frac{A_{21}}{B_{21}} g \frac{1}{\dfrac{B_{12}g_1}{B_{21}g_2}\mathrm{e}^{\frac{h\nu}{kT}} - 1} \tag{3.1.14}$$

在热平衡状态下,腔内辐射场的分布满足黑体辐射的普朗克公式。即

$$\rho(\nu) = \frac{8\pi h\nu^3}{c^3} \frac{1}{\mathrm{e}^{\frac{h\nu}{kT}} - 1} \tag{3.1.15}$$

式中,c 为真空中的光速。式(3.1.14)和式(3.1.15)对所有 $T > 0$ 都应成立,比较上述两式可知

$$B_{12}g_1 = B_{21}g_2 \tag{3.1.16}$$

$$\frac{A_{21}}{B_{21}} = \frac{8\pi h\nu^3}{c^3} \tag{3.1.17}$$

式(3.1.16)和式(3.1.17)即为著名的爱因斯坦关系式。当能级简并度 $g_1 = g_2$ 时,有

$$W_{12} = W_{21} \quad \text{或} \quad B_{12} = B_{21} \tag{3.1.18}$$

从式(3.1.17)可以看出,自发辐射系数 A_{21} 与受激辐射系数 B_{21} 之比正比于频率 ν 的 3 次方,因而 $E_2 - E_1$ 差值越大,ν 就越高,则自发辐射越容易,受激辐射就越难。一般地,在热

平衡条件下,自发辐射占压倒的优势,受激辐射是微乎其微的。

4. 半导体的能带结构

锗、硅和 GaAs 等一些常用的半导体材料都是典型的共价键晶体,每个原子最外层的电子和邻近原子形成共价键。因此,晶体的能级谱在原子能级的基础上按共有化运动的不同分裂成若干组,每组中能级彼此靠得很近,组成有一定宽度的带,称为能带。在半导体物理中,通常把形成共价键的价电子所占据的能带称为价带(低能带),而把价带上面邻近的空带(自由电子占据的能带)称为导带(高能带)。这两个能带是人们最感兴趣的,因为原子的电离以及电子与空穴的复合发光等过程,主要发生在价带和导带之间。导带和价带之间的区域称为禁带。

在半导体中,电子在各能级上如何分布是一个量子统计问题。电子是费米子(自旋量子数为 1/2)在各能级上的分布,要受泡利不相容原理的限制,即每个单电子量子态中最多只能容纳一个电子,它们或者被一个电子占据,或者空着。电子在各能级的分布服从费米-狄拉克统计。对于大量电子所组成的近独立体系,每个能量为 E 的单电子态,被电子占据的概率 $f(E)$ 服从费米-狄拉克分布:

$$f(E) = \frac{1}{1 + \exp\left(\dfrac{E - E_f}{kT}\right)} \tag{3.1.19}$$

式中,E_f 称为费米能级。费米能级不是一个可被电子占据的实际能级,而是一个反映电子在各能级中分布情况的参量,具有能级的量纲。对于具体的电子体系,在一定温度下,只要把费米能级确定以后,电子在各量子态中的分布情况就完全确定了。费米能级的位置由系统的总电子数、系统能级的具体情况以及温度等决定。对于本征半导体,费米能级的位置在禁带的中心;对于掺杂半导体,随掺杂的不同费米能级的位置也不同。

由费米分布函数可知,当 $E = E_f$ 时,$f(E) = 1/2$,即能级 E(如果这是一个实在的能级)被电子占据的概率和空着的概率相等。当 $E < E_f$ 时,$f(E) > 1/2$,能级 E 被电子占据的概率大于空着(或称被空穴占据)的概率。如果 $(E_f - E) \gg kT$,则 $f(E) \to 1$,这样的能级几乎都被电子所占据。

当 $E > E_f$ 时,$f(E) < 1/2$。如果 $(E - E_f) \gg kT$,费米分布函数可以简化为玻耳兹曼分布,表示为

$$f(E) \approx \exp[-(E - E_f)/kT] \tag{3.1.20}$$

这样的能级基本上都被空穴所占据。

根据费米分布,可以画出各种半导体中电子的统计分布,如图 3.1.3 所示。图 3.1.3 (a)表示本征半导体。在低温下,费米能级处于禁带的中心,价带中所有的状态都由电子(浓黑的点)填充,而导带中所有的状态都空着(图中用小圆圈表示)。

对于 P 型半导体,由于受主杂质的掺入,费米能级的位置比本征半导体要低,处于价带顶和受主杂质能带之间。对于重掺杂的 P 型半导体,杂质能带和价带连成一片,费米能级进入价带。费米能级进入价带的半导体被称为兼并型 P 型半导体,其电子的统计分布如图 3.1.3 (b)所示。

图 3.1.3(c)表示兼并型 N 型半导体中电子的统计分布。在这种半导体中,施主杂质能

带和导带连成一片,费米能级进入导带。

图 3.1.3(d)表示双兼并型半导体,这是一种非热平衡状态下的情况,因而用两种费米能级 E_{fc} 和 E_{fv} 来表征载流子的统计分布。在价带中,载流子的统计分布与兼并型 P 型半导体的分布相似,而导带中则与兼并型 N 型半导体的情况类似,因而在 E_{fc} 和 E_{fv} 之间形成了一个粒子数反转的区域。如果有一光波,光子的能量 $h\nu$ 满足条件 $E_g < h\nu < (E_{fc} - E_{fv})$,那么这束光波经过双兼并型半导体时将被放大。这种双兼并型半导体对应着结型半导体激光器激光放大的区域。

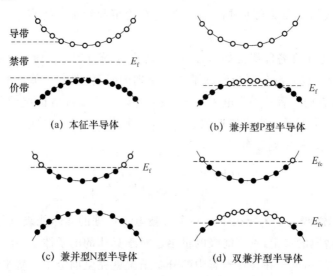

图 3.1.3　半导体中电子的统计分布

半导体导带中的电子和价带中的空穴通过自发辐射和受激辐射可以重新复合并发射光子。

5. PN 结的能带

在 P 型半导体中存在大量带正电的空穴,同时还存在着等量的带负电的电离受主,它们的电性相互抵消而表现出电中性。同样,在 N 型半导体中,带负电的电子和等量的带正电荷的电离施主在电性上也相互抵消。当 P 型半导体和 N 型半导体形成 PN 结时,载流子的浓度差引起扩散运动,P 区的空穴向 N 区扩散,剩下带负电的电离受主,从而在靠近 PN 结界面的区域形成一个带负电的区域。同样,N 区的电子向 P 区扩散,剩下带正电的电离施主,从而造成一个带正电的区域。载流子扩散运动的结果形成了一个空间电荷区,如图 3.1.4 所示。在空间电荷区里,电场的方向由 N 区指向 P 区,这个电场称为"自建场"。在自建场的作用下,载流子将产生漂移运动,漂移运动的方向正好与扩散运动相反。开始时,扩散运动占优势,但随着自建场的加强,漂移运动也不断加强,最后漂移运动完全抵消了扩散运动,达到动态平衡状态。因此,当不加外电压时,PN 结处于动态平衡状态,宏观上没有电流流过。

当 PN 结加上正向电压时,外加电压的电场方向正好和自建场的方向相反,因而削弱了自建场,打破了原来的动态平衡。这时,扩散运动超过了漂移运动,P 区的空穴将通过 PN 结源源不断地流向 N 区,N 区的电子也流向 P 区,形成正向电流。由于 P 区的空穴和 N 区的电子都很多,所以这股正向电流是大电流。当 PN 结加反向电压时,外电场的方向和自建场相同,多数载流子将背离 PN 结的交界面移动,使空间电荷区变宽。空间电荷区内电子和空穴都很少,它变成高阻层,因而反向电流非常小。这就是为什么 PN 结具有单向导电性。

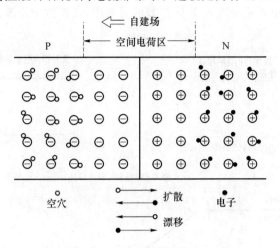

图 3.1.4　PN 结空间电荷区的形成

　　根据上面分析的 PN 结的基本特性,下面讨论 PN 结的能带结构。考虑兼并型 P 型和N 型半导体形成 PN 结的情况,图 3.1.5 (a)示出了兼并型 P 型和 N 型半导体,阴影部分表示主要由电子占据的量子态。图 3.1.5 (b)表示热平衡状态下 PN 结的能带。由于一个热平衡系统只能有一个费米能级,这就要求原来在 P 区和 N 区高低不同的费米能级达到相同的水平。如果 N 区的能级位置保持不变,那么 P 区的能级应该提高,从而使 PN 结的能带发生弯曲。能带图是用来描述电子能量的;PN 结能带的弯曲正反映空间电荷区的存在。在空间电荷区中,自建场从 N 区指向 P 区,这说明 P 区相对 N 区为负电位,用 $-V_D$ 表示,叫做接触电位差,或者叫做 PN 结的势垒高度。P 区所有能级的电子都附加了 $(-e_0)$ ·$(-V_D)=e_0 V_D$ 的位能,从而使 P 区的能带相对 N 区来说提高了 $e_0 V_D$,同时 $e_0 V_D=E_{fc}-E_{fv}$。在空间电荷区中存在着自建场,它里面任一点 x 相对 N 区都有一定的电位 $-V(x)$,能带相应地抬高 $e_0 V(x)$,所以在图 3.1.5(b)中能带倾斜的部分直接表明空间电荷区中电位的变化。

　　图 3.1.5(c)示出了 PN 结上加正向电压时的能带图。正向电压 V 削弱了原来的自建场,使势垒降低。如果 N 区的能带还是保持不变,则 P 区的能带应向下移动,下降的数值应为 $e_0 V(V<V_D)$。在这种非热平衡状态下,费米能级也发生分离。

　　正向电压破坏了原来的平衡,引起每个区域中的多数载流子流入对方,使 P 区和 N 区内少数载流子比原来平衡时增加了,这些增多的少数载流子称为"非平衡载流子"。非平衡载流子的统计分布仍可用费米分布函数描述,但这时的费米能级应为准费米能级。用准费米能级 $(E_f)_c$ 描述电子的统计分布,用准费米能级 $(E_f)_v$ 描述空穴的统计分布,有关系式

$$(E_f)_c - (E_f)_v = e_0 V$$

对于 P 区来说,空穴是多数载流子,所以 $(E_f)_v$ 变化很小,基本上和平衡状态下的费米能级差不多。进入 N 区,空穴是少数载流子,$(E_f)_v$ 在 N 区是倾斜的,这表示在 N 区,空穴分布不是均匀的,而处于向 N 区扩散的运动中,而且在扩散运动中不断地与 N 区的电子复合而

减小,直到非平衡载流子完全复合掉为止。在离开 PN 结一个扩散长度以外的地方,载流子浓度又回到原来的平衡状态,$(E_f)_v$ 和 $(E_f)_c$ 重合,变成统一的费米能级 E_f。对于 $(E_f)_c$ 的变化也可作同样的解释。在 N 区,$(E_f)_c$ 变化很小,而在 P 区变化显著。$(E_f)_c$ 在 P 区的倾斜,正反映扩散到 P 区的电子是处在向 P 区扩散的运动中,在扩散中不断地与 P 区的空穴复合而减少。

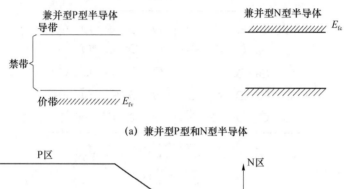

(a) 兼并型P型和N型半导体

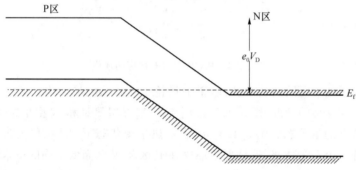

(b) 达到热平衡时PN结的能带

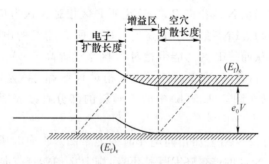

(c) 加正向电压后($e_0V > E_g$)PN结的能带

图 3.1.5　PN 结的能带

对于兼并型 P 型半导体和兼并型 N 型半导体形成的 PN 结,当注入电流(或正向电压)加大到某一值后,准费米能级 $(E_f)_c$ 和 $(E_f)_v$ 的能量间隔大于禁带宽度,即 $e_0V > E_g$,那么由图 3.1.5 (c)可以看出,PN 结里出现一个增益区(也叫有源区),在 $(E_f)_c$ 和 $(E_f)_v$ 之间,价带主要由空穴占据,而导带主要由电子占据,即实现了粒子数反转。这个区域对光子能量满足 $E_g < h\nu < e_0V$ 的光子有光放大作用,半导体激光器的激射就发生在这个区域。

6. 制作半导体光源的材料

制作半导体光源的材料必须是"直接带隙"的半导体材料。为了使电子在向导带跃迁或从导带跃迁的过程中分别伴随着光子的辐射或吸收,必须保持能量和动量守恒。自由电子运动的动量状态 p,由电子的量子力学波矢量 k 决定,即 $p=hk$。虽然一个光子可能具有很大的能量,但它的动量却非常小。光子的动量与电子的动量相比可以忽略,因此,电子的跃迁前后应具有相同的动量,也即有相同的波矢量。半导体材料的带隙是动量 k 的函数,根据能带结构的能量与波矢量关系(如图 3.1.6 所示),依照带隙的形状,可以将半导体分成直接带隙材料和间接带隙材料两类。考虑一个电子和一个空穴复合,随后辐射一个光子的过程,在最简单和最有可能发生的复合过程中,电子和空穴具有相同的动量〔见图 3.1.6 (a),这就是直接带隙材料〕。在直接带隙材料中,导带中的最低能量状态与价带中的最高能量状态具有相同的波矢量,即位于动量空间中的同一点上。对于间接带隙材料,导带中的最低能量状态与价带中的最高能量状态处在不同的波矢量位置上,导带最小能级和价带最大能级有不同的动量,如图 3.1.6(b)所示。由于光子的动量很小,所以此时导带与价带之间的复合必须要有另外的粒子参与以保持动量守恒。声子(如晶格振动)就能完成这样的功能。

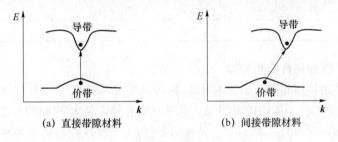

(a) 直接带隙材料　　　　　　　　(b) 间接带隙材料

图 3.1.6　能带、波矢量关系示意图

　　能带结构的这种差别使得这两类半导体材料的光电性质具有非常大的差异。在直接带隙材料中,电子在价带和导带之间跃迁符合动量守恒条件,因此具有较大的跃迁概率;而在间接带隙材料中,电子在价带和导带之间跃迁不符合动量守恒条件,光子与电子的相互作用需要在声子的作用下才能完成,因此跃迁概率非常低。所以间接带隙材料发光效率比较低,不适合于制作光源。

　　例如,常用的 GaAs 材料(Al 的含量 $x=0.00$),在 $k\langle000\rangle$ 位置上有一个导带能量的极小值,它对应价带的最高点,图 3.1.6(a)所示的跃迁属于“竖直跃迁”,跃迁过程中动量保持守恒(即发生的是辐射性复合)。但 GaAs 材料在 $k\langle100\rangle$ 位置还有一个次极小值,随着 Al 含量的增加,禁带宽度增加,但两个极小值上升的速度不一样。当 $x>0.35$ 时,$k\langle100\rangle$ 的极小值变为最小值,这时电子和空穴的复合主要是如图 3.1.6(b)所示的间接跃迁,跃迁过程中由于 k 变化,动量发生变化。由于光子的动量很小,必须有声子参与跃迁过程,这时发生的是非辐射性复合,跃迁过程中发射声子,耗散为晶格的热振动。这种间接带隙的半导体材料发光效率很低,因此,为了提高发光效率,必须采用直接带隙的半导体材料来制作半导体光源。

　　目前广泛应用的半导体材料主要有如下类型。

　　(1) 硅(Si)、锗(Ge)等 Ⅳ 族半导体材料,属于间接带隙材料,不能用来制作半导体光源,主要用于集成电路和光电检测器的制作。

　　(2) 碲化镉(GdTe)、碲化锌(ZnTe)等 Ⅱ ～ Ⅵ 族化合物半导体材料均为直接带隙材料,主要用于可见光和红外光电子器件的制作。

（3）砷化镓（GaAs）、磷化铟（InP）、砷磷化铟镓（InGaAsP）等绝大多数的Ⅲ～Ⅴ族化合物半导体材料均为直接带隙材料，主要用于集成电路和光纤通信用半导体发光二极管、激光器、光电检测器的制作。表 3.1.1 列出了一些常用直接带隙材料的带隙能量及发光波长。

表 3.1.1 一些常用直接带隙材料的带隙能量及发光波长

材　料	分子式	发光波长范围 $\lambda/\mu m$	带隙能量 E_g/eV
磷化铟	InP	0.92	1.35
砷化铟	InAs	3.6	0.34
磷化镓	GaP	0.55	2.24
砷化镓	GaAs	0.87	1.42
砷化铝	AlAs	0.59	2.09
磷化铟镓	GaInP	0.64～0.68	1.82～1.94
砷化铝	AlGaAs	0.8～0.9	1.4～1.55
砷化镓铟	InGaAs	1.0～1.3	0.95～1.24
砷磷化铟镓	InGaAsP	0.9～1.7	0.73～1.35

7. 制造异质结的化合物半导体

PN 结在结两边使用相同的半导体材料，称为同质结。所谓"异质结"，就是由两种不同材料（例如 GaAs 和 AlGaAs）构成的 P-N 结。几乎任何直接带隙半导体材料，都可用来制造通过自发发射发光的 PN 同质结。然而对于异质结器件，由于其性能取决于两种不同带隙半导体间的异质结界面的质量，材料的选择受到很大的限制。为了减小晶格缺陷的形成，两种材料的晶格常数匹配应优于 0.1%。天然材料不能提供如此精确匹配的半导体，因此只能通过人工方法，将天然形成的二元化合物（如 GaAs）的一部分晶格点用其他元素取代而形成三元或四元化合物。对 GaAs 材料，可将部分 Ga 原子由 Al 原子取代，形成三元化合物 $Al_xGa_{1-x}As$，得到晶格常数近似相等而带隙较宽的半导体，带隙与 x 的大小有关，可近似表示为

$$E_g = 1.424 + 1.247x \quad (eV) \qquad (0 < x < 0.45) \qquad (3.1.21)$$

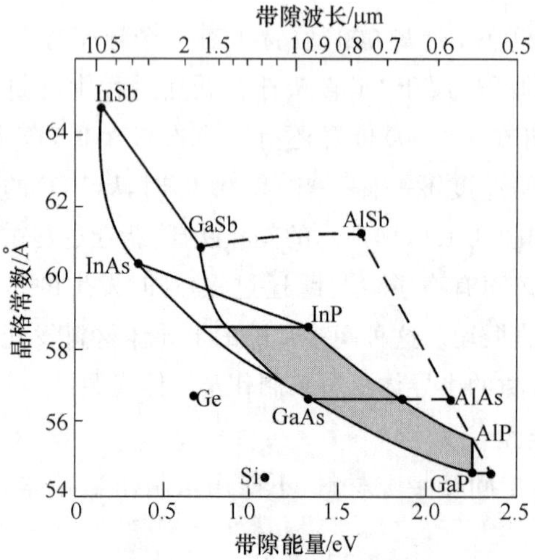

图 3.1.7 一些三元和四元化合物带隙 E_g 和晶格常数 a 的相互关系

图 3.1.7 给出了一些三元和四元化合物带隙 E_g 和晶格常数 a 的相互关系，实点代表二元化合物，实点间的连线对应于三元化合物，连线的虚线部分代表所形成的三元化合物具有间接带隙，封闭多边形相应于四元化合物，其带隙则是直接带隙，图中阴影区域代表用 In、Ga、As 和 P 元素组成的具有直接带隙的三元和四元化合物。

连接 GaAs 与 AlAs 的水平线对应于三元化合物 $Al_xGa_{1-x}As$，其带隙由式（3.1.21）给出，在 $x < 0.45$ 时为直接带隙。有源层和限制层的构成应使限制层

的 x 值大于有源层的 x 值,实际上有源层的 x 值可为零。由于光子能量近似等于带隙,因此发射光的波长由带隙决定。利用 $E_g = h\nu = hc/\lambda$,发现由 GaAs($E_g = 1.424$ eV)构成的有源层,其发光波长 $\lambda = 0.87$ μm。若用 $x = 0.1$ 的有源层,$\lambda = 0.81$ μm。因此基于 GaAs 的光源的典型工作波长在 $0.81 \sim 0.87$ μm 范围内。

穿过 InP 的水平线对应于 $1.3 \sim 1.6$ μm 波长范围,InP 是制作这个波长区域半导体激光器的基础材料,通过制作四元化合物 $In_{1-x}Ga_xAs_yP_{1-y}$,InP 的带隙可大大减小,而其晶格常数仍与 InP 匹配,x 和 y 不能任意取,而是取 $x/y = 0.45$,以保证晶格匹配。此四元化合物的带隙只能根据 y 表示,并可近似为

$$E_g(y) = 1.35 - 0.72y + 0.12y^2 \quad (eV) \tag{3.1.22}$$

式中,y 的取值为 $0 \leqslant y \leqslant 1$。当 $y = 1$ 时带隙最小,对应的三元化合物 $In_{0.55}Ga_{0.45}As$ 在 1.65 μm($E_g = 0.75$ eV)附近发光,通过选择合适的 x、y 混合份额,$In_{1-x}Ga_xAs_yP_{1-y}$ 光源可设计工作于 $1.0 \sim 1.65$ μm 范围内,通常称这种光源为 InGaAsP 光源,其 x 与 y 值可由工作波长确定。

半导体材料的种类繁多,几乎可以覆盖从可见光区到红外光区的整个波长范围。光通信用的主要材料是砷化镓(GaAs),并掺以与之相邻的元素,如铝、铟、磷、锑。改变其本征值,可改变其发光波长。例如,在 GaAlAs 半导体材料中,最长的发光波长是 GaAs 的本征值 0.9 μm,但通过增加铝的掺杂量后,发光波长大致可以接近可见光波段的 0.75 μm 附近。另外,在 InGaAsP 材料中,最长的发光波长是 InP 的 1.7 μm,通过掺镓和砷,发光波长可以达到 1 μm 左右。

半导体光源的制造要求在衬底(GaAs 或 InP)上外延生长多层,每层的厚度和组成需要严格控制。有 3 种外延技术可用于制造这种光源,根据各层是在液体形态、蒸汽形态或分子束形态中形成,分别称为液相外延(LPE)、气相外延(VPE)和分子束外延(MBE)。VPE 技术也称为化学气相沉积法(CVD),与之相同的一种变形是金属有机化学沉积法(MOCV),这两种技术都用来制造商用半导体激光器。

3.1.2　半导体发光二极管

半导体发光二极管(LED)是低速、短距离光波系统中常用的光源,相对激光器而言,其原理和构造都比较简单。发光二极管是用直接带隙的半导体材料制作的正向偏置的 PN 结二极管,电子-空穴对在耗尽区辐射复合发光,属于自发辐射发光。LED 所发出的光是非相干光,具有较宽的光谱宽度($30 \sim 150$ nm)和较大的发散角($\approx 120°$)。发出的部分光耦合进入光纤供传输信息使用。本节从通信应用角度出发,介绍 LED 的结构、原理与特性。

1. LED 的工作原理

发光二极管是非相干光源,它的发射过程主要对应光的自发发射过程。在发光二极管的结构中,不存在谐振腔,发光过程中 PN 结也不一定需要实现粒子数反转。当注入正向电流时,注入的非平衡载流子在扩散过程中复合发光,这就是发光二极管的基本原理。因此,发光二极管不是阈值器件,它的输出功率基本上与注入电流成正比,图 3.1.8 给出了一个具体的发光二极管的 P-I 曲线。

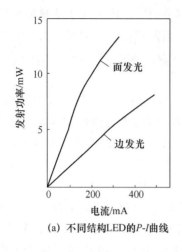 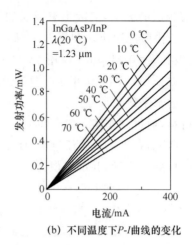

(a) 不同结构LED的P-I曲线   (b) 不同温度下P-I曲线的变化

图 3.1.8   LED 的 P-I 曲线

2. LED 的分类和结构

LED 是应用非常广泛的一类光电器件,按发射波长不同,目前 LED 被划分为 3 个波段,即可见光 LED,$\lambda=400\sim700$ nm;近红外短波长 LED,$\lambda=800\sim900$ nm;近红外长波长 LED,$\lambda=1\,000\sim1\,700$ nm。可见光 LED 包括红色光、橘黄色光、黄色光、绿色光和蓝色光 LED,主要用做指示灯、数字与字母显示、阵列和平板显示屏等,是目前使用最多、最广泛的 LED。另外,白光 LED 在近些年也飞速发展,成为 21 世纪最有希望替代传统照明光源的新型节能环保光源。本节主要介绍光纤通信中常用的近红外 LED,其波长处在光纤通信的 3 个窗口,是光纤通信系统最简易和最廉价的光源。

从基本结构来分类,LED 可分为两大类:面发光 LED 和边发光 LED,分别表示从平行于结平面的表面和从结区的边缘发光。图 3.1.9 展示了这两种 LED 的结构示意图。两种 LED 都既能用 PN 同质结制造,也能用有源区被 P 型和 N 型限制层覆盖的异质结制造,但后者能控制发射面积,且消除了内吸收,因而具有更优良的性能。为了获得高辐射度,发光二极管常采用双异质结构。

图 3.1.9(a)所示面发光方案设计称为布鲁斯(Burrus)型 LED,这种 LED 发射面积限制在一个小区域,小区域的横向尺寸与光纤纤芯直径接近,并在金属电极与衬底上腐蚀一个井,使光纤与发射区靠近以提高效率。井中注入环氧树脂,降低折射率失配,提高外量子效率。金属电极用于消除背面的功率损耗。为提高与光纤的耦合效率,还可在井中放置一个截球透镜或将光纤末端形成球透镜。面发光管输出功率较大,一般注入电流 100 mA 时可达几 mW,但光发散角大,光束呈朗伯分布,与光纤耦合效率很低。

图 3.1.9(b)所示为边发光管,它采用条形半导体激光器的设计方案,在输出侧面沉积了一层增透膜,消除了激光作用,而在其他侧面则可涂高反膜以限制功率发射。由于波垂直于结平面传播,因而边发光 LED 的发散光束不同于面发光 LED,它在垂直于结平面方向的发散角仅为 30°。由于减小了发散角并消除了发射侧面的辐射,所以边发光 LED 的输出耦合效率比面发光 LED 高,调制带宽亦较大,可达约 200 MHz。

超辐射发光二极管(SLD,Super Luminescent Diodes)是一种介于激光二极管和发光二极管之间的半导体光源,它的出现和发展受到光纤陀螺的驱动,对它的要求是有高的功率输出并有宽的光谱宽度。它的结构大体上与激光器的结构相似,除了条形金属接触部分没有扩展到二极管芯片整个长度外,其他部分的长度与条形激光器相同。这种结构的目的是使得 SLD 既有很高的输出功率而又不产生激射振荡,因为要使输出功率增加,最简单的办法是增大注入电流,但是,过高的注入电流可能会导致激射振荡。非泵浦的后尾部区域是后向光波的吸收体,仅有前向光波被放大。目前,超辐射发光二极管在光纤通信中的应用还比较少。

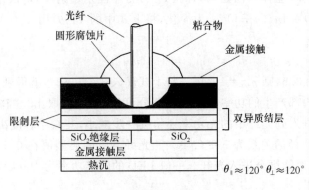

(a) 面发光LED

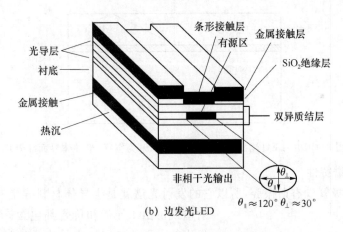

(b) 边发光LED

图 3.1.9 两种 LED 的结构示意图

3. LED 的基本特性

(1) 输出功率与效率

自发辐射产生的功率是由正向偏置电压产生的注入电流提供的,当注入电流为 I,在稳态时,电子-空穴对通过辐射和非辐射复合,其复合率等于载流子注入率 I/q,其中发射光子的复合率决定于内量子效率 η_{int},光子产生率为 $(I/q)\eta_{\text{int}}$,因此 LED 内产生的光功率为

$$P_{\text{int}} = (I/q)\eta_{\text{int}}\hbar\omega \tag{3.1.23}$$

式中,$\hbar\omega$ 为光子能量。假定所有发射的光子能量近似相等,并设从 LED 逸出的功率占内部产生功率的份额为 η_{ext},则 LED 的发射功率为

$$P_e = \eta_{ext} P_{int} = \eta_{ext} \eta_{int} (\hbar\omega/q) I \qquad (3.1.24)$$

η_{ext} 亦称为外量子效率。考虑到 LED 内部吸收、空气-半导体界面的反射角和发射角,只有在圆锥角 θ_c 内发射时,光功率才能从 LED 表面逸出,如图 3.1.10 所示。η_{ext} 通常很小,只有百分之几。在用异质结制成的 LED 中,可以避免内部吸收,这种 LED 中覆盖有源层的限制层对所产生的光是透明的,于是外量子效率可表示为

$$\eta_{ext} = \frac{1}{4\pi} \int_0^{\theta_c} T_f(\theta)(2\pi\sin\theta)\mathrm{d}\theta \qquad (3.1.25)$$

式中已假设辐射在 4π 立体角内是均匀的,$T_f(\theta)$ 为菲涅尔透射率,取决于入射角 θ。在垂直入射时,$\theta = 0$,$T_f(\theta) = 4n/(n+1)^2$。为简化,将上式中的 $T_f(\theta)$ 用 $T_f(0)$ 代替,则 η_{ext} 可近似用下式给出:

$$\eta_{ext} = 1/n(n+1)^2 \qquad (3.1.26)$$

式中,n 的典型值为 3.5,则 $\eta_{ext} = 1.4\%$。将上式代入式(3.1.24)就得到了从 LED 一个端面的发射功率,显然内部产生的功率只有一小部分可从 LED 内取出。当将 LED 发射出的光注入光波系统时,进入到光纤中的光功率还将进一步减小,其减小程度决定于与光纤的耦合系数 η_c,它与数值孔径的关系为 $\eta_c = (NA)^2$。光纤 NA 的典型值在 0.1~0.3 范围内,因此只有一部分发射功率能耦合进入光纤。一般 LED 的输出功率为 100 μW,甚至更小。

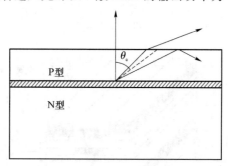

图 3.1.10　LED 输出端面的圈内反射,θ_c 为空气-半导体界面临界角

（2）输出光谱特性

由于发光二极管没有谐振腔,所以它的发射光谱就是半导体材料导带和价带的自发发射谱线。由于导带和价带都包含许多能级,使复合发光的光子能量有一个较宽的能量范围,造成自发发射谱线较宽。同时,又由于自发发射光的方向是杂乱无章的,所以 LED 输出光束的发散角也大。对于边发光 LED,在平行于 PN 结的方向,发光二极管发散角 $\theta_\parallel$ 约为 120°;而在垂直于 PN 结的方向,边发射型 LED 的发散角 $\theta_\perp$ 约为 30°。面发光 LED,其水平发散角 $\theta_\parallel$ 和垂直发散角 $\theta_\perp$ 都在 120°左右。对于用 GaAlAs 材料制作的 LED,发射谱线宽度为 30~50 nm,而对长波长 InGaAsP 材料制作的 LED,发射谱线在 60~120 nm 之间。图 3.1.11 给出了一个典型 0.85 μm LED 的输出光谱曲线,其谱

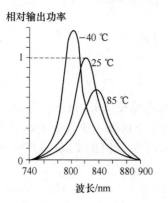

图 3.1.11　GaAlAs 发光二极管在不同
温度下的输出光谱

宽达 $50 \sim 60$ nm。由于 LED 的发射谱线宽,因此,光信号在光纤中传输时材料色散和波导色散较严重;而发散角大使 LED 和光纤的耦合效率低,这些因素对光纤通信是不利的。当 LED 用于光波系统时,其比特率-距离积(BL)不高,所以 LED 一般只能用于约 10 Mbit/s 和几千米传输距离的本地网中。

(3) 响应速率与带宽

LED 用于光波系统时,其调制特性受响应速率的限制,而响应速率又受载流子自发复合寿命的限制,可用载流子浓度 N 的速率方程进行分析。由于电子和空穴是成对注入和成对复合的,因此只研究一种载流子的速率方程就可以了。速率方程应包括光子在有源区的产生和消失的所有机制,对 LED 可取简单的形式

$$\frac{\mathrm{d}N}{\mathrm{d}t} = \frac{I}{qV} - \frac{N}{\tau_\mathrm{c}} \tag{3.1.27}$$

式中,τ_c 为载流子寿命,包含了辐射和非辐射复合过程;I 为注入电流,由偏置电流 I_b 和调制电流 $I_\mathrm{m} \exp(i\omega_\mathrm{m}t)$ 两项构成,即

$$I(t) = I_\mathrm{b} + I_\mathrm{m} \exp(i\omega_\mathrm{m}t) \tag{3.1.28}$$

其中,I_m 为调制电流幅值;ω_m 为调制频率。由于式(3.1.27)是线性方程,其通解可写为

$$N(t) = N_\mathrm{b} + N_\mathrm{m} \exp(i\omega_\mathrm{m}t) \tag{3.1.29}$$

式中,$N_\mathrm{b} = \tau_\mathrm{c} I_\mathrm{b}/qV$;$N_\mathrm{m}$ 由下式给出:

$$N_\mathrm{m}(\omega) = \frac{\tau_\mathrm{c} I_\mathrm{m}/qV}{I + i\omega\tau_\mathrm{c}} \tag{3.1.30}$$

调制功率 P_m 与 $|N_\mathrm{m}|$ 呈线性关系。定义 LED 的转移函数 $H(\omega_\mathrm{m})$ 为

$$H(\omega_\mathrm{m}) = \frac{N_\mathrm{m}(\omega_\mathrm{m})}{N_\mathrm{m}(0)} = \frac{1}{1 + i\omega\tau_\mathrm{c}} \tag{3.1.31}$$

定义 $|H(\omega_\mathrm{m})|$ 降为最大值的一半或 3 dB 时两调制频率间的宽度为 3 dB 调制带宽 $f_{3\,\mathrm{dB}}$,其值为

$$(f_{3\,\mathrm{dB}})_0 = \frac{\sqrt{3}}{2\pi\tau_\mathrm{c}} \tag{3.1.32}$$

对 InGaAsP LED,τ_c 的典型值在 $2 \sim 5$ ns 间,相应的调制带宽在 $50 \sim 140$ MHz 范围内。上式为光功率下降 3 dB 时两频率点间宽度,因而所得 $(f_{3\,\mathrm{dB}})_0$ 是光带宽。考虑 $|H(\omega_\mathrm{m})|^2$ 降低 3 dB 时两频率点间的宽度,则可得相应的电带宽为

$$(f_{3\,\mathrm{dB}})_\mathrm{e} = \frac{1}{2\pi\tau_\mathrm{c}} = (f_{3\,\mathrm{dB}})_0/\sqrt{3}$$

为减小载流子的寿命,复合区往往采用高掺杂或使 LED 工作在高注入电流密度下,即便这样,LED 的响应速度还是比激光器低得多。半导体激光器的调制速率可达到吉赫兹的数量级,而国产 LED 的调制速率目前仅为 $200 \sim 300$ MHz。

(4) 温度特性

发光二极管的温度特性主要表现在两个方面,即输出功率与输出光谱特性随温度的改变而变化。LED 的输出功率随温度的升高而减小,如图 3.1.8(b)所示。但由于它不是阈值器件,所以输出功率不会像激光器那样随温度发生很大的变化,在实际使用中也可以不进行温度控制。以短波长 GaAlAs 发光二极管为例,其输出功率随温度的变化率约为 $-0.01/1$ K。LED 的输出光谱特性随温度的改变而变化的情况如图 3.1.11 所示,由图可见,随着温度的

升高,输出光谱宽度增加,输出光中心波长也向长波方向移动。

4. LED 光源的特点及应用范围

从 LED 光源的特性可以看出,作为在光纤通信中使用的半导体光源,它具有如下一些优点。

(1)线性度好

LED 发光功率的大小基本上与其工作电流成正比关系,也就是说 LED 具有良好的线性度。其发光特性曲线如图 3.1.8 所示。

因数字通信只是传输"0"、"1"信号序列,所以对线性度并没有过高的要求,因此,线性度好只对模拟通信有利。

(2)温度特性好

所有的半导体器件对温度的变化都比较敏感,LED 自然不例外,其输出光功率随着温度的升高而降低。但相对于激光二极管(LD)而言,LED 的温度特性是比较好的。在温度变化 100 ℃范围内,其发光功率降低不会超过 50%,因此在使用时不需加温控措施。

(3)使用简单、价格低、寿命长

LED 是一种非阈值器件,所以使用时不需要进行预偏置,使用非常简单。此外,与 LD 相比它价格低廉,工作寿命长。对于 LED 而言,当其发光功率降低到初始值的一半时,便认为寿命终结。

很显然,LED 在光纤通信中应用时也存在一些缺点,主要表现在如下几方面。

(1)谱线较宽

由于 LED 的发光机理是自发辐射发光,所以它所发出的光是非相干光,其谱线较宽,一般在 10~50 nm 范围。这样宽的谱线受光纤色散作用后,会产生很大的脉冲展宽,故 LED 难以用于大容量光纤通信中。

(2)与光纤的耦合效率低

一般来讲,LED 可以发出几毫瓦的光功率,但 LED 和光纤的耦合效率是比较低的,一般仅有 1%~2%,最多不超过 10%。耦合效率低意味着输入到光纤中的光功率小,系统难以实现长距离传输。

由于 LED 的谱线较宽,受光纤色散的作用后,会产生很大的脉冲展宽,所以它难以用于大容量的光纤通信。另外,由于它与光纤的耦合效率较低,输入到光纤中进行有效传输的光功率较小,所以难以用于长距离的光纤通信。

但因 LED 使用简单、价格低廉、工作寿命长等优点,所以它广泛地应用在较小容量、较短距离的光纤通信之中。而且由于其线性度甚佳,所以也常常用于对线性度要求较高的模拟光纤通信之中。

除了上面介绍的几种发光二极管外,还有高速发光二极管。对于诸如局域网(LAN)和类似短距离网络系统(如计算机数据线路)应用而言,系统设计者总是希望使用 LED,而不愿使用 LD,其原因是 LED 除有低成本优点外,还具有高的温度稳定性、高的可靠性、宽的工作温度范围、低的噪声和简单的控制电路等优点。但是,LED 的宽带宽和进入光纤的光功率又限制它只能在上述短距离、小容量系统中应用。研究、开发出工作于数百兆比特每秒到数吉比特每秒速率的 LED 和相应的驱动电路,将会给短距离电话用户环路和局域网数据光纤系统带来极大的方便性和经济性,特别是对即将到来的宽带综合业务数字网络具有更大的吸引力。目前已有直接调制速率可达 300 Mbit/s 以上的高速 LED 产品问世。

3.1.3 半导体激光二极管

半导体激光二极管(LD)是光纤通信系统中最常用的光源。其基本原理和构造与发光二极管有许多相近的地方,例如,都是用直接带隙的半导体材料制作正向偏置的 PN 结,电子-空穴对在耗尽区辐射复合发光,但是 LD 所发出的光是相干光,属于受激辐射发光,所发出的激光束更适合于光纤通信应用。本节将详细介绍 LD 的原理、结构与特性。

1. LD 的工作原理

半导体激光二极管是相干光源,它的发射过程主要对应光的受激发射过程。受激发射生成的光子与原入射光子一模一样,是指它们的频率、相位、偏振方向及传播方向都相同,它和入射光子是相干的。受激发射发生的概率与入射光的强度成正比。除受激发射外,还存在受激吸收。所谓受激吸收是指当晶体中有光场存在时,处在低能带某能级上的电子在入射光场的作用下,可能吸收一个光子而跃迁到高能带某能级上。在这个过程中能量保持守恒,即 $h\nu = E_c - E_v$。受激吸收的概率与受激发射的概率相同,当有入射光场存在时,受激吸收过程与受激发射过程同时发生,哪个过程是主要的,取决于电子密度在两个能带上的分布。若高能带上的电子密度高于低能带上的电子密度,则受激发射是主要的,反之受激吸收是主要的。

激光器工作在正向偏置下,当注入正向电流时,高能带中的电子密度增加,这些电子自发地由高能带跃迁到低能带发出光子,形成激光器中初始的光场。在这些光场作用下,受激发射和受激吸收过程同时发生,受激发射和受激吸收发生的概率相同。用 N_c 和 N_v 分别表示高、低能带上的电子密度。当 $N_c < N_v$ 时,受激吸收过程大于受激发射,增益系数 $g < 0$,只能出现普通的荧光,光子被吸收得多,发射得少,光场减弱。若注入电流增加到一定值后,使 $N_c > N_v$,$g > 0$,受激发射占主导地位,光场迅速增强,此时的 P-N 结区成为对光场有放大作用的区域(称为有源区),从而形成受激发射,如图 3.1.12 所示。

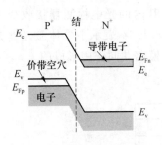

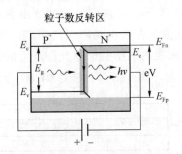

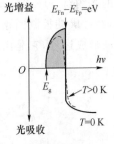

(a) 没有偏置时的能带图　　　(b) 正向偏置足够大时的能带图,此时　　　(c) 光增益和光吸收与
　　　　　　　　　　　　　　　　引起粒子数反转,发生受激发射　　　　　光子能量的关系

图 3.1.12 半导体激光器的工作原理

产生激光需要满足如下几个条件。

首先,激光介质必须具有比自发辐射和吸收较高的受激发射系数。在图 3.1.12(a)中,假定单位体积具有能量 E_v 的电子数为 N_v,而单位体积具有能量 E_c 的电子数为 N_c。由于介质吸收光子,电子从低能级的 E_v 跃迁到高能级的 E_c,其上行跃迁率与 N_v 有关,也与单位体积具有 $h\nu = E_c - E_v$ 能量的光子数有关。该速率将取决于辐射的能量密度,于是上行跃迁率为

$$R_{vc} = B_{vc} N_v \rho(h\nu) \tag{3.1.33}$$

式中,B_{vc}是比例常数;$\rho(h\nu)$是单位频率光子能量密度,它表示单位体积具有 $h\nu = E_c - E_v$ 能量的光子数。

电子从高能级 E_c 跃迁到低能级 E_v 的跃迁率包括自发辐射和受激发射。第一项与 E_c 能级上的电子数 N_c 有关;第二项既与 N_c 有关,也与具有能量 $h\nu = E_c - E_v$ 的光子密度有关。于是总的下行跃迁率也由两部分组成:

$$R_{cv} = A_{cv} N_c + B_{cv} N_c \rho(h\nu) \tag{3.1.34}$$

式中,A_{cv} 和 B_{cv} 分别代表自发辐射和受激发射的比例常数。第一项由自发辐射产生,与光子能量密度无关;第二项由受激发射产生,要求外来光子激励。

受激发射和吸收的电子跃迁率之比为

$$R_{cv}/R_{vc} = N_c/N_v \tag{3.1.35}$$

从式(3.1.35)可以得到两个重要的结论。为了使光子受激发射大于光子吸收,需要实现粒子数反转,即 $N_c > N_v$。对于受激发射远大于自发辐射的情况,必须具有一个保持光子浓度足够大的光腔。

半导体材料在通常状态下,总是 $N_c < N_v$,因此称 $N_c > N_v$ 的状态为粒子数反转。使有源区产生足够多的粒子数反转,这是使半导体激光器形成激光的首要条件。另一个条件是半导体激光器中必须存在光学谐振腔,并在谐振腔里能够建立起稳定的振荡。有源区里实现了粒子数反转后,受激发射占据了主导地位,但是,激光器初始的光场来源于导带和价带的自发辐射,频谱较宽,方向也杂乱无章。为了得到单色性和方向性好的激光输出,必须构成光学谐振腔。在半导体激光器中,用晶体的天然解理面(Cleaved Facets)构成法布里-珀罗(Fabry-Perot)谐振腔,如图 3.1.13 所示。谐振腔里存在着损耗,如镜面的反射损耗、工作物质的吸收和散射损耗等。只有谐振腔里的光增益和损耗值保持相等,并且谐振腔内的前向和后向光波发生相干时,才能在谐振腔的两个端面输出谱线很窄的相干光束。前端面发射的光约有 50% 耦合进入光纤。后端面发射的光由封装其内的光电检测器接收变为光电流,经过反馈控制回路,使激光器输出功率保持恒定。图 3.1.14 表示半导体激光器频谱特性的形成过程,它是由谐振腔内的增益谱和允许产生的腔模谱共同作用形成的。

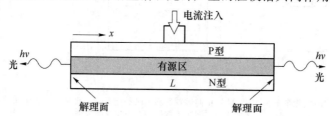

图 3.1.13 半导体激光器结构相当于一个法布里-珀罗谐振腔

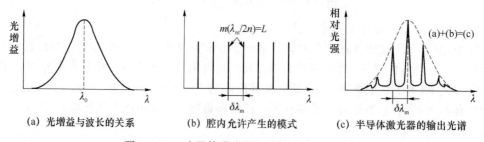

图 3.1.14 半导体激光器频谱特性的形成过程

在半导体激光器有源层两侧分别构成 P 型和 N 型包层,使费米能级 $E_c - E_v > E_g$(见图 3.1.12),在 PN 结正向偏置时,就可以满足粒子数反转条件。当注入有源区的电流密度超过一定值后,该有源区产生光增益。在半导体内传播的输入信号以 $\exp(gx)$ 的形式放大,其中 g 是光增益系数,x 是有源区内距左解理面的距离(见图 3.1.13)。

考虑因为泵浦沿 x 方向发生相干辐射激光的光增益介质,当电磁波沿 x 方向传输时,由于通过相同能级差 $E_g = E_c - E_v$ 的受激发射比自发辐射和吸收强,所以它的功率(单位时间的能量流)增加。假如光强减小了,可以使用系数 $\exp(-\alpha x)$ 表示沿 x 方向的功率损耗,这里 α 是介质的吸收系数。与此类似,使用 $\exp(gx)$ 表示功率的增加,这里 g 是单位长度的光增益,称为介质的光增益系数,表示单位距离光功率或光强度的变化。沿 x 方向任意点光功率与相干光子的浓度 N_{ph} 和它们的能量 $h\nu = E_c - E_v$ 成正比。这些相干光子以速度 c/n 传输,这里 n 是介质折射率。于是在时间 δt 内它们传输的距离是 $\delta x = (c/n)\delta t$,所以光增益系数

$$g = \frac{\delta P}{P\delta x} = \frac{\delta N_{ph}}{N_{ph}\delta_x} = \frac{n}{cN_{ph}}\frac{\delta N_{ph}}{\delta_t} \qquad (3.1.36)$$

光增益系数 g 描述在腔体内由于电子从能级 E_c 跃迁到 E_v 受激发射超过穿过同一能级差对光子的吸收时,单位长度光发射强度的增加。受激发射率和吸收率的差给出相干光子浓度的净变化率,即

$$\frac{\delta N_{ph}}{\delta_t} = 净受激光子发射率 = N_c B_{cv}\rho(h\nu) - N_v B_{cv}\rho(h\nu) = (N_c - N_v)B_{cv}\rho(h\nu) \qquad (3.1.37)$$

将式(3.1.37)代入式(3.1.36),可以直接得到光增益。人们只对沿 x 方向传输的相干光的放大感兴趣,所以可以忽略平均来说对其没有贡献的自发辐射。

通常发射和吸收过程中,光子能量分布在一定的波长间隔 $\Delta\lambda$ 内,也就是说光增益反映这种分布,如图 3.1.14(a)所示。

由于 $\rho(h\nu)$ 是单位频率内发射光子的能量密度,所以可以用 N_{ph} 表示 $\rho(h\nu)$,因此中心频率 ν_0 发射的光子能量密度为

$$\rho(h\nu_0) = \frac{N_{ph}nh\nu_0}{c\Delta\nu} \qquad (3.1.38)$$

用式(3.1.37)代替式(3.1.36)中的 dN_{ph}/dt,并使用式(3.1.38),得到介质在中心频率的光增益系数为

$$g(\nu_0) \approx (N_c - N_v)\frac{B_{cv}nh\nu_0}{c\Delta\nu} \qquad (3.1.39)$$

图 3.1.15(a)表示 1.3 μm InGaAsP 有源区对应于不同的注入电流密度 N 计算出的光增益。当粒子数反转还没有发生时,$N = 1 \times 10^{18}$ cm^{-3},光被材料所吸收($g < 0$)。随着 N 的增加,增益系数 g 在频谱范围内变成正值,并且随着 N 的增加,g 也增加,其峰值 g_p 也增加。g_p 随 N 的变化情况如图 3.1.15(b)所示。对于 $N > 1.5 \times 10^{18}$ cm^{-3},g_p 几乎随 N 线性增加。从图 3.1.15(b)可见,在半导体中一旦粒子数反转后,光增益的增加就很快。

从 g_p 和 N 的近似线性关系,可以得到峰值增益的经验公式

$$g_p \approx \sigma_g(N - N_T) \qquad (3.1.40)$$

式中,N_T 是透明载流子密度;σ_g 是增益截面,也称微分增益系数。对于 InGaAsP 激光器

N_T 和 σ_g 的典型值分别在 $(1\sim1.5)\times10^{18}$ cm^{-3} 和 $(2\sim3)\times10^{-16}$ cm^2 范围内。由图 3.1.15(b) 可见,在 g_p 超过 100 cm^{-1} 的高增益区,式(3.1.40)是成立的。参数 σ_g 和 N_T 可通过数值计算或者实验得到。

具有较大微分增益系数(σ_g)的半导体激光器通常性能较好,因为较低的载流子密度变化,也就是说注入电流的微小变化就可以引起较大的激光输出变化,量子阱半导体激光器就是为此而设计的,将在后面具体介绍。

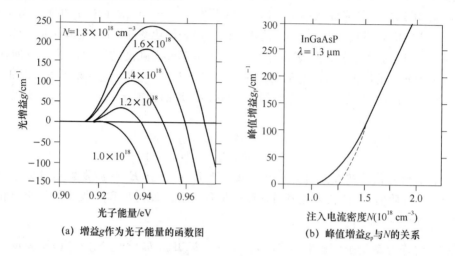

(a) 增益g作为光子能量的函数图 (b) 峰值增益g_p与N的关系

图 3.1.15 $1.3~\mu$m InGaAsP 激光器对应于不同注入电流密度 N 的光增益特性

产生激光除了使有源区产生足够多的粒子数反转以及在半导体激光器中必须存在光学谐振腔外,还要能够在谐振腔里建立起稳定的振荡。要使光在谐振腔里建立起稳定的振荡,必须满足一定的相位条件和阈值条件,相位条件使谐振腔内的前向和后向光波发生相干,阈值条件使腔内获得的光增益正好与腔内损耗相抵消。为了进一步讨论激光器起振的阈值条件,先来研究平面波幅度在谐振腔内传输一个来回的变化情况。设平面波的幅度为 E_0,频率为 ω,在图 3.1.16 中,设单位长度增益介质的平均损耗为 α_{int} cm^{-1},两块反射镜的反射率为 R_1 和 R_2,光从 $z=0$ 处出发,在 $z=L$ 处被反射回 $z=0$ 处,这时光强衰减了 $R_1 R_2 \exp[-\alpha_{int}(2L)]$。另一方面,在单位长度上因光受激发射放大得到了增益,光往返一次其光强放大了 $\exp[g(2L)]$ 倍,维持振荡时光波在腔内一个来回的光功率应保持不变,即 $P_f=P_i$,这里 P_i 和 P_f 分别是起始功率和循环一周后的反馈功率。也就是说,衰减倍数与放大倍数应相等,于是可得到

$$R_1 R_2 \exp(-2\alpha_{int}L) \cdot \exp(2gL) = 1 \tag{3.1.41}$$

由此式可求得使 $P_f/P_i=1$ 的增益,即阈值增益 g_{th},该增益应该等于腔体的总损耗,即

$$g_{th} = \alpha_{cav} = \alpha_{int} + \alpha_{mir} = \alpha_{int} + \frac{1}{2L}\ln\left(\frac{1}{R_1 R_2}\right) \tag{3.1.42}$$

式中,α_{int} 表示增益介质单位长度的吸收损耗,对于 GaAs 材料,自由载流子造成的吸收损耗系数大约是 10 cm^{-1}。式(3.1.42)第二项 $\alpha_{mir} = \frac{1}{2L}\ln\left(\frac{1}{R_1 R_2}\right)$ 是由于解理面反射率小于 1 而导致的损耗,介质截面的反射率为

$$R_1 = R_2 = R_m = \left(\frac{n-1}{n+1}\right)^2 \tag{3.1.43}$$

式中,n 为腔体折射率,对于 GaAs 材料,$n=3.5$,当 $L=300\ \mu\mathrm{m}$ 时,$\alpha_{\mathrm{mir}}=39\ \mathrm{cm}^{-1}$。式(3.1.42)表明起振时阈值增益必须等于或大于谐振腔的总损耗 α_{cav}。上例中 g_{th} 必须大于

$$\alpha_{\mathrm{cav}} = 10 + 39\ \mathrm{cm}^{-1} = 49\ \mathrm{cm}^{-1}$$

式(3.1.42)给出在 F-P 腔内实现光连续发射所需要的光增益,它对应阈值粒子数翻转,即 $N_{\mathrm{c}} - N_{\mathrm{v}} = (N_{\mathrm{c}} - N_{\mathrm{v}})_{\mathrm{th}}$。从式(3.1.39)可以得到达到阈值时高、低能带上的电子密度差为

$$(N_{\mathrm{c}} - N_{\mathrm{v}})_{\mathrm{th}} = g_{\mathrm{th}} \frac{c\Delta\nu}{B_{\mathrm{cv}} nh\nu_0} \tag{3.1.44}$$

它表示阈值粒子数翻转条件。

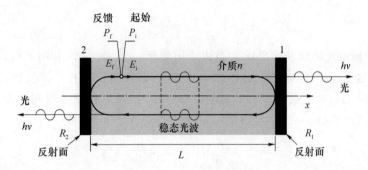

图 3.1.16　F-P 光腔谐振器

法布里-珀罗半导体激光器通常发射多个纵模的光,如图 3.1.14 所示。半导体激光器的增益频谱 $g(\omega)$ 相当宽(约 10 THz),在 F-P 谐振腔内同时存在着许多纵模,但只有接近增益峰的纵模变成主模。在理想条件下,其他纵模不应该达到阈值,因为它们的增益总是比主模小。实际上,增益差相当小,主模两边相邻的一两个模与主模一起携带着激光器的大部分功率,这种激光器就称为多模半导体激光器。由于群速度色散,每个模在光纤内传输的速度均不相同,所以半导体激光器的多模特性将限制光波系统的比特率和传输距离的乘积(BL),例如,对于 1.55 $\mu\mathrm{m}$ 系统,$BL<10(\mathrm{Gbit/s})\cdot\mathrm{km}$。分布反馈单纵模激光器可以使 BL 增加。

通过上述分析可见,只有当泵浦电流达到阈值时,高、低能带上的电子密度差 $N_{\mathrm{c}} - N_{\mathrm{v}}$ 才达到阈值$(N_{\mathrm{c}} - N_{\mathrm{v}})_{\mathrm{th}}$,此时就产生稳定的连续输出相干光。当泵浦超过阈值时,$N_{\mathrm{c}} - N_{\mathrm{v}}$ 仍然维持$(N_{\mathrm{c}} - N_{\mathrm{v}})_{\mathrm{th}}$,因为 g_{th} 必须保持不变,所以多余的泵浦能量转变成受激发射,使输出功率增加。

例 3.1.1　计算空气和玻璃界面的反射率和透射率,以及用分贝表示的传输损耗(假如玻璃的折射率是 1.5)。

解　由式(3.1.43)得到反射率为

$$R_1 = \left(\frac{n-1}{n+1}\right)^2 = \left(\frac{1.5-1}{1.5+1}\right)^2 = 0.04$$

所以 4% 的光被反射回去,其余 96% 的光透射过去。传输损耗是

$$L_{\mathrm{t}} = -10\lg 0.96\ \mathrm{dB} = 0.177\ \mathrm{dB}$$

前面讨论了在半导体激光器里由两个起反射镜作用的晶体解理面构成的法布里-珀罗

谐振腔,它把光束闭锁在腔体内,使之来回反馈。当受激发射使腔体得到的放大增益等于腔体损耗时,就保持振荡,形成等相面和反射镜平行的驻波,然后穿透反射镜得到激光输出,如图 3.1.16 所示。此时的增益就是激光器的阈值增益,达到该增益所要求的注入电流称为阈值电流。对谐振腔长度 L 比波长大很多的情况,只能是多纵模(多频)激光器。为了说明这个问题,可从图 3.1.13 讨论起。

设激光器谐振腔长度为 L,增益介质折射率为 n,典型值为 $n=3.5$,引起 30%界面反射,由于增益介质内半波长 $\lambda/2n$ 的整数倍 m 等于全长 L,从而有

$$m\lambda/2n = L \tag{3.1.45a}$$

利用 $f=c/\lambda$,代入上式可以得到

$$f = f_m = \frac{mc}{2nL} \tag{3.1.45b}$$

式中,λ 和 f 分别是光波长和频率,c 为自由空间光速。当 $\lambda=1.55\ \mu m$,$n=3.5$,$L=300\ \mu m$ 时,$m=1\ 354$,这是一个很大的数字,因此 m 相差 1,谐振波长只有少许变化,设这个波长差为 $\Delta\lambda$,并注意到 $|\Delta\lambda| \ll \lambda$,则当 $\lambda \to \lambda+\Delta\lambda$,$m \to m+1$ 时,可以得到各模间的波长间隔 $\Delta\lambda$,也称为自由光谱区(FSR)。

$$\Delta\lambda = -\frac{\lambda^2}{2nL} \quad \text{或} \quad \Delta f = \frac{c}{2nL} \tag{3.1.46}$$

在上例中,$|\Delta\lambda|=3.4\ nm$,因此,对谐振腔长 L 比波长大很多的激光器,可以在差别甚小的很多波长上发生谐振,称这种谐振模为纵模,它由光腔长度 nL 决定。与此相反,和光传输方向垂直的模称为横模。纵模决定激光器的频谱特性,而横模决定光束在空间的分布特性,它直接影响到与光纤的耦合效率。

$\Delta f/f = \Delta\lambda/\lambda_0$,这里 λ_0 是发射光波的自由空间波长,f 是频率,因为 $f=c\lambda_0$,所以可以得到频率间距和波长间距的关系为

$$\Delta\lambda = -\frac{\lambda_0^2}{c}\Delta f \tag{3.1.47}$$

例 3.1.2 双异质结 AlGaAs 激光器光腔长度为 $200\ \mu m$,峰值波长是 870 nm,GaAs 材料的折射率是 3.7。计算峰值波长的模式数量和腔模间距。假如光增益频谱特性半最大值全宽(FWHM)是 6 nm,请问在这个带宽内有多少模式?假如腔长是 $20\ \mu m$,又有多少模式?

解 腔模的自由空间波长和腔长的关系是

$$m\lambda/2n = L$$

因此 $\qquad\qquad m = 2nL/\lambda = 1\ 644.4 \text{或} 1\ 644$

相邻腔模 m 和 $m+1$ 间的波长间距 $\Delta\lambda_m$ 是

$$\Delta\lambda_m = \frac{2nL}{m} - \frac{2nL}{m+1} \approx \frac{2nL}{m^2} = \frac{\lambda^2}{2nL}$$

于是,对于给定的峰值波长,模式间距随 L 的减小而增加。当 $L=200\ \mu m$ 时

$$\Delta\lambda_m = 5.47 \times 10^{-10}\ m$$

已知光增益带宽 $\Delta\lambda_{1/2}=6\ nm$,在该带宽内的模数是

$$\Delta\lambda_{1/2}/\Delta\lambda_m = 6/0.547 = 10$$

当腔长减小到 $L=20\ \mu m$ 时,模式间距增加到

$$\Delta\lambda_m = 5.47 \times 10^{-9} \text{ m}$$

此时该带宽内的模数是 $\Delta\lambda_{1/2}/\Delta\lambda_m = 6/5.47 = 1.1$，对于峰值波长约 900 nm，只有一个模式。事实上，m 必须是整数，当 $m = 1\,644$ 时，$\lambda = 902.4$ nm。很显然，减小腔长，可以抑制高阶模。

例 3.1.3 F-P 谐振腔中间的填充材料是 GaAlAs，厚度为 0.3 mm，折射率 $n = 3.6$，中心波长为 0.82 μm，这是典型的 GaAlAs 激光器结构。计算腔内纵模间的频率间距和波长间距。

解 由式(3.1.46)可以得到纵模间频率间距为

$$\Delta f = \frac{c}{2nL} = 1.39 \times 10^{11} \text{ Hz}$$

从式(3.1.47)可以得到纵模间波长间距为

$$\Delta\lambda = -\frac{\lambda_0^2}{c}\Delta f = 3.11 \times 10^{-10} \text{ m}$$

2. LD 的分类和结构

半导体激光器的分类有很多种不同的方法。例如，按照构成半导体 PN 结材料的搭配及对载流子的限制方式的不同，LD 分为同质结和异质结半导体激光器以及量子限制半导体激光器。按照谐振腔的内部结构又可分为普通法布里-珀罗（Fabry-Perot）谐振腔和分布反馈（DFB,Distributed Feed Back）激光器及耦合腔激光器、多量子阱（MQW）激光器等。按照激光器出射光束方向与 PN 结的相对位置关系又可分为侧面发射条形 LD 和垂直腔表面发射 LD。另外，从器件性能上分为多纵模激光器（MLM）、单纵模激光器（SLM）等。下面根据其在光纤通信中应用的情况，有针对性地介绍几种 LD 的结构及其特点。

(1) 同质结和异质结半导体激光器

图 3.1.17 表示几种半导体激光器的结构，图(a)表示同质结构，即只有一个简单 PN 结，PN 结在结两边使用相同的半导体材料，称为同质结。这种结没有带隙差，因而折射率差很小（0.1%~1%），有源区对载流子和光子的限制作用很弱。由于做成激光器时阈值电流很大，工作时发热非常严重，故不能在室温下连续工作，只能在低温环境、脉冲状态下工作。为了提高激光器的功率和效率，降低同质结激光器的阈值电流，人们研究出了异质结半导体激光器，如图 3.1.17 (b)、(c)和图 3.1.18 所示。所谓异质结，就是由两种不同材料构成的 PN 结。若在宽带隙的 P 型和 N 型（如 GaAlAs）半导体材料间插进一薄层窄带隙的有源区材料（如 GaAs），则带隙差形成的势垒将电子与空穴限制在中间复合发光。因此中间层也称有源层，这种结称为双异质结，或简称异质结。双异质结中带隙差的出现也使折射率差增大（可达 5% 左右），使光场亦有效地限制在有源区。载流子和光场的限制使激光器的阈值电流密度大大下降，可实现室温连续工作。目前光波系统中所用激光器多是双异质结结构。在双异质结结构中，有 3 种材料，有源区被禁带宽度大、折射率较低的介质材料包围。前者把电子局限在有源区内；后者将受激发射也限制在有源区内，同时也减少了周围材料对受激发射的吸收。这种结构形成了一个类似光纤波导的折射率分布，限制了光波向外围的泄漏，使阈值电流降低，发热现象减轻，可在室温状态下连续工作。为了进一步降低阈值电流，提高发光功率，以及提高与光纤的耦合

效率,常常使有源区尺寸尽量减小,通常 $W = 10\ \mu m$, $d = 0.2\ \mu m$, $L = 100 \sim 400\ \mu m$。
图 3.1.18 表示同质结、双异质结半导体激光器能级图及光子密度的比较。

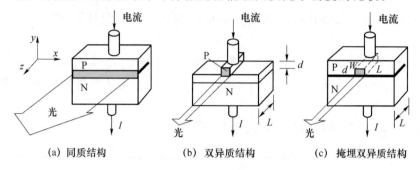

(a) 同质结构　　　　(b) 双异质结构　　　　(c) 掩埋双异质结构

图 3.1.17　几种半导体激光器的结构

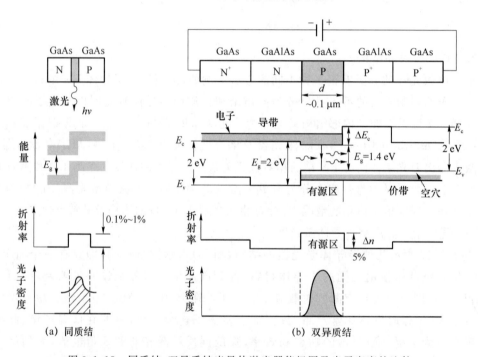

(a) 同质结　　　　　　　　　(b) 双异质结

图 3.1.18　同质结、双异质结半导体激光器能级图及光子密度的比较

(2) 量子限制激光器

除双异质结半导体激光器对载流子进行限制外,还有另外一种完全不同的对载流子限制的方式,这就是对电子或空穴允许占据能量状态的限制,这种激光器称为量子限制激光器。它具有阈值低、线宽窄、微分增益高、对温度不敏感、调制速度快和增益曲线容易控制等许多优点。

当插进有源区的材料进一步减薄至几十纳米(通常双异质结激光器的有源区厚 $100 \sim 200\ nm$),窄带隙的有源区为导带中的电子和价带中的空穴创造了一个势能阱,由此制成的激光器称为量子阱激光器(QW-LD),其阈值电流很低,输出功率较高。典型的量子阱器件如图 3.1.19(a)所示,很薄的 GaAs 有源层夹在两层很宽的 AlGaAs 半导体材料中,所以它是一种异质结器件。在这种激光器中,有源层的厚度 d 很薄(典型值约为 10 nm),以至于导

带中的禁带势能 E 把电子封闭在 x 方向上的一维势能阱内,但是电子在 y 和 z 方向是自由的。这种封闭呈现量子效应,导致能带量化分成离散值 $E_1,E_2,E_3,\cdots$,它们分别对应量子数 $1,2,3,\cdots$,如图 3.1.19(b)所示。价带中的空穴也有类似的特性,其主要影响是使状态密度(定义为单位能量单位容积的状态数)获得类似阶梯的结构,它与能量的关系不再像普通 LD 那样是抛物线式地连续变化,而是对应每个离散能级的常数,如图 3.1.20(a)、(b)所示。

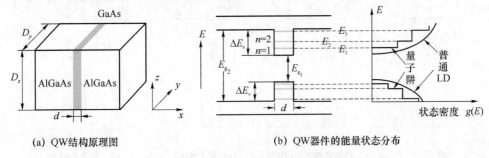

(a) QW结构原理图　　　　　(b) QW器件的能量状态分布

图 3.1.19　量子阱(QW)半导体激光器

这种状态密度的变化改变了自发辐射和受激发射的速率。微分增益用 $\sigma_g = dg/dN$ 表示,它代表注入电流的微小变化引起多大激光输出的变化。量子阱半导体激光器 σ_g 值通常要比标准设计的激光器大 2 倍。式(3.1.40)在有限范围内仍然可以使用,但是 σ_g 受其影响是标准设计值(有源层厚度约为 $0.1\ \mu m$)的 3 倍,所以注入电流的微小变化就可以引起输出激光的大幅度变化。

采用厚度 d 为 $5\sim10$ nm 的多个薄层结构有源区可改进单量子阱器件性能。这种激光器就是多量子阱(MQW,Multiple Quantum Well)激光器,它具有调制性能更好、线宽更窄和效率更高的优点。图 3.1.20(c)、(d)分别表示有 4 个量子阱(被 3 层 InGaAsP 势垒层隔开)的半导体激光器的示意图和能级图。

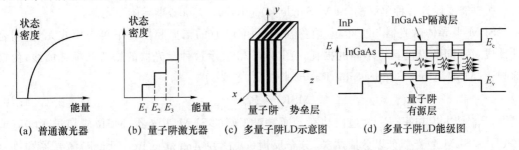

(a) 普通激光器　　(b) 量子阱激光器　　(c) 多量子阱LD示意图　　(d) 多量子阱LD能级图

图 3.1.20　量子阱半导体激光器示意图

量子限制激光器还可以分为单量子阱(SQW,Single Quantum Well)、多量子阱(MQW,Multiple Quantum Well)、量子线(QWi,Quantum Wires)以及量子点(QD,Quantum Dots)激光器,如图 3.1.21 所示。上排图表示各种激光器的形状,下排图粗略表示允许占据的能量状态密度 $\rho(\varepsilon)$ 与带隙每一边能量的函数关系。(a)图表示双异质结半导体激光器。(b)图表示多量子阱器件,如图所示,有源层由一列量子阱组成,用多层"三明治汉堡包"的结构代替了常规的两层不同半导体材料的结构。这些层只有 $0.005\sim0.01\ \mu m$,厚度为原子直径的 $5\sim15$ 倍那么大。(c)图把(b)图的二维限制概念进一步演变成一维限制

(量子线)。(d)图则是表示继续演变成几乎是零维限制的量子点或量子盒激光器。

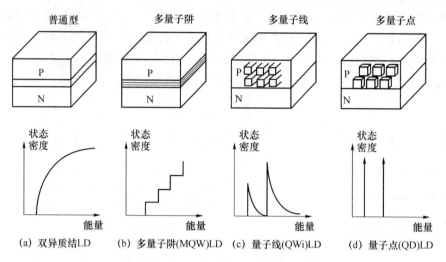

图 3.1.21　各种半导体激光器的结构形状以及允许占据的状态密度和能量的关系曲线比较

目前采用自组量子点(QDs,Self-Organised Quantum Dots)技术制作量子点 LD,采用 MOCVD 工艺制作 1.3 μm LD,采用 MBE 工艺制作 1.5 μm LD。这种大面积 LD 输出功率达 12 W,具有 6 A/cm² 的超低阈值和 130 ℃ 的高温稳定性,其直接调制速率>10 GHz。

（3）分布反馈激光器

单频激光器是指半导体激光器的频谱特性只有一个纵模(谱线)的激光器。从前面的讨论中可知,由于多模激光器 F-P 谐振腔中相邻模式间的增益差相当小(约 0.1 cm⁻¹),所以同时存在着多个纵模。它的频谱宽度为 2~4 nm,这对工作在 1.3 μm、速率 2.5 Gbit/s 的第二代光纤系统还是可以接受的。然而,工作在光纤最小损耗窗口(1.55 μm)的第三代光纤系统却不能使用。所以需要设计一种单纵模(SLM,Single Longitudinal Mode)半导体激光器。

SLM 半导体激光器与法布里-珀罗激光器相比,它的谐振腔损耗不再与模式无关,而是设计成对不同的纵模具有不同的损耗。图 3.1.22 表示这种激光器的增益和损耗曲线,由模抑制比(MSR,Mode Suppression Ratio)来表示,定义为

$$\text{MSR} = P_{\text{mm}}/P_{\text{sm}} \tag{3.1.48}$$

式中,P_{mm} 是主模功率,P_{sm} 为边模功率。通常对于好的 SLM 激光器,MSR 应超过 1 000(或 30 dB)。SLM 激光器可以分成两类,分布反馈(DFB,Distributed Feed Back)激光器和耦合腔激光器,本节主要讨论 DFB 激光器。

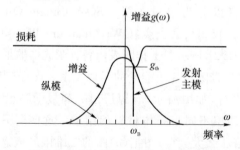

图 3.1.22　单纵模为主振模的半导体激光器增益和损耗曲线

　　利用 DFB 原理制成的半导体激光器可分为两类:分布反馈(DFB)激光器和分布布拉格反射(DBR,Distributed Bragg Reflector)激光器。

　　图 3.1.23 表示 DBR 激光器的结构及其工作原理。如图所示,DBR 激光器除有源区外,还在紧靠其右侧增加了一段分布式布拉格反射器,它起着衍射光栅的作用。这种衍射光栅相当于频率选择电介质镜,或反射衍射光栅。衍射光栅产生布拉格衍射,DBR 激光器的输出是反射光相长干涉的结果。只有当波长等于两倍光栅间距 Λ 时,反射波才相互加强,发生相长干涉。例如,当部分反射波 A 和 B 具有路程差 2Λ 时,它们才发生相长干涉。DBR 的模式选择性来自布拉格条件,即只有当布拉格波长 λ_B 满足同相干涉条件

$$m(\lambda_B/\bar{n}) = 2\Lambda \tag{3.1.49}$$

时,相长干涉才会发生。式中,Λ 是光栅间距(衍射周期),$\bar{n}$ 是介质折射率,整数 m 代表布拉格衍射阶数。因此 DBR 激光器围绕 λ_B 具有高的反射,离开 λ_B 反射就减小。其结果是只能产生特别的 F-P 腔模式,在光增益图 3.1.22 中,只有靠近 ω_B 的波长才有激光输出。一阶布拉格衍射($m=1$)的相长干涉最强。假如在式(3.1.49)中 $m=1$,$\bar{n}=3.3$,$\lambda_B=1.55\ \mu m$,此时 DFB 激光器的 Λ 只有 235 nm。这样细小的光栅可使用全息技术来制作。

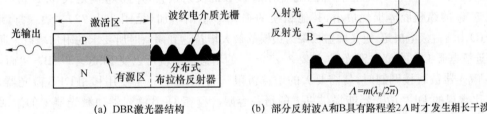

(a) DBR激光器结构　　　　　(b) 部分反射波A和B具有路程差2Λ时才发生相长干涉

图 3.1.23　DBR 激光器结构及其工作原理

　　图 3.1.24 表示 DFB 激光器的结构及其工作原理。在普通 LD 中,只有有源区,并在其界面提供必要的光反馈。但在 DFB 激光器内,光的反馈就像 DFB 名称所暗示的那样,不仅在界面上,而且分布在整个腔体长度上。这是通过在腔体内构成折射率周期性变化的衍射光栅实现的。在 DFB 激光器中,除有源区外,还在其上并紧靠着它增加了一层导波区。该区的结构和 DBR 激光器的一样,是波纹状的电介质光栅。它的作用是对从有源区辐射进入该区的光波产生部分反射。但是 DFB 激光器的工作原理和 DBR 激光器的完全不同。因为从有源区辐射进入导波区是在整个腔体长度上,所以可认为波纹介质也具有增益,因此部分反射波获得了增益。不能简单地把它们相加而不考虑获得的光增益和可能的相位变化〔式(3.1.49)假定法线入射并忽略了反射光的任何相位变化〕。左行波在导波层经历了周期性地部分反射,这些反射光被波纹介质放大形成了右行波。只有左右行波的频率和波纹周期 Λ 具有一定的关系时,它们才能相干耦合,建立起光的输出模式。与 DFB 激光器的工作原理相比,F-P 腔的工作原理就简单得多,F-P 腔的反射只发生在解理端面,在腔体的任一点,都是这些端面反射的左右行波的干涉,或者称为耦合。

　　假定这些相对传输的波具有相同的幅度,当它们来回一次的相位差是 2π 时,就会建立起驻波。

　　DFB 激光器的模式不正好是布拉格波长,而是对称地位于 λ_B 两侧,如图 3.1.24(b)所

示。假如 λ_m 是允许 DFB 发射的模式,此时

$$\lambda_m = \lambda_B \pm \frac{\lambda_B^2}{2nL}(m+1) \qquad (3.1.50)$$

式中,m 是模数(整数),L 是衍射光栅有效长度。由此式可知,完全对称的器件应该具有两个与 λ_B 等距离的模式,但是实际上,由于制造工艺,或者有意使其不对称,只能产生一个模式,如图 3.1.24(c)所示。因为 $L \gg \Lambda$,式(3.1.50)的第二项非常小,所以发射光的波长非常靠近 λ_B。

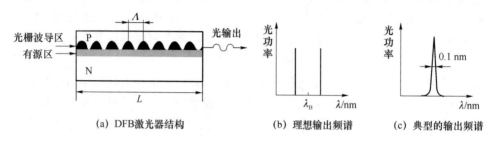

(a) DFB激光器结构   (b) 理想输出频谱   (c) 典型的输出频谱

图 3.1.24   DFB 激光器结构及其工作原理

虽然在 DFB 激光器里,在腔体长度方向上产生了反馈,但是在 DBR 激光器里,有源区内部没有反馈。事实上,DBR 激光器的端面对 λ_B 波长的反射最大,并且 λ_B 满足式(3.1.49)。因此接近 λ_B 的纵模腔体损耗最小,其他纵模的损耗却急剧增加(见图 3.1.22)。边模抑制比(MSR)由增益极限决定,定义增益极限为边模的最大增益达到阈值时所要求的附加增益。通常对于连续电流工作的 DFB 激光器,只要 $3 \sim 5 \text{ cm}^{-1}$ 的增益极限就可以使 MSR$>$30 dB。然而,当 DFB 激光器被直接调制时,就需要大的增益极限($>$10 cm^{-1})。常使用移相 DFB 激光器,因为它比常规的 DFB 激光器能提供更大的增益容限。移相 DFB 激光器使激光器中的激活区中心光栅移动了 $\lambda_B/4$,以便产生 $\pi/2$ 的相差。

DFB 激光器的性能主要由有源区的厚度和栅槽纹深度所决定。尽管制造它的技术复杂,但是已达到实用化,在高速密集波分复用系统中已广泛使用。

例 3.1.4   计算波长为 $1.55 \ \mu m$ 的 InGaAsP DFB 激光器的光栅节距。

解   已知 InGaAsP 的折射率为 35,并假定是一阶衍射($m=1$),此时节距

$$\Lambda = 1.55/(2 \times 3.5) \ \mu m = 0.22 \ \mu m$$

对于二阶衍射,节距是 $0.44 \ \mu m$。

例 3.1.5   DFB 激光器的波纹(光栅节距)$\Lambda = 0.22 \ \mu m$,光栅长 $L = 400 \ \mu m$,介质的有效折射率指数为 3.5,假定是一阶光栅,计算布拉格波长、模式波长和它们的间距。

解   布拉格波长是

$$\lambda_B = \frac{2n\Lambda}{m} = 1.54 \ \mu m$$

在 λ_B 两侧的对称模式波长是

$$\lambda_m = \lambda_B \pm \frac{\lambda_B^2}{2nL}(m+1) = 1.54 \pm 8.464 \times 10^{-4} \ \mu m$$

因此 $m=0$ 的模式波长是 $\lambda_0 = 1.539 \ \mu m$ 或 $1.5408 \ \mu m$。

两个模式的间距是 $0.0018 \ \mu m$ 或者 1.8 nm。由于一些非对称因素,只有一个模式出现,实际上在大多数实际应用中,可把 λ_B 当成模式波长。

(4) 波长可调谐半导体激光器

耦合腔半导体激光器可以实现单纵模工作,这是靠把光耦合到一个外腔实现的,如

图 3.1.25所示。外腔镜面把光的一部分反射回激光腔。外腔反馈回来的光不一定与激光腔内的光场同相位,因为在外腔中产生了相位偏移。只有波长几乎与外腔纵模中的一个模相同时才能产生同相反馈。实际上,面向外腔的激光器界面的有效反射与波长有关,从而导致产生如图 3.1.25 所示的损耗曲线,最接近增益峰,并且具有最低腔体损耗的纵模变成主模。

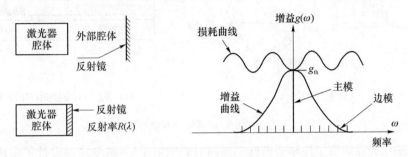

图 3.1.25 耦合腔激光器中的纵模选择性

一种单片集成的耦合腔激光器,称为 C^3 激光器。C^3 指的是切开的耦合腔(Cleaved Coupled Cavity),如图 3.1.26(a)所示。这种激光器是这样制成的,把常规多模半导体激光器从中间切开,一段长为 L,另一段为 D,分别加以驱动电流。中间是一个很窄的空气隙(宽约 $1\ \mu m$),切开界面的反射约为 30%,只要间隙不是太宽,两部分之间就可以产生足够强的耦合。在本例中,因为 $L>D$,所以 L 段中的模式间距要比 D 段中的密。这两段的模式只有在较大的距离上才能完全一致,产生复合腔的发射模,如图 3.1.26(b)所示。因此 C^3 激光器可以实现单纵模工作。改变一个腔体的注入电流,C^3 激光器可以实现约为 20 nm 范围的波长调谐。然而,由于约 2 nm 的逐次模式跳动,所以调谐是不连续的。

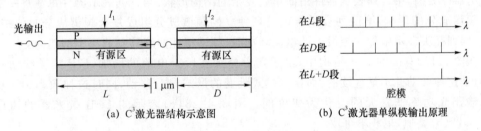

(a) C^3激光器结构示意图   (b) C^3激光器单纵模输出原理

图 3.1.26 耦合腔(C^3)激光器结构及其单纵模输出原理

另外两种波长可调谐半导体耦合腔激光器如图 3.1.27 所示。构成单纵模(SLM)激光器的一个简单方式是从半导体激光器耦合出部分光能到外部衍射光栅,如图 3.1.27(a)所示。为了提供较强的耦合,减小该界面对来自衍射光的反射,在面对衍射光栅的界面上镀抗反射膜。这种激光器是外腔半导体激光器。通过简单地旋转光栅,可在较宽范围内(典型值为 50 nm)对波长实现调谐。这种激光器的缺点是不能单片集成在一起,尽管如此,这种激光器也有产品出售。如 Santec 公司的 ECL-100H 微型外腔半导体激光器(高8 nm),借助旋转螺钉可以改变波长,波长调谐范围大于 60 nm,典型值为 100 nm,输出光功率为1 mW,典型值为 4 mW,波长分辨率为 0.1 nm,内置隔离器、监控探测器和制冷器。该公司的 ECL-100HL 线宽小于 10 kHz,内置双级温控,可应用于外差探测,体积为 $(110\times 50\times 23)\ nm^3$。又如法国 Photonetics 公司除可以提供单路可调谐光源外,甚至可以提供利用外腔激光器构成的 8 路可调谐激光二极管光源,在 100 nm(1 480~1 580 nm)调谐范围内提供+3 dBm 输出功率,波长分辨率为 0.01 nm,温度灵敏度为 2 pm/℃,长期稳定度为 0.1 nm。

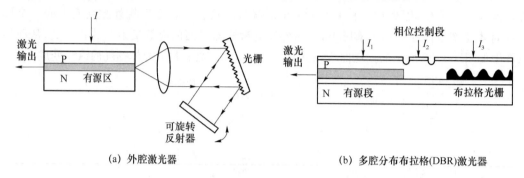

(a) 外腔激光器　　　　　　　　　　(b) 多腔分布布拉格(DBR)激光器

图 3.1.27　波长可调谐耦合腔半导体结构

为了解决激光器的稳定性和调谐性不能同时兼顾的矛盾,科学家们设计了多段(section)DFB 和 DBR 激光器。图 3.1.27(b)表示这种激光器的典型结构。它包括了 3 段,即有源段、相位控制段和布拉格反射段。每段独立地注入电流偏置。注入布拉格段的电流改变感应载流子的折射率 n,从而改变布拉格波长($\lambda_B = 2n\Lambda$)。注入相位控制段的电流也改变了该段的感应载流子折射率,从而改变了 DBR 的反馈相位。通过控制注入 3 段的电流,激光器的波长可在 5~7 nm 范围内连续可调。因为该激光器的波长由内部布拉格区的衍射光栅决定,所以它工作稳定。这种多段分布布拉格反射激光器对于多信道 WDM 通信系统和相干通信系统是非常有用的。

图 3.1.28 表示如何从最简单的法布里-珀罗谐振腔激光器演化为复杂的多段(多电极)半导体激光器,即多纵模(多频)激光器发展成单纵模(单频)激光器的过程。图 3.1.28 第一列表示器件类型,第二列表示器件由简单到复杂的结构形状,第三列表示器件每演进一步对复合频谱成分的影响,第四列表示由第三列独立的频谱成分组成复合频谱成分时的结果。第三、四列箭头表示施加在该段上的电流增加时,频谱特性曲线移动或压窄的趋向。

在图 3.1.28(b)的 F-P 结构中,虽然随着施加在段上电流的增加,F-P 频谱线向右移动,但是这种移动并不是连续的,而是以模式跳变的形式向右移动,同时这种频率调谐功能是以输出光功率非常大的变化为代价的。图 3.1.28(c)表示的 DFB 激光器的情形与图 3.1.28(b)类似,也并不可取。

图 3.1.28(d)表示把发光区和调谐区分开的两段 DBR 激光器。对频率调谐产生作用的布拉格段的折射率变化与图 3.1.28(c)的相同,但是有两点例外:第一,DBR 激光器的衍射光栅长度 L_{Bragg} 与 DFB 激光器不同,只是整个腔体长度 L 的一部分;第二,光在镜面反射以前只有部分光透过光栅段,从而引起布拉格区没有 F-P 模式谐振,因此在 λ-I 曲线中产生了波长跳变,如图 3.1.29(a)所示。这种缺陷由图 3.1.28(e)表示的 3 段 DBR 激光器得到克服。3 段 DBR 激光器可以提供 9 nm 连续可调的频率范围,如图 3.1.29(c)所示。如果使用图 3.1.28(e)表示的驱动电流 I_p 和 I_b 供电线路,则可以使波长随 $I_p + I_b$ 变化的曲线更为平滑。

图 3.1.28(f)表示具有 4 段可调谐激光器的工作原理。它的基本原理与用具有较小自由光谱(FSR)范围的两级 F-P 滤波器级联,产生具有非常大的 FSR 的滤波器的道理类似。首先,把布拉格区分成 3 段,每一段的光栅间距 Λ 均不相等,根据式(3.1.49),将产生 3 种满足不同 Λ 的频率谐振;其次,与此类似的布拉格光栅也制作在有源区的左边,但与在有源区右边的布拉格光栅区稍有不同,使只有频率 f' 时,左、右功率频谱波形叠加,其他波形因频

率错位而被抑制,从而使整个复合纵模特性更好,边模抑制比更高,如图 3.1.28(f)第四列所示。

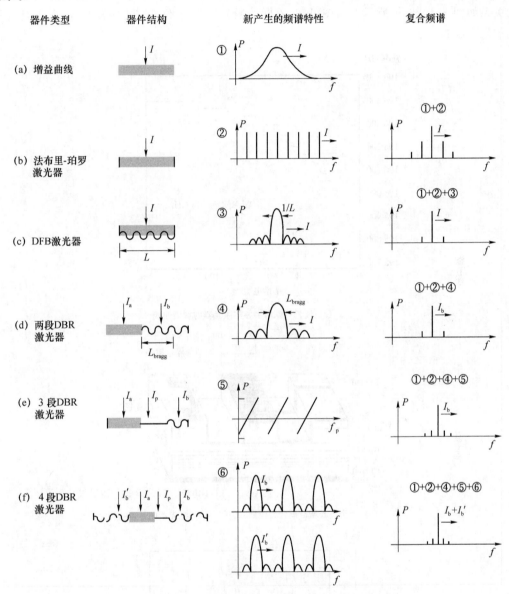

图 3.1.28　多纵模(多频)激光器到单纵模(单频)激光器的演化过程

　　许多供应商已开发出单频 DFB 和 DBR 激光器,可提供 WDM 所要求的光载波频率梳。调谐范围约 10 nm 或 1 THz 的连续或不连续(模式跳动)的多段 DFB 和 DBR 半导体激光器也有所报道,然而,由于温度时间常数和反馈电路时间常数的影响,调谐速度相当慢(1 ms)。

　　可调谐激光器是实现 WDM 最重要的器件,近年制成的单频激光器都采用多量子阱(MQW)结构、分布反馈(DFB)式结构或分布布拉格反射(DBR)式结构,有些能在 10 nm 或 1 THz 范围内调谐,调谐速率大有提高。通过电流调谐,一个激光器可以调谐出 24 个不同的频率,频率间隔为 40 GHz,甚至可以小到 10 GHz,使不同光载波频率数可以多达 500 个,但目前这种器件还不能提供实际使用,也无商品出售。这种波长可调谐半导体激光器的调谐曲线如图 3.1.29(a)所示。具有 16 个波长,并可以单独进行精细调谐的增益耦合光栅型 MQ-DFB阵列激光器也已研制出来,其基本结构如图 3.1.29(b)所示,发光波长和波导脊宽的关系如图 3.1.29(c)所示。由图可知,不同的激光器具有不同的波导脊宽,因而也具有不同的发光波长。

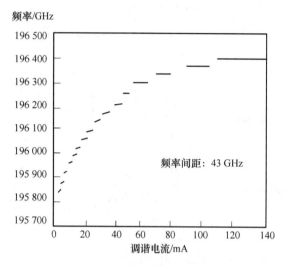

(a) 波长可调谐半导体激光器的调谐曲线

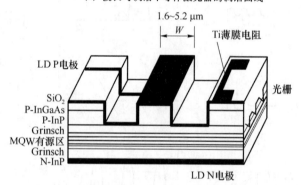

(b) 16个波长增益耦合光栅型MQ-DFB阵列激光器的基本结构

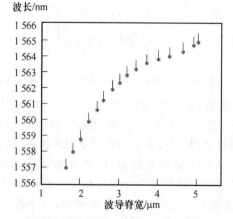

(c) 16个波长增益耦合光栅型MQ-DFB激光器阵列

图 3.1.29 波长可调谐半导体激光器

（5）垂直腔表面发射 LD

图 3.1.30 表示垂直腔表面发射激光器（VCSEL，Vertical Cavity Surface Emitting Laser）的示意图，顾名思义，它的光发射方向与腔体垂直，而不是像普通激光器那样与腔体平行。这种激光器的光腔轴线与注入电流方向相同。有源区的长度 L 与边发射器件比较非常短，光发射是从腔体表面，而不是腔体边沿。腔体两端的反射器是由电介质镜组成的，即由厚度为 $\lambda/4$ 的高低折射率层交错组成。如果组成电介质镜的高低介质层折射率 n_1、n_2 和 d_1、d_2 满足

$$n_1 d_1 + n_2 d_2 = \lambda/2 \tag{3.1.51}$$

该电介质镜就会对波长产生很强的选择性，从界面上反射的部分透射光发生相长干涉，使反射光增强。经过几层这样的反射后，透射光强度将很小，而反射系数将达到 1。因为这样的介质镜就像一个折射率周期变化的光栅，所以该电介质镜本质上是一个分布布拉格反射器。选择式（3.1.51）中的波长与有源层的光增益一致，因为有源区腔长 z 很短，所以需要高反射的端面，这是由于光增益与 $\exp(gz)$ 成正比，这里 g 是光增益系数。因为有源层通常很薄（$<0.1\,\mu m$），就像一个多量子阱，所以阈值电流很小，仅为 $0.1\,mA$，工作电流仅为几毫安。由于器件体积小，降低了电容，适用于 $10\,Gbit/s$ 的高速调制系统。由于该器件不需要解理面切割就能工作，制造简单，成本低，所以它又适用于接入网。

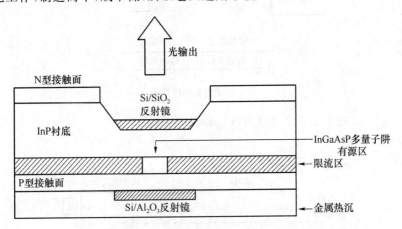

图 3.1.30　垂直腔表面发射激光器（VCSEL）示意图

垂直腔横截面通常是圆形，所以发射光束的截面也是圆形。垂直腔的高度也只有几微米，所以只有一个纵模能够工作，然而可能有一个或多个横模，这要取决于波长。实际上当腔体直径小于 $8\,\mu m$ 时，只有一个横模存在。市场上有几个横模的器件，但是频谱宽度也只有约 $0.5\,nm$，仍然远小于常规多纵模激光器。

由于这种激光器的腔体直径只在微米范围内，所以它是一种微型激光器。其主要优点是用它们可以构成具有宽面积的表面发射激光矩阵发射阵列。这种阵列在光互连和光计算技术中具有广泛的应用前景。另外，它的温度特性好，无须制冷，能够提供很高的输出光功率，目前已有几瓦输出功率的器件商用化。如 OSA 公司开发的掩埋隧道结（BTJ，Buried Tunnel Junction）VCSEL，波长范围 43 nm，中心波长 $1.4\sim2\,\mu m$，阈值约 $1\,mA$，$0.9\,V$，输出功率达到 $1.5\sim7\,mW$，激射温度 $100\,℃$，边模抑制比 $40\,dB$，调制速率 $5\sim10\,Gbit/s$。

（6）光纤激光器

利用光纤成栅技术把掺铒光纤相隔一定长度的两处写入光栅，两光栅之间相当于谐振

腔,用980 nm或1 480 nm泵浦激光激发,铒离子就会产生增益放大。由于光栅的选频作用,谐振腔只能反馈某一特定波长的光,输出单频激光,再经过光隔离器即能输出线宽窄、功率高和噪声低的激光,如图3.1.31所示。图中表示一个自调谐无源耦合腔锁模光纤激光器,它使用一段掺铒光纤和一段普通光纤分别作为主谐振腔和辅谐振腔,并使用3个光纤布拉格光栅构成耦合腔,掺铒光纤用980 nm的 Ti:Al₂O₃ 激光器泵浦。光隔离器不允许980 nm的泵浦光通过,而只能让1 530 nm的激光通过。实验表明,当3个光栅匹配,主腔和辅腔之间的长度差足够小时(1~2 mm),这种耦合腔光纤激光器总可以提供模式锁定脉冲,而无须精确地控制腔体的长度。事实上6 m、1 m(掺铒光纤的增益系数为3.7 dB/m)和47 cm(掺铒光纤的增益系数为30 dB/m)长的光纤耦合腔均可以得到60 ps脉宽,重复率为213 MHz的光脉冲。1 530 nm激光的平均输出功率随泵浦功率电平的增加而增大,例如,对于47 cm长的耦合腔激光器,输入泵浦功率为20 mW时,输出为0.5 mW,输入为50 mW时,输出为0.9 mW。甚至腔体长度短至1 cm的布拉格光栅光纤DBR激光器也已进行了演示。图3.1.32表示由5段铒光纤光栅构成的具有5个波长的激光源。

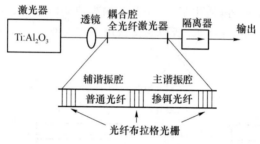

图3.1.31 光纤激光器构成图

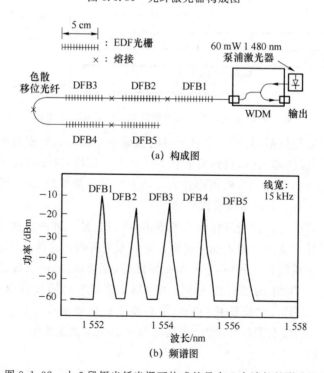

(a) 构成图

(b) 频谱图

图3.1.32 由5段铒光纤光栅可构成的具有5个波长的激光源

　　光纤激光器的优点是,输出激光的稳定性及光谱纯度都比半导体激光器的好,与半导体激光器相比,光纤激光器具有较高的光输出功率、较低的相对噪声强度(RIN)、极窄的线宽,以及较宽的调谐范围。光纤激光器的输出功率可达 10 mW 以上,其 RIN 为发射噪声极限。光纤激光器的线宽可做到小于 2.5 kHz,显然优于线宽 10 MHz 的分布反馈式激光器。WDM 传输系统一个很重要的参数就是可调谐性,光纤激光器不但很容易实现调谐,而且调谐范围可达 50 nm,远大于半导体激光器(1~2 nm)。光纤光栅的调谐是通过对光栅加纵向拉伸力、改变温度或改变泵浦激光器的调制频率来实现的。

　　除全光纤激光器外,若把光纤布拉格光栅作为半导体激光二极管的外腔反射镜,就可以制出性能优异的光纤光栅分布反馈式(DFB)激光器,如图 3.1.33 所示。这种激光器不仅输出激光的线宽窄,易与光纤耦合,而且通过对光栅加以纵向拉伸力或改变 LD 的调制频率就能控制输出激光的频率和模式。图 3.1.33(a)所示的光纤光栅 DFB 激光器,其线宽小于 50 kHz,边模抑制比大于 30 dB,当用 1.2 Gbit/s 的信号调制时,啁啾小于 0.5 MHz。

　　光纤光栅外腔不仅提供受限的傅里叶变换光窄脉冲,而且,因为外腔的长度与波长有关,所以也可以改变光纤光栅外腔的长度,实现波长调谐。改变半导体激光器的电信号调制频率,也可以改变光纤光栅激光器的波长,如图 3.1.33(b)所示。实验表明,当调制频率从 440.5 MHz 变化到 444.5 MHz 时,波长也从 1 523.5 nm 变化到 1 509.0 nm,调谐范围达 14.5 nm。对于波分复用应用,不同的激光器调制频率是固定的,为了改变波长,不同激光器的外腔要选择不同长度的光纤光栅。

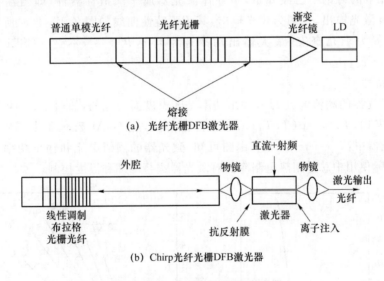

图 3.1.33　光纤光栅 DFB 激光器

3. LD 的特性

　　半导体激光器(LD)的特性可分为基本特性、模式特性、调制响应及其噪声,现分别叙述如下。

　　(1) 半导体激光器的基本特性

　　半导体激光器的工作特性可用一组速率方程来描述,该方程组表示有源区内光子和电子的相互作用。对于单模激光器,这组方程可用下式表示:

$$\frac{\mathrm{d}P}{\mathrm{d}t} = GP + R_{\mathrm{sp}} - \frac{P}{\tau_{\mathrm{p}}} \tag{3.1.52}$$

$$\frac{\mathrm{d}N}{\mathrm{d}t} = \frac{I}{q} - \frac{N}{\tau_{\mathrm{c}}} - GP \tag{3.1.53}$$

式中

$$G = \Gamma v_{\mathrm{g}} g = G_{\mathrm{N}}(N - N_0) \tag{3.1.54}$$

G 是受激发射的净增益,R_{sp} 是自发辐射对激光模式的贡献率。P 和 N 分别是有源区内的光子数和电子数,q 是电子电荷,τ_{p} 和 τ_{c} 分别表示光子和载流子的寿命,v_{g} 是群速度,Γ 是谐振腔封闭系数,g 是单纵模的光增益。R_{sp} 要比总的自发辐射率小得多,这是因为自发辐射在各个方向在宽频谱范围内(30～40 nm)均可以发生,其中只有很小一部分沿着腔体轴线方向传播,并以激光频率发射。事实上,R_{sp} 和 G 的关系可用 $R_{\mathrm{sp}} = n_{\mathrm{sp}}G$ 表示,式中,n_{sp} 称为自发辐射系数,对于半导体激光器约为 2 。与 N 呈线性关系的 G 可用 $G_{\mathrm{N}} = \Gamma v_{\mathrm{g}} \sigma_{\mathrm{g}}/V$ 和 $N_0 = N_{\mathrm{T}}V$ 表示,式中,V 是有源区体积(active volume),N_{T} 是透明载流子浓度,G_{N} 为微分净增益系数。

式(3.1.52)右边的 3 项分别表示增益引起的光子数增加、自发辐射引起的光子数增加和由光子寿命引起的光子数减小。式(3.1.53)右边的 3 项分别表示由注入电流产生的载流子浓度增加、由载流子寿命决定的载流子浓度减少和由增益引起的载流子浓度减少。

① 阈值电流 I_{th}

从上面几节的讨论中已经知道,半导体激光器属于阈值性器件,即当注入电流大于阈值点时才有激光输出,否则为荧光输出,其 P-I 特性曲线如图 3.1.34(a)所示。目前的激光器 I_{th} 一般为十几毫安,最大输出功率通常可达几毫瓦,不过 VCSEL 例外,I_{th} 仅为 0.1 mA。

② 温度特性

半导体激光器的阈值电流 I_{th} 和输出功率是随温度而变化的,如图 3.1.34(b)所示。当环境温度为 T 时,$I_{\mathrm{th}} \propto \exp(T/T_0)$,$T_0$ 为特性温度,在 GaAl 激光器中,$T_0 > 120$ K,在 InGaAsP 激光器中,$T_0 = 50～70$ K。由图可知,激光器的阈值电流和输出功率对温度很敏感,所以在实际使用中总是用热电制冷器对激光器进行冷却和温度控制。

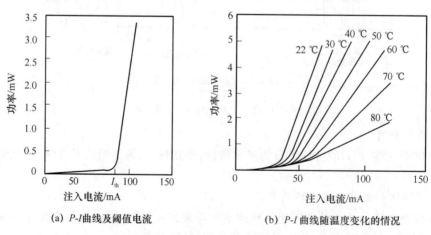

(a) P-I 曲线及阈值电流 (b) P-I 曲线随温度变化的情况

图 3.1.34 半导体激光器的 P-I 特性曲线及其受温度影响情况

　　另外,激光器的发射波长也随温度变化而变化,这是由于导带和价带能量差 ΔE 和折射率随温度变化而引起的,GaAlAs 激光器是 0.2 nm/℃,InGaAsP 激光器是 $0.4 \sim 0.5$ nm/℃。激光器发射波长的变化使传输损耗发生变化,在波分复用系统中,可能导致串话和解调的困难。

　　例 3.1.6　GaAs 材料折射率 n 的温度系数是 $dn/dT \approx 1.5 \times 10^{-4}$/K,估计发射波长为 870 nm 时,温度每变化 1 K 波长的变化。

　　解　对于特定的波长 λ_m,由式(3.1.45)可知

$$m(\lambda_m/2n) = L$$

此时

$$\frac{d\lambda_m}{dT} = \frac{d}{dT}(2nL/m) \approx \frac{2L}{m}\frac{dn}{dT}$$

用 λ_m/n 取代 $2L/m$,得到

$$\frac{d\lambda_m}{dT} \approx \frac{\lambda_m}{n}\frac{dn}{dT} = 0.035 \text{ nm/K}$$

因为有源区的有效折射率与介质的光增益有关,所以要比使用 d/dT 计算出的值大些。

　　③ 频谱特性

　　激光器的频谱特性用中心波长、光谱宽度以及光谱模数 3 个参数来描述。光谱范围内辐射强度最大值所对应的波长叫中心波长 λ_0。光谱范围内辐射强度最大值下降 50% 处所对应波长的宽度叫谱线宽度 $\Delta\lambda$,有时简称为线宽。图 3.1.35 表示激光器的典型光谱特性。为了便于比较,在图中也标出 LED 的光谱特性。

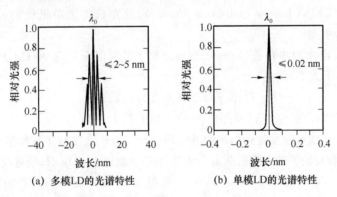

(a) 多模LD的光谱特性　　　　　(b) 单模LD的光谱特性

图 3.1.35　激光器的典型光谱特性

光源的波长特性主要从以下 4 个方面影响系统设计:

- 中心波长必须与探测器响应波长匹配;
- 中心波长、光谱宽度及其偏差必须和波长选择器(即波分复用和解复用器)以及滤波器选择特性匹配;
- 中心波长决定光纤损耗;
- 中心波长和光谱宽度决定光纤色度色散。

　　对于大多数非相干通信系统,对光源的选择,最关心的是中心波长对光纤损耗的影响,以及光谱宽度对光纤色散或带宽的影响。

　　多模激光器指的是多纵模或多频激光器,模间距为 $0.13 \sim 0.9$ nm,如表 3.1.2 所示。在表中也列出典型激光器产品的频谱宽度,其值为 $1 \sim 10$ nm,通常高速传输系统用的半导体激光器的频谱宽度为 5 nm。

表 3.1.2 LD 及其模块典型特性参数

类型	发射波长 λ/nm 25 ℃	边模抑制比 /dB	谱(线)宽 FWHM	额定光纤 输出功率 /dBm	阈值电流 /mA 25 ℃	上升/下降 时间/ns 10%～90%	波长温漂 /nm·℃$^{-1}$	备注
多模 LD	1 283～1 320		≤6 nm	≤0	≤40～50	≤1	≤0.5	1
2.5 Gbit/s DFB 模块	1 280～1 335	30	0.3 nm	−1～+2	25	0.15	+0.1	2
DFB 模块	1 550±1	40	10 MHz	≥2	25			3
VCSEL	840		0.5 nm	1	3.5	0.1	0.06	4
内含 EA 的 10 Gbit/s DFB	1 530～1 570	35	10 MHz	0～2	17	0.03		5

注:1. 14 脚双列直插封装,无须制冷和温控,内含监控探测器(PD),SDH 系统应用,有源层材料为掩埋异质结。

2. 单纵模,内含光隔离器,无须热电制冷器和 PD,SDH 应用,14 脚双列直插封装,有源层材料为 InGaAsP。

3. 单纵模,内含光隔离器、热电制冷器和 PD,WDM 应用,14 脚双列直插封装,有源层材料为 InGaAsP。

4. 参数是在 10 mA 偏置电流下测试的,可应用于吉位以太网、接入网、ATM 等,一般三极管封装结构,有源层材料为 InGaAsP。

5. 单纵模,内含光隔离器、电吸收调制器(EA)、热电制冷器和 PD,10 Gbit/s SDH 系统可传输 80 km,色散代价 2 dB,7 脚单列封装,有源层材料为 InGaAsP。

因为单模激光器的频谱宽度很窄,所以称为线宽,它与有源区的设计密切相关。采用沟道衬底平面结构(CSP,Channel Substrate Planar),首先获得了单纵模的特性,但是存在不可预见的纵模跳动。

频谱线宽 $\Delta\nu$ 定义为洛仑兹(Lorentzian)分布半最大值全宽(FWHM,Full Wide at Half Maximum),并由下式表示:

$$\Delta\nu = R_{sp}(1+\beta_c^2)/(4\pi\overline{P}) \tag{3.1.55}$$

由式可见,线宽扩大了 $1+\beta_c^2$ 倍,因此把 β_c 称为线宽扩大系数。

式(3.1.55)表示线宽随发射光功率的增大而变窄。对于大多数半导体激光器,在输出功率小于 10 mW 时这种现象已被实验所证实。然而,当功率超过 10 mW 时,线宽在 1～10 MHz 范围

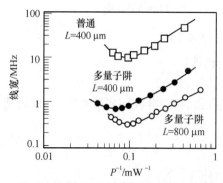

注:最上面的曲线表示有源层厚为 100 nm 的常规激光器的线宽,下面两条曲线是 DFB 激光器的线宽,它的有源区由 10 nm 厚的多量子阱组成

图 3.1.36 3 种 1.55 μm DFB 激光器的频谱线宽和输出光功率关系的实测值

内趋于饱和。图 3.1.36 表示 3 种 1.55 μm DFB 激光器的线宽特性,由图可知,多量子阱(MQW)设计的 DFB 激光器可以使线宽变窄,其原因是这种设计可使 β_c 减小。增加腔体长度 L 也可以使线宽变窄,这是因为当 L 增加时,R_{sp} 减小了而 P 增加了。由图可知,当腔长加倍时,线宽减小了约 4 倍。发现当 800 μm 长腔 MQW-DFB 激光器输出功率为 13.5 mW 时,线宽仅 270 kHz,但是对于大多数 DFB 激光器,当输出功率小于 10 mW 时,线宽为 10～100 MHz。

图 3.1.36 也表明,随着激光功率的增加,线宽不仅趋于饱和,而且开始重新展宽。激光

器线宽是光波系统首先要考虑的重要问题。

对于相干光纤通信,特别是对 PSK 和 FDM 调制,单模激光器的线宽是一个重要参数。不但要求静态线宽窄,而且要求在规定的功率输出和高码速调制下,仍能保持窄的线宽(动态线宽)。对于 PSK 调制的相干通信系统,一般要求激光器线宽为码速的 1/1 000,例如,PSK 调制码速为 1 Gbit/s,要求线宽为 1 MHz。对于单频激光器,输出功率与线宽的乘积 $P\Delta f$ 为一个常数;对于 DFB 激光器,$P\Delta f = (120\sim150)$ mW·MHz。

C^3 激光器的线宽较窄,如定隙式双腔的偏流都在门限以上,输出功率 3 mW 时,最窄的线宽为 10 MHz,功率-线宽乘积约为 30 mW·MHz;如较短的一个腔偏流在门限以下,线宽为 25 MHz。变隙式 C^3 激光器的线宽更窄,当空隙调整至最佳时,主模和边模比为5 000:1时,输出功率 3 mW 得到的线宽为 1 MHz,输出功率 10 mW 时,线宽窄至250 kHz。这表示变隙式 C^3 LD 的功率-线宽乘积为 3 mW·MHz。

对半导体激光器的要求是不仅能单纵模工作,而且要求它的波长能在相当宽的范围内调谐,同时保持窄的线宽(约 1 MHz 或者更窄)。

单模激光器的线宽与结构有关,法布里-珀罗谐振腔单模激光器线宽为 150 MHz,外腔衍射光栅单模激光器线宽却小于 1 MHz。作为对照,将 LED 典型特性参数列在表 3.1.3 中。

表 3.1.3　LED 典型特性参数

有源层材料	类型	发射波长 λ/nm	频谱宽 $\Delta\lambda$/nm	进入光纤的功率 /μW	偏置电流 /mA	上升/下降时间 /ns
AlGaAs	SLED	660	20	190~1 350	20	13/10
	ELED	850	35~65	10~80	60~100	2/(2~6.5)
GaAs	SLED	850	40	80~140	100	
	ELED	850	35	10~32	100	6.5/6.5
InGaAsP	SLED	1 300	110	10~50	100	3/3
	ELED	1 300	25	10~150	30~100	1.5/2.5
	ELED	1 550	40~70	1 000~7 500	200~500	0.4/(0.4~12)

注:SLED 为表面发射 LED,ELED 为边发射 LED。

(2) 模式特性

半导体激光器的模式特性可分成纵模和横模两种。纵模决定频谱特性,而横模决定光场的空间特性。关于纵模特性在前面已作过讨论,现对横模特性作一介绍。横模有两种,即纵向横模和横向横模。纵向横模由有源层的厚度和有源层与两边封闭层间的折射率差所决定,其形状近似高斯分布。横向横模与结构有关,其形状可以从高斯分布变化到类似方波。图 3.1.37(a)给出了不同结构半导体激光器输出的近场图案和远场光斑形状。为了与单模光纤有效耦合,横模必须稳定,掩埋双异质结提供了稳定的横模特性。

图 3.1.37(b)给出 1.3 μm 的 BH 半导体激光器在不同的注入电流下沿 x 和 y 方向的远场分布,通常用角度分布函数的半最大值全宽 θ_x、θ_y 来表征远场分布。对于 BH 激光器,θ_x 和 θ_y 的典型值分别为 $10°\sim20°$ 和 $25°\sim40°$。尽管此角度与 LED 的辐射角相比已经大大减小,但相对于其他类型的激光器来说,半导体激光器的辐射角还是相当大的。半导体激光器椭

圆形光斑加上较大的辐射角,使得它与光纤的耦合效率不高,通常只能达到 30%～50%。

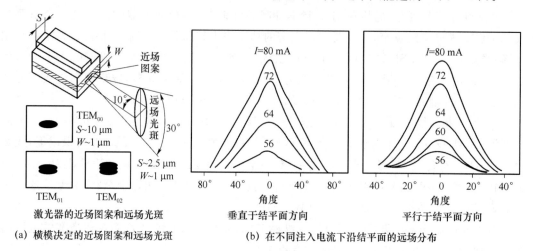

(a) 横模决定的近场图案和远场光斑　　(b) 在不同注入电流下沿结平面的远场分布

图 3.1.37　BH 半导体激光器横模特性

(3) 调制响应

半导体激光器的调制响应决定了可以调制到半导体激光器上的最高信号频率。对表示有源区内光子和电子相互作用的速率方程数值求解,可以得到 LD 的调制响应。下面对各种调制情况分别加以讨论。

① 小信号调制

当激光器被偏置在大于阈值电流($I > I_{th}$),并且调制信号足够小以至于调制电流 $I_m \ll I_b - I_{th}$ 时,此时可对速率方程进行线性求解。3 dB 调制带宽 $f_{3\,dB}$ 近似表示为

$$f_{3\,dB} = \left[\frac{3G_N}{4\pi^2 q}(I_m - I_{th}) \right]^{1/2} \tag{3.1.56}$$

式中,G_N 表示对应于电子数变化的增益,q 是电子电荷。3 dB 调制带宽 $f_{3\,dB}$ 定义为传输函数 $H(\omega_m)$ 减小 3 dB(减小一半)时的频率。式(3.1.56)为调制带宽的简单表达式,它表示 $f_{3\,dB}$ 随 $(I_m - I_{th})^{1/2}$ 增加的情况,这已被许多实验所证实。

图 3.1.38 表示 1.3 μm DFB 激光器在不同偏流时的调制响应曲线,当 DFB 激光器偏置电流是阈值的 7.7 倍时,3 dB 调制带宽 $f_{3\,dB}$ 约增加到 14 GHz。半导体激光器的动态响应特性由张弛振荡频率 Ω_R 和阻尼速率 T_R 决定,当调制频率 ω_m 远大于 Ω_R 时,激光器不能响应。当 $\omega_m \ll \Omega_R$ 时,调制响应曲线较为平坦,并在 $\omega_m = \Omega_R$ 时达到最大值;当 $\omega_m \gg \Omega_R$ 时,曲线急骤下降。设计用于高速响应的 1.3 μm InGaAsP 激光器的调制带宽已达到 24 GHz,然而由于电子线路寄生电容的存在,大多数半导体激光器的调制带宽被限制在 10 GHz 以下。尽管如此,半导体激光器也比 LED 的调制特性好(通常 LED 的调制带宽≤200 MHz)。

② 大信号调制

虽然小信号调制的分析对定性地了解调制响应是有用的,但是,它并不能应用到实际的光通信系统。通常,半导体激光器偏置电流接近阈值,调制电流也超过阈值电流,以便获得代表电数字比特的光脉冲。图 3.1.39 就是表示这种大信号调制的情况,即偏置电流 $I_b = 1.1I_{th}$,调制幅度 $I_m = 1.1I_{th}$,调制脉冲速率为 2 Gbit/s,脉宽为 500 ps 的方波电流脉冲。由

于受到激光器调制带宽的影响,光脉冲形状不是方波,而是具有大约 100 ps 上升时间和大约 300 ps 下降时间的波形。光脉冲前沿的波形最初过冲是由 LD 张弛振荡引起的。虽然光脉冲的形状不全像施加电脉冲的形状,但偏差甚小,半导体激光器仍可被用来传输 10 Gbit/s 的信号。

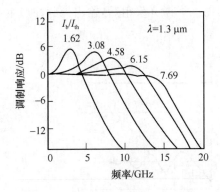

图 3.1.38　1.3 μm DFB 激光器实测
的小信号调制响应

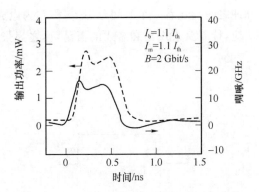

图 3.1.39　计算出的半导体激光器对 500 ps
方波电流脉冲的大信号调制响应

③ 相位调制

半导体激光器的另一个重要特性是幅度调制总是伴随着相位调制。当注入电流使载流子浓度发生变化,引起增益变化而实现对光信号的调制时,载流子浓度的变化不可避免地引起折射率 n 的变化,从而对光信号形成一个附加的相位调制,所以半导体激光器幅度调制总是伴随着相位调制。引入的相位调制可用下式表示:

$$\frac{\mathrm{d}\phi}{\mathrm{d}t} = \frac{1}{2}\beta_{\mathrm{c}}\left[G_{\mathrm{N}}(N-N_0) - \frac{1}{\tau_{\mathrm{p}}}\right] \tag{3.1.57}$$

式中,β_{c} 是幅度相位耦合参数,通常称它为线宽扩大系数,因为它引起单纵模激光器频谱宽度增大。对于 InGaAsP 激光器,典型的 β_{c} 为 4~8(与工作波长有关)。τ_{p} 表示光子在腔体内的寿命。

④ 频率啁啾

式(3.1.57)表示的光波相位随时间变化等效为模式频率(mode frequency)偏离稳态值 v_0 的瞬时变化,这种现象就称为线性调频(chirped)或频率啁啾,有时人们也称为张弛振荡或频率扫动。该频率啁啾 $\delta v(t)$ 可从式(3.1.57)得到:

$$\delta v(t) = \frac{1}{2\pi}\frac{\mathrm{d}\phi}{\mathrm{d}t} = \frac{\beta_{\mathrm{c}}}{4\pi}\left[G_{\mathrm{N}}(N-N_0) - \frac{1}{\tau_{\mathrm{p}}}\right] \tag{3.1.58}$$

图 3.1.39 虚线表示频率啁啾情况,这种频率啁啾使光信号脉冲频谱展宽,从而限制光通信系统的性能。尽管半导体激光器发射的光脉冲通常不是高斯形状,但是光纤色散引入脉冲展宽的分析方法,仍可用来研究啁啾引入的脉冲展宽。使系统工作在光纤零色散波长区,可以减小频率啁啾对系统性能的影响。

频率啁啾常常是限制 1.55 μm 光通信系统性能的因素,所以已有几种方法用来减小它的影响。一种方法是改变施加的电流脉冲的形状;另一种方法是使用注入锁定。减小啁啾的另一个有效方法是采用耦合腔激光器。在 C³ 激光器中,已观察到啁啾减小了一半的现象。减小频率啁啾的直接方法是设计一种线宽扩大系数 β_c 小的半导体激光器,使用量子阱设计可使 β_c 减小到原来的二分之一。另一种有效避免频率啁啾的方法是使用外腔调制器。

⑤ 电光延时和张弛振荡

图 3.1.40 是一种常见的激光器响应波形。当电流脉冲注入激光器时,激光输出与注入电脉冲之间存在着一个时间延迟 t_d,称它为电光延迟时间。激光发射后,输出光脉冲产生过冲响应,接着又表现出衰减式的振荡,称之为张弛振荡。

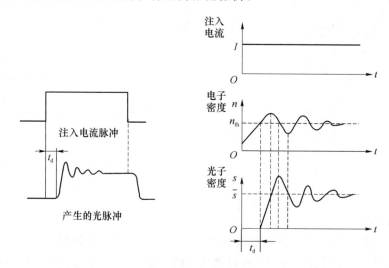

图 3.1.40 激光器的瞬时响应

电光延迟和张弛振荡是激光器内部电光相互作用所表现出来的固有特性。当电流脉冲注入时,对导带底部的能级进行电子填充,使有源区里的电子密度增加。当电子密度小于阈值电子密度 n_{th} 时,激光器并不发射,从而使输出光功率存在一段初始的延迟时间 t_d。

当电子密度增加到阈值时,激光器开始发射,但光子密度的增加也有一定的过程,只要光子密度还没有到它的稳态值,电子密度将继续增加,造成导带中电子的超量填充,也使受激发射过程迅速增加,光子密度迅速上升,同时使电子密度开始下降。

光子逸出腔外需要有一定的时间,有源区里的过量复合过程仍然持续一段时间,使电子密度继续下降到 n_{th} 之下,从而引起光子密度也开始迅速下降。当电子密度下降到最低点时,发射可能停止或减弱,于是重新开始了导带电子的填充过程,只是由于电子的存储效应,这一次电子的填充时间比上次短,电子密度和光子密度的过冲也比上次小。这种衰减振荡过程重复进行直到输出光功率达到稳态值。

减小电光延迟和抑制张弛振荡的方法是对激光器加直流预偏置。直流预偏置电流在脉冲到来之前已将有源区里的电子密度提高到一定的程度,从而使脉冲到来时,有源区的电子密度很快便达到阈值,从而大大减少电光延迟时间和抑制了张弛振荡。

⑥ 码型效应

在实际的数字光纤通信系统中,传输的是有一定宽度的随机脉冲序列。当用这样的脉冲序列对半导体激光器进行强度调制时,由于瞬态效应,输出光脉冲会出现码型效应。现考虑两个连"1"脉冲调制激光器时出现的现象,当第一个电流脉冲过后,存储在有源区里的电

子以指数形式 $\exp_{sp}(-t/\tau)$ 衰减，从而使电子密度回到初始状态有一个与自发复合寿命时间 τ_{sp} 相应的时间过程，如果调制速率很高，脉冲间隔小于 τ_{sp}，会使第二个电流脉冲到来时，前一个电流脉冲注入的电子并没有完全复合消失，这些存储的电子起到直流预偏置的作用，使有源区里的电子密度高于脉冲到来前的值，于是第一个光脉冲延迟时间减小，输出光脉冲的幅度和宽度增加，这种现象称为码型效应。码型效应的特点是，脉冲序列中较长的连"0"码后，出现"1"码时，光脉冲的幅度明显下降，连"0"码数越长，这种现象就越突出；调制速率越高，码型效应越明显。消除码型效应的方法很多，最简单易行的方法是把 LD 偏置在阈值附近。

（4）半导体激光器噪声

半导体激光器噪声用相对强度噪声（RIN）表示，它表示单位带宽 LD 发射的总噪声

$$\text{RIN} = \frac{\overline{P_{NL}^2}}{P^2 \Delta f} \tag{3.1.59}$$

式中，$\overline{P}_{NL}$ 是 LD 产生的平均噪声功率，P 是 LD 发射的平均功率，Δf 是测量 LD 输出功率的接收机带宽。与表示的均方噪声电流相类似，均方 RIN 噪声是

$$\sigma_{RIN}^2 = \text{RIN}(RP_{in})2\Delta f/R_L \tag{3.1.60}$$

半导体激光器输出的强度、相位和频率，即使在恒流偏置时也总是在变化，从而形成噪声。半导体激光器的两种基本噪声是自发辐射和电子-空穴复合（散粒噪声）。在半导体激光器中，噪声主要由自发辐射构成。每个自发辐射光子加到激发辐射建立起的相干场中，因为这种增加的相位是不定的，于是随机地干扰了相干场的相位和幅值。再者，这种自发辐射是高速（$10^{12}/s$）随机发生的。因此，结果是发射光的强度和相位表现为在 100 ps 时间范围内的随机摆动。强度的摆动导致对信噪比（SNR）的限制，而相位的摆动导致对恒流偏置连续光工作的半导体激光器的频谱线宽的限制。因为这种摆动影响光纤系统的性能，因此有必要对它的影响程度进行讨论。

在式（3.1.52）、式（3.1.53）和式（3.1.57）中，分别增加一个叫做兰杰文力（Langevin force）的噪声项，就可用来研究激光器的噪声，此时这组速率方程变成

$$\frac{dP}{dt} = GP + R_{sp} - \frac{P}{\tau_p} + F_p(t) \tag{3.1.61}$$

$$\frac{dN}{dt} = \frac{I}{q} - \frac{N}{\tau_c} - GP + F_N(t) \tag{3.1.62}$$

$$\frac{d\phi}{dt} = \frac{1}{2}\beta_c \left[G_N(N - N_0) - \frac{1}{\tau_p} \right] + F_\phi(t) \tag{3.1.63}$$

式中，$F_p(t)$、$F_N(t)$ 和 $F_\phi(t)$ 就是 Langevin forces。

为得到激光器的强度噪声，可以从强度自相关函数开始分析，强度自相关函数定义为

$$C_{pp}(\tau) = [\delta P(t)\delta P(t+\tau)]/\overline{P^2} \tag{3.1.64}$$

式中，$\overline{P}$ 表示平均值，$\delta P = P - \overline{P}$ 代表了光子数浓度的随机变化。$C_{pp}(\tau)$ 的傅里叶变换称为相对强度噪声（RIN，Relative Intensity Noise），RIN 由下式表示：

$$\text{RIN}(\omega) = \int_{-\infty}^{\infty} C_{pp}(\tau)\exp(i\omega\tau)d\tau \tag{3.1.65}$$

将式（3.1.61）、式（3.1.62）表示成 δP、δN 的线性方程并求解，再利用式（3.1.65）可得到

RIN 的近似表达式

$$\text{RIN}(\omega) = \frac{2R_{sp}\{(\Gamma_N^2 + \omega^2) + G_N\overline{P}[G_N\overline{P}(1 + N/\tau_c R_{sp}\overline{P}) - 2\Gamma_N]\}}{\overline{P}[(\Omega_R - \omega)^2 + \Gamma_R^2][(\Omega_R + \omega)^2 + \Gamma_R^2]} \tag{3.1.66}$$

式中,Ω_R 为张弛振荡频率,Γ_R 是张弛振荡衰减率。

图 3.1.41 表示计算出的 $1.55~\mu\text{m}$ 半导体激光器 RIN 频谱曲线。RIN 在靠近张弛振荡频率 Ω_R 附近增大,但是当 $\omega \gg \Omega_R$ 时迅速下降,因为激光器不能够响应如此高频率的变化。事实上,半导体激光器扮演着带宽约为 Ω_R 的带通滤波器的作用。在给定的频率下,RIN 在低功率时随激光功率的 P^{-3} 的增加而减小;但在高功率时,随 P^{-1} 的增加而减小。

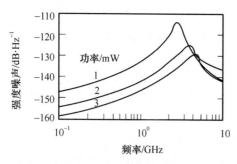

图 3.1.41　半导体激光器强度噪声(RIN)频谱曲线

至今假定激光器以单纵模振荡。实际上,即使是 DFB 激光器,除主模外还有一个或多个边模存在。尽管边模至少被抑制了 20 dB,但它们的存在也明显地影响着 RIN。即使在总的输出强度维持相对恒定的情况下,主模和边模也会出现较大的强度波动,通过主模和边模的相关函数可以形成噪声,这种噪声就称为模式分配噪声(MPN,Mode Partition Noise)。在 $0 \sim 1~\text{GHz}$ 的频率范围内,MPN 使主模的 RIN 增加 20 dB 或更大的值,具体大小与边模抑制比有关。不存在光纤色散时,MPN 对光纤通信系统可能是无害的,因为在传输和探测过程中,所有的模式可能保持一致。然而,实际上所有模传输的速度稍有不同,它们不能同时到达接收机,这种不同步不仅降低了接收信号的 SNR,而且导致了码间干扰。

例 3.1.7　一般 LD 的 RIN 为 $-140~\text{dB/Hz}$,计算由带宽 100 MHz 接收机探测到的 LD 噪声功率。假如平均入射光功率是 $10~\mu\text{W}$,探测器灵敏度是 $0.5~\mu\text{A}/\mu\text{W}$,平均噪声电流是多少?

解　因为 $(\text{RIN})_{\text{dB/Hz}} = 10\lg \text{RIN} = -140$,所以 $\text{RIN} = 10^{-14}~\text{Hz}^{-1}$。LD 的均方噪声功率是

$$\overline{P}_{\text{NL}}^2 = (\text{RIN})P^2\Delta f = 10^{-16}$$

所以 $\overline{P}_{\text{NL}} = 0.01~\mu\text{W}$。已知探测器灵敏度是 $0.5~\mu\text{A}/\mu\text{W}$,所以平均噪声电流是 $0.005~\mu\text{A}$ 或 5 nA。

4. LD 光源的特点及应用范围

从前面的分析可以看出,根据光纤通信对光源的要求以及 LD 的结构及特性可以看出,最适合光纤通信使用的光源就是 LD,因为它具有如下一些优点。

(1) 发光谱线窄

LD 辐射的光是相干光,其谱宽较窄,仅有 $1 \sim 5~\text{nm}$,有的甚至小于 1 nm。谱宽越窄,受光纤色散作用产生的脉冲展宽也就越小,故 LD 适用于大容量的光纤通信。

(2) 与光纤的耦合效率高

由于激光方向一致性好,发散角小,所以 LD 与光纤的耦合效率较高,一般用直接耦合方式就可达 20% 以上。如果采用适当的耦合措施可达 90%。由于耦合效率高,所以入纤光

功率比较大,故 LD 适用于长距离的光纤通信。

（3）阈值器件

LD 的发光特性曲线如图 3.1.34（a）所示。从图中可以看出,LD 是一个阈值器件,当 LD 中的工作电流低于其阈值电流 I_{th} 时,LD 仅能发出极微弱的非相干光（荧光）,这时 LD 中的谐振腔并未发生振荡。而当 LD 中的工作电流大于阈值电流 I_{th} 时,谐振腔中发生振荡,激发出大量的光子,于是发出功率大、谱线窄的激光。

由于 LD 是一个阈值器件,所以在实际使用时必须对之进行预偏置,即预先赋予 LD 一个偏置电流 I_b,其值略小于但接近于 LD 的阈值电流。当无信号输入时,它仅发出极其微弱的荧光。当有"1"码电信号输入时,LD 中的工作电流会大于其阈值电流,即工作在能发出激光的区域,发出功率很大的激光。

对 LD 进行预偏置有一个好处,即可以减少由于建立和阈值电流相对应的载流子密度所出现的时延,也就是说预偏置可以提高 LD 的调制速率,这也是 LD 能适用于大容量光纤通信的原因之一。

当然,LD 作为阈值器件也带来了应用方面的一些不便。它的缺点主要表现在如下几方面。

（1）温度特性较差

和 LED 相比,LD 的温度特性较差。这主要表现在其阈值电流随温度的上升而增加,如图 3.1.34（b）所示。

当温度从 20 ℃上升到 50 ℃时,LD 的阈值电流会增加 1～2 倍,这样会给使用者带来许多不便。因此,在一般情况下,LD 要加温度控制和制冷措施。

（2）线性度较差

LD 的发光功率随其工作电流的变化,并非是一种良好的线性对应关系。但这并不影响 LD 在数字光纤通信中的广泛应用,因为数字光纤通信对光源器件线性度并没有过高要求。

（3）工作寿命较短

由于 LD 中谐振腔反射镜面的不断损伤等原因,LD 的工作寿命较 LED 短,但目前也可达到 30 万小时以上。

对于 LD,当其阈值电流增大到其初始值的 2 倍以上时,便认为寿命终结。

由于 LD 具有发光谱线狭窄,与光纤的耦合效率高等显著优点,所以它被广泛应用在大容量、长距离的数字光纤通信之中。

3.2 光发送机

3.2.1 光发送机的基本组成

光发送机是光纤通信系统的重要组成部分,其作用是将电信号转化为光信号,并将生成的光信号注入光纤,图 3.2.1 给出了光发送机的基本组成方框图,它由光源、调制器和信道耦合器组成。半导体激光器或发光二极管由于其发光波长与光纤通信信道适配而用做光源。光信号是用电信号调制光载波产生的,半导体光源的输出可通过改变注入电流直接进行调制,这样输入信号就可直接施加在光源的驱动器上,结构简单。在某些场合,由于光源直接调制产生的啁啾影响通信系统性能,因此可采用外调制器将电信号调制到光载波上。

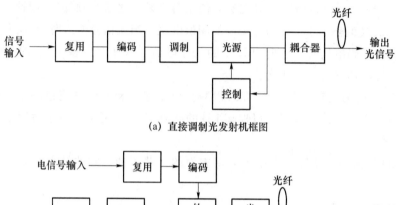

(a) 直接调制光发射机框图

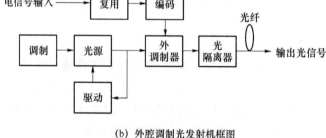

(b) 外腔调制光发射机框图

图 3.2.1　光数字发射机原理框图

3.2.2　光发送机的主要技术要求

1. 发送功率的要求

发送功率是光发送机的一个重要设计参数,因为它决定了允许的光纤损耗和通信距离,通常以 1 mW 为参考电平,以 dBm 为单位,定义为

$$P = 10\lg \frac{P(\text{mW})}{1(\text{mW})} \qquad (\text{dBm}) \qquad (3.2.1)$$

光纤通信系统对光发送机的一个主要技术要求就是要有稳定的光功率输出和一定的光功率。入纤功率要求为 0.01~5 mW(−20~7 dBm),而且环境温度变化及光源老化时,输出光功率应保持稳定,变化不超过 10%。因此,对于 LD 光源,电路中应有 APC(自动功率控制)电路,驱动电路中要有温度补偿元件。对发光二极管,虽然其温度特性较好,但发射功率相对比较低,通常小于−10 dBm。而且其调制能力亦受到限制,所以大多数高性能光波系统用半导体激光器作为光源。光发送机的比特率通常受电子学的限制,而不是受半导体激光器本身的限制,正确设计的光发送机能工作于高达 10~15 Gbit/s 的比特率。

2. 光谱特性的要求

光发送机的另一个重要参数是所用光源的光谱特性,CCITT 提出如下 3 种评估光谱特性的参数。

（1）最大均方根宽度 σ

对于像多纵模激光器和发光二极管这样的光能量比较分散的光源，采用 σ 来表征其光潜宽度，用以衡量光脉冲能量在频域的集中程度，其定义为

$$\sigma^2 = \int_{\lambda_1}^{\lambda_2} (\lambda - \lambda_0)2 \cdot P(\lambda)\mathrm{d}\lambda \Big/ \int_{\lambda_1}^{\lambda_2} P(\lambda)\mathrm{d}\lambda \tag{3.2.2}$$

式中，$P(\lambda)$ 为实测的光源光谱；λ_1 和 λ_2 是相对峰值功率跌落规定分贝数的波长；λ_0 是中心波长。σ^2 的具体值与规定跌落的分贝数有关，CCITT 建议以跌落 20 dB 计算。

（2）最大 20 dB 跌落宽度

对于单纵模激光器的光谱特性，能量主要集中在主模中，因而其光谱宽度是按主模中心波长的最大峰值功率跌落 20 dB 时的最大全宽来定义的，对于高斯型主模光谱，其 -20 dB 的全宽相当于 6.07σ，2.58 倍 3 dB 全宽，3 dB 全宽又称半高全宽（FWHM）。

（3）最小边模抑制比（SMSR）

单纵模激光器在动态调制时会出现多个纵模，只是边模的功率比主模小得多，为控制边模的模分配噪声，必须保证对边模有足够大的抑制比（SMSR）。SMSR 定义为最坏反射条件时，在全调制条件下，主纵模（M_1）的平均光功率与最显著的边模（M_2）的平均光功率之比的最低值

$$\mathrm{SMSR} = 10\lg(M_1/M_2) \tag{3.2.3}$$

CCITT 规定单纵模激光器的最小边模抑制比的值为 30 dBm，即主纵模功率至少要比边模大 1 000 倍以上。

3. 消光比的要求

消光比 $\mathrm{EXT} = P_0/P_1$，是指激光器在全"0"码时发送的功率与全"1"码时发送的功率之比。为防止因 EXT 过大造成接收机灵敏度下降，一般要求 $\mathrm{EXT} \leqslant 10\%$。

另外，输出光脉冲上升时间、下降时间和延迟时间应尽量短，尽量抑制弛豫振荡。高速调制时，输出光脉冲往往出现顶部的弛豫振荡，损坏了系统的性能，必须采取措施抑制。

3.2.3　光发送机设计

迄今为止，只集中讨论了光源的特性。虽然光源是光发送机的主要器件，但是它并不是唯一的器件，其他一些器件（如转变电数据流为光脉冲流的调制器，供给光源电流的驱动电路，以及把发射光信号耦合进光纤的耦合器等）也是构成光发射机所必不可少的。

1. 驱动电路

驱动电路的作用是提供电功率给光源并按照待发射的电信号调制光输出。

（1）LED 驱动电路

LED 的驱动电路相对来说要简单得多，图 3.2.2 和图 3.2.3 分别表示模拟和数字传输 LED 光驱动电路原理图。通常 LED 驱动电路没有自动功率和温度控制电路，但长波长 LED 有时容易受到温度变化的影响，所以需要增加热电制冷和偏流控制电路。模拟传输 LED 发射机类似于线性电压-电流转换器，可使用负反馈使驱动电流更线性。有时候在反馈环路中增加非线性补偿网络，用驱动电流传递函数补偿光源传递函数的非线性效应。对于 20 MHz 以上的高速光发射机，设计一个高速线性电流源要更困难一些，因此，常常使用

50 Ω的射频(RF)驱动放大器,与 LED 的阻抗匹配。

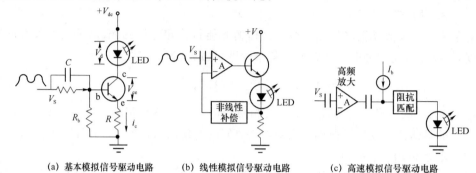

(a) 基本模拟信号驱动电路　　(b) 线性模拟信号驱动电路　　(c) 高速模拟信号驱动电路

图 3.2.2　模拟传输 LED 驱动电路

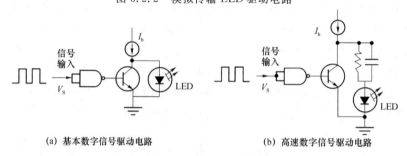

(a) 基本数字信号驱动电路　　　　　(b) 高速数字信号驱动电路

图 3.2.3　数字传输 LED 驱动电路

当用 LED 来发射数字信号时,光发射机可简单地看成一个电流开关。数字信号"1"对应于"开通"状态,此时电流被加到 LED 上,电流值的大小视要求的峰值光功率 P_t、P_k 而定。数字信号"0"对应于"关断"状态。图 3.2.4 表示由晶体管开关提供的一种电流切换开关,它适用于 10 Mbit/s 的低速系统。通常更快的驱动电路要求采用差分电流开关设计。图(a)、(b)是同一结构的电路,区别只是模拟信号对线性度要求高,所以用线性电流驱动电路见图(a),而数字信号输入时,用简单的电流开关即可,见图(b)。

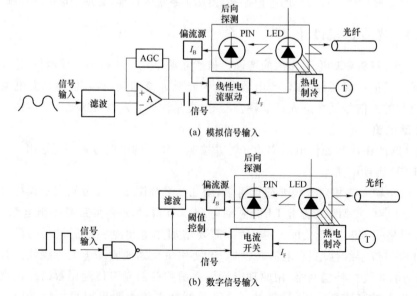

图 3.2.4　用反馈控制保持 LED 平均光功率恒定的光发射机驱动电路

例 3.2.1　如图 3.2.2(a)所表示的 LED 驱动电路,$V_{dc}=5\ V,R=45\ \Omega$,LED 正向偏置时,$V_{ce}=1.4\ V$。请问当晶体管导通时,要求多大的电流?

解　由图 3.2.2(a)可知

$$i_c R + V_{ce} + V_d = V_{dc}$$

所以

$$i_c = (+V_{dc} - V_{ce} - V_d)/R = (5 - 1.4 - 0.3)/45\ mA = 73\ mA$$

（2）LD 驱动电路

使用半导体激光器光源的高速光发射机要比 LED 光发射机电路复杂得多,半导体激光器偏置在接近阈值点,并用电信号调制。驱动电路的作用就是供给恒定的偏流以及已调制的电信号,同时采用自动功率和温度控制电路使平均光功率保持恒定。

图 3.2.5 表示通过反馈控制平均光功率的简单驱动电路。一个光电二极管监视激光器的输出并产生控制信号调整激光器的偏置电流。激光器的后解理面发射的光通常被用于这种监控目的。一些发射机有时使用前端 T 型分路器分出一小部分光功率给监控用的探测器。因为激光器阈值对工作温度很敏感,而且,由于半导体激光器在使用中逐渐退化,阈值电流也不断增加,所以偏流控制就显得特别重要。

图 3.2.5 表示驱动电路可动态调整其偏流,但保持调制电流不变。假如半导体激光器 P-I 曲线的斜率或微分量子率随着老化没有改变,这种控制方法是可行的。但半导体激光器 P-I 曲线的斜率通常随温度的增加而下降,因此常使用热电制冷器来稳定激光器的温度。另外一种方法是使用双环路反馈电路,既调整偏流也调整调制电流。

在驱动电路中使用的电子器件决定发射机可被调制的比特速率。对于比特速率超过 1 Gbit/s 的光发射机,晶体管和其他器件电寄生参数常常限制发射机的性能。使用激光器和驱动器集成在一起的单片集成电路可用来改进高速发射机的性能。

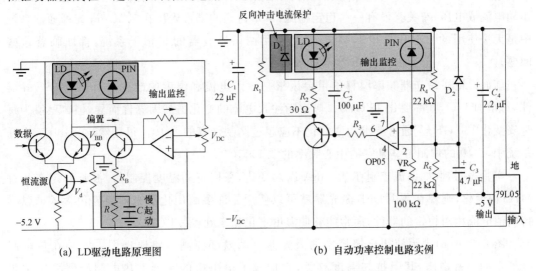

(a) LD驱动电路原理图　　　　　(b) 自动功率控制电路实例

图 3.2.5　用反馈控制保持 LD 平均光功率恒定的激光发射机驱动电路

（3）可靠性

光发射机应该能在相当长的时间内(约 10 年)可靠地工作。对于海底光缆系统,因为维修非常昂贵,可靠性要求更严格(通常要求在 25 年中非人为系统故障在 3 次以下)。至今,光发射机失效的主要原因是光源本身,通常用平均失效时间(MTTF,Mean Time to Failure)t_F 来度量激光器的寿命,它与平均失效概率的关系是

$$P_F = \exp(-t/t_F) \tag{3.2.4}$$

式中,t 表示使用时间。通常,光源的 t_F 应该超过 10^5 h(约 11 年)。

LED 和 LD 都有可能出现两种失效,一种是灾难性的突然损坏;另一种是随着使用时间的增加出现效率下降的渐衰弱过程。光源在出厂前都在高温和大注入电流下进行加速老化选择,在加速老化实验中,性能较差的光源会出现失效,而其他光源在最初的一段时间加速老化后性能稳定下来,可认为是寿命较长的光源,这样可以保证出厂的光源具有较长的平均失效时间。从老化实验前后使激光器具有相同的输出功率的注入电流差,可以估算出平均失效时间。

一般说来,在相同的工作条件下,LED 比 LD 具有更长的寿命,GaAs LED 的平均失效时间可以轻易超过 10^6 h,在 25 ℃工作条件下可以大于 10^7 h,InGaAsP LED 的平均失效时间更长,可以接近 10^9 h。相比之下,InGaAsP LD 的 MTTF 在 25 ℃时通常被限制在 10^6 h,尽管如此,MTTF$=10^6$ h 的 LD 也足可以用在设计使用时间为 25 年的海底光缆系统的光发射机中。由于高温下器件要发生加速失效,所以在发射机中一般应采用制冷器使光源在 25 ℃左右的恒温下工作,尽管此时环境温度可以超过 25 ℃。

虽然光源可靠性高,但在实际的系统中,假如光源和光纤的耦合逐渐变化,也可使发射机失效。在光发射机的可靠性设计中,耦合的稳定性是一个重要问题。

(4) 光频稳定及其控制

激光器或调谐滤波器的频率不仅与设计有关,而且也与外界的各种参数(如温度、振动、驱动电流或电压)有关。没有一些稳定措施,本章讨论的窄带光源在 $1.55\ \mu m$ 光纤通信系统中是无法使用的。不管是相干系统,还是使用调谐滤波器的非相干系统,都面临着这些问题。

前面讨论了激光器频率漂移的重要因素是注入电流和温度的改变。对于 $1.55\ \mu m$ 器件,每增加 1 ℃,频率变化 13 GHz。频率随注入电流的变化虽然因器件而异,但典型值为每毫安变化 130 GHz。通常要求频率变化不应超过调制带宽的 1/10。很显然,在 Gbit/s 光纤系统中,1/10 的调制带宽是它的中心频率的 2.5×10^{-7}。

实验表明,假如偏流控制在 0.1 mA 以内变化,采用自动温度控制后,波长稳定在几百 MHz 内变化,则现有商用 DFB 激光器就可以使用。许多商用化激光器组件包含了可以维持阈值电流相对恒定的器件,通常能够使温度变化稳定到<0.1℃。

图 3.2.6(a)表示使用反馈控制的激光器自动温度控制电路原理图。安装在热电制冷器上的热敏电阻,其阻抗与温度有关,它构成了电阻桥的一臂。热电制冷器采用珀尔帖效应产生制冷,它的制冷效果与施加的电流呈线性关系。图 3.2.6(b)表示制冷器的供电电路,为防止制冷器内部发热引起性能下降,在制冷器上加装面积足够大的散热片是必要的。

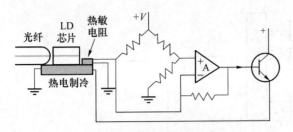

(a) 激光器的自动温度控制原理图

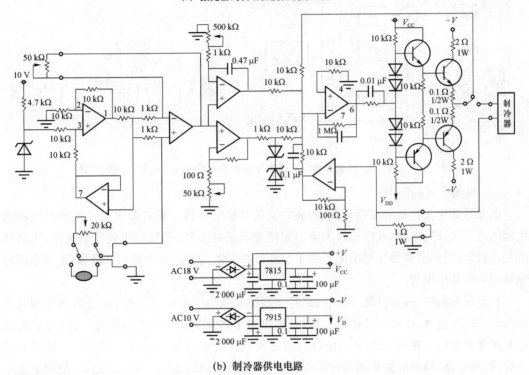

(b) 制冷器供电电路

图 3.2.6 激光器的自动温度控制电路

在多信道光纤通信系统中,不仅要使每一个信道的载波频率稳定,而且应保持各载波频率相对稳定,以使信道间隔恒定。一种使 WDM 系统各信道波长(频率)稳定的方法是使用马赫-曾德尔光滤波器作为频率基准的控制法。控制过程如下:预先通过控制 LD 芯片的温度和偏流使各信道激光器的频率锁定在预先规定值,通过一个耦合器把复用信号的一部分光反馈到频率稳定电路,如图 3.2.7 所示。使用马赫-曾德尔滤波器(MZF)作为频率基准,该 MZF 透射率曲线的峰到谷的频率间距为 100 GHz。使各信道的光频正好与 MZF 的透射率曲线峰、谷值频率一致。用加到热光电极上的 200 Hz 的正弦信号去调制偏流,使 MZF 的中心频率以 200 Hz 的周期抖动。经 MZF 后的信号被光解复用器解复用,然后解复用后的每路光信号被 200 Hz 的抖动信号同步接收。低通滤波器的输出与 MZF 的峰或谷值频率的失谐一致,它也与光发射机的频率漂移引起的误差信号一致。因此,各信道的频率被控制在相邻信道间距为 100 GHz 上。绝对频率由 MZF 透射率曲线的峰值频率所确定。这种方法的特点是每个激光器的频率波动总是被监视和控制。

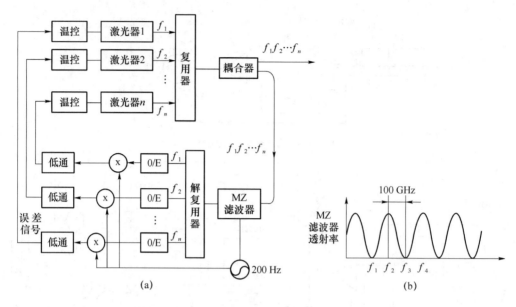

图 3.2.7 用马赫-曾德尔光滤波器作为频率基准对激光器的波长进行控制

（5）对激光器的保护

激光器是光发送机的主要器件,然而它又是易损坏器件。同时要求在一定的温度和电流范围内工作,结温过高或电流过大都不能使光源正常工作,轻则减少光源的寿命,重则使激光器损坏,因此必须加保护措施。关于温度保护可采用前述半导体制冷措施,本节介绍对光源的一些其他保护。

在光发射机中,偏置电路、反馈电路等一般都是共用一组电源。为了防止接通电源时光源电流的瞬态过冲,往往先让调制电路、反馈控制电路及运算放大器等接通,而偏置电流 I_b 却是缓慢增加的。在图 3.2.5(a)中,RC 组成时延为 $1\sim10$ ms 的低通滤波器,在接通电源之后,控制电路、调制电路达到稳定工作之前,偏置缓慢启动,经 $1\sim10$ ms 之后,偏置电流才达到稳定值,防止了接通电源瞬间冲击电流对光源的损伤,这是对光源的慢启动保护。

图 3.2.8 是另一种慢启动电路,电源接通几毫秒后,才给激光器供电。同样,关闭电源几毫秒后,供给激光器的电压才断开。

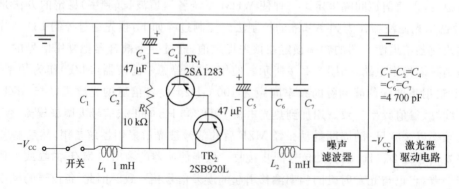

图 3.2.8 激光器慢启动保护电路

　　图 3.2.9 表示 LD 的过流保护电路。在图 3.2.9(a)中,正常情况下,三极管不导通,对 LD 无影响;当 LD 电流过大时,电阻 R 上的压降增大,三极管导通,分流一部分电流,保护 LD 不致损坏。图 3.2.9(b)表示为用电压比较器来监视流过激光器的电流。当流过光源的电流过大时,R 上压降超过一定值时,电压比较器输出一低电压,使电流开关的电流重新分配,流过激光器的电流减小。

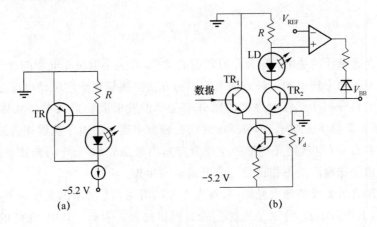

图 3.2.9　LD 的过流保护电路

　　为了防止光源受到反向冲击电流或电压的破坏,一般在 LD 上并联一只肖特基二极管,在图 3.2.5(b)中,D_1 就是起反向冲击电流保护的作用。因为肖特基二极管的结电容小,反向恢复时间短,故不影响光源的高速工作。当反向冲击电流(或电压)出现时,肖特基二极管 D 迅速导通泄放,从而保护了电源。

　　焊接和静电保护也是需要注意的问题。激光器组件在印制板上焊接时,电烙铁要断电,且不得在 260 ℃ 的温度下超过 10 s。

　　人体感应的静电电压有时很高,如果这时触摸激光器的电极,就有可能损伤激光器,甚至使激光器击穿。为了防止静电损伤激光器,人体应先放掉静电,再拿取激光器。有条件时,最好在静电工作台上操作。

3.3　光源与光纤的耦合

　　在光纤线路耦合的实施过程中,存在着两个主要的系统问题:即如何从多种类型的发光光源将光功率发射进一根特定的光纤,以及如何将光功率从一根光纤耦合进另外一根光纤。光纤与光纤的耦合连接问题将在介绍光纤活动连接器时具体阐述,这里重点讨论将光源发射的光功率耦合进入光纤的问题,它也是光发送机的基本任务之一。

　　在实际应用中,许多光源供应商提供的光源都附有一小段长度(1 m 或更短)的光纤,即光源供应商在出售光源之前已经将其与光纤的耦合调整好并加以固定,以便使其连接总是处于最佳功率耦合状态。这一段短光纤通常称为“跳线”或“尾纤”。因此,对于这些带有尾纤的光源的发射问题就可以简化为一个更简单的形式,即从一根光纤到另一根光纤的光功率耦合问题。

3.3.1 光源与光纤耦合效率的计算

实际光发送机中,光源与光纤耦合的有效程度都用耦合效率或耦合损耗来表示,耦合效率 η 的定义为

$$\eta = P_F/P_s \qquad (3.3.1)$$

式中,P_F 为耦合进光纤的功率,P_s 为光源发射的功率,其大小取决于光源与光纤的类型。

测量发光光源功率输出的一种方便而有用的办法是测量在给定驱动电流下光源辐射强度(或称亮度)的角分布 B。辐射强度的角分布是单位发射面积射入单位立体角内的光功率,并且通常根据单位平方厘米、单位球面度的瓦特数来度量。由于能够耦合进光纤的光功率取决于辐射角分布(也就是光功率的空间分布),当考虑光源-光纤耦合效率时,光源的辐射角分布与光源全部输出功率相比是一个更重要的参数。

为了计算耦合进光纤的最大光功率,首先考虑如图 3.3.1 所示的亮度为 $B(A_s, \Omega_s)$ 的对称光源的情况,其中,A_s、Ω_s 分别是光源上的面积和发射立体角。其中,光纤的端面在光源发射面中心之上并且其位置尽可能地靠近光源。耦合功率可以用下面的关系式计算:

$$P = \int_{A_f} dA_s \int_{\Omega_f} d\Omega_s B(A_s, \Omega_s) = \int_0^{r_m} \int_0^{2\pi} \left[\int_0^{2\pi} \int_0^{\theta_{0,max}} B(\theta, \phi) \sin\theta d\theta d\phi \right] d\theta_s r dr \quad (3.3.2)$$

式中,光纤的端面和容许的立体接收角定义了积分的上下限。在这个表达式中,首先将处于发射面上一个单独的辐射点光源的辐射角分布函数 $B(\theta, \phi)$ 在光纤所允许的立体接收角上进行积分,这一积分就是括号内的表达式,其中 $\theta_{0,max}$ 是光纤的最大接收角,它与数值孔径 NA 有关。总的耦合功率可以通过计算面积为 $d\theta_s r dr$ 的每一个单独发射元所发射的光功率总和来决定,也就是在发射面积上进行积分。为了简化起见,这里将发射面视为圆形的。如果光源的半径 r_s 小于光纤的纤芯半径 a,那么积分上限 $r_m = r_s$,如果光源面积大于纤芯的面积,则有 $r_m = a$。

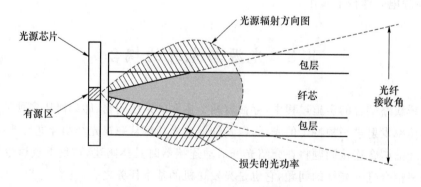

图 3.3.1 光源耦合进光纤示意图

作为一个例子,假设一个面发射的 LED,其半径 r_s 小于纤芯的半径 a,由于这是一个朗伯光源,$B(\theta, \phi) = B_0 \cos\theta$,代入式(3.3.2)可得

$$P = \int_0^{r_s} \int_0^{2\pi} \left[2\pi B_0 \int_0^{\theta_{0,\max}} \sin\theta \cos\theta \mathrm{d}\theta \right] \mathrm{d}\theta_s r \mathrm{d}r$$

$$= \pi B_0 \int_0^{r_s} \int_0^{2\pi} \sin^2\theta_{0,\max} \mathrm{d}\theta_s r \mathrm{d}r$$

$$= \pi B_0 \int_0^{r_s} \int_0^{2\pi} \mathrm{NA}^2 \mathrm{d}\theta_s r \mathrm{d}r \tag{3.3.3}$$

对于阶跃折射率光纤,其数值孔径与光纤头端面的 θ_s 和 r 无关,因此式(3.3.3)变为(当 $r_s < a$ 时)

$$P_{\mathrm{LED,step}} = \pi^2 r_s^2 B_0 (\mathrm{NA})^2 \approx 2\pi^2 r_s^2 B_0 n_1^2 \Delta \tag{3.3.4}$$

现在考虑从面积为 A_s 的光源发射到半球(2π sr)中的全部光功率 P_s,可由下式给出:

$$P_s = A_s \int_0^{2\pi} \int_0^{\pi/2} B(\theta, \phi) \sin\theta \mathrm{d}\theta \mathrm{d}\phi$$

$$= \pi r_s^2 2\pi B_0 \int_0^{\pi/2} \cos\theta \sin\theta \mathrm{d}\theta = \pi^2 r_s^2 B_0 \tag{3.3.5}$$

因此,可以将式(3.3.4)表示为 P_s 的函数,即

$$P_{\mathrm{LED,step}} = P_s (\mathrm{NA})^2, \quad r_s \leqslant a \tag{3.3.6}$$

当发射区的半径大于纤芯的半径 a 时,式(3.3.6)则变为下式:

$$P_{\mathrm{LED,step}} = \left(\frac{a}{r_s} \right)^2 P_s (\mathrm{NA})^2, \quad r_s > a \tag{3.3.7}$$

例 3.3.1　考虑一个 LED,有一个半径为 35 μm 的圆形发射区,并且在给定的驱动电流下,朗伯辐射方向图的轴向辐射强度为 150 W/(cm² · sr)。比较耦合进两根阶跃折射率光纤中的光功率,其中一根光纤纤芯半径为 25 μm,NA = 0.20,而另一根光纤纤芯半径为 50 μm,NA = 0.20。对于更大芯径的光纤,可以使用式(3.3.6)和式(3.3.7)得到下式:

$$P_{\mathrm{LED,step}} = P_s (\mathrm{NA})^2 = \pi^2 r_s^2 B_0 (\mathrm{NA})^2 = 0.725 \text{ mW}$$

对于光纤端面面积小于光源发射面面积的情况,可以利用式(3.3.7)来计算,计算出的耦合功率小于上面的情况,功率比值为半径比值的平方,即

$$P_{\mathrm{LED,step}} = \left(\frac{25 \ \mu\mathrm{m}}{35 \ \mu\mathrm{m}} \right)^2 P_s (\mathrm{NA})^2 = 0.37 \text{ mW}$$

对于渐变折射率光纤的情况,光纤上某点的数值孔径与该点到光纤轴的距离 r 有关。于是,利用渐变折射率光纤数值孔径的表达式,从面发射 LED 耦合进渐变折射率光纤的功率可表示为(当 $r_s < a$ 时)

$$P_{\mathrm{LED,graded}} = 2\pi^2 B_0 \int_0^{r_s} [n^2(r) - n_2^2] r \mathrm{d}r$$

$$= 2\pi^2 r_s^2 B_0 n_1^2 \Delta \left[1 - \frac{2}{\alpha + 2} \left(\frac{r_s}{a} \right)^2 \right]$$

$$= 2 P_s n_1^2 \Delta \left[1 - \frac{2}{\alpha + 2} \left(\frac{r_s}{a} \right)^2 \right] \tag{3.3.8}$$

式中最后的表达式可由式(3.3.6)得到。

采用以计算机为基础的分析方法,并使用傅里叶变换方法来代替以上表达式中的数字积分,可以快速计算从 LED 耦合进大芯径光纤的光功率。而且,前面的分析是假定光源和

光纤之间的耦合为理想情况,只有当光源和光纤端面之间介质的折射率 n 与纤芯的折射率 n_1 完全匹配时才可以获得这种情况。如果 n 不同于 n_1,那么,对于垂直的光纤端面,耦合进光纤的功率将降低一个因子大小:

$$R = \left(\frac{n_1 - n}{n_1 + n}\right)^2 \tag{3.3.9}$$

式中,R 是菲涅耳反射系数或光纤纤芯端面的反射率。比率 $r = (n_1 - n)/(n_1 + n)$ 称为反射系数,它确定了反射波的幅度与入射波的幅度之间的关系。

例 3.3.2 一个折射率为 3.6 的 GaAs 光源耦合进折射率为 1.48 的石英光纤中,如果光纤端面和光源在物理上紧密相接,于是由式(3.3.9),在光源和光纤头端的分界面上,菲涅耳反射可以使用下式来表示:

$$R = \left(\frac{n_1 - n}{n_1 + n}\right)^2 = \left(\frac{3.6 - 1.48}{3.6 + 1.48}\right)^2 = 0.174$$

这相当于 17.4% 的发射光功率反射回光源,与这一 R 值相应的耦合功率由下式给定:

$$P_{coupled} = (1 - R)P_{emitted}$$

使用分贝表示的功率损耗 L 可由下式得到:

$$L = -10\lg\left(\frac{P_{coupled}}{P_{emitted}}\right) = -10\lg(1 - R) = -10\lg(0.826) = 0.83 \text{ dB}$$

这个数值有可能因在光源和光纤端面之间存在折射率匹配材料而减小。

边发光 LED 注入光纤的光功率,由于存在着非圆柱形对称的功率分布,所以其耦合功率的计算更为复杂。

在光纤应用的早期,发光二极管仅应用在多模光纤系统中。然而,约在 1985 年,研究人员发现,边发光的发光二极管能将足够的光功率耦合进单模光纤中,并以高达 560 Mbit/s 的速率将数据传输几千米。人们之所以对此感兴趣,是由于发光二极管的成本低以及稳定性好于半导体激光器。边发光的 LED 在这些场合得到了应用,因为它在垂直于结平面的方向上有类似于激光器的输出方向图。

因为光纤的单模特性,所以 LED 与单模光纤间耦合的精确计算必须使用电磁理论公式而不是几何光学公式。然而,利用电磁理论对从一个边发光 LED 到一根单模光纤的耦合问题进行的分析,也可以使用几何光学观点进行解释,包括定义单模光纤的数值孔径。几何光学分析的结果与实验测量相一致,而且与更精确的理论结果吻合得非常好。

这里来考虑以下两种情况:①LED 直接耦合进单模光纤中;②从一根连在 LED 上的多模尾纤耦合进单模光纤中。通常,边发光的 LED 在平行于和垂直于结平面的方向上存在着高斯近场输出,其 $1/e^2$ 全宽分别约为 0.9 μm 和 22 μm。远场方向图在垂直方向上十分接近于 $\cos^7 \theta$,而在平行方向上则近似按 $\cos \theta$ 变化(朗伯光源)。

对于一个具有圆形非对称辐射强度为 $B(A_s, \Omega_s)$ 的光源,式(3.3.6)通常不能分成来自平行和垂直两个方向的作用。然而,通过近似计算得出式(3.3.6)中各个分量的单独作用,就好像每个分量都具有圆对称分布一样,然后再求其几何平均值,可以计算出总的耦合效率。定义 x 为平行方向,y 为垂直方向,τ_x、τ_y 分别为 x、y 方向上的功率传输因子(方向耦合效率),于是能从下面的关系式计算出 LED 到光纤的最大耦合效率 η:

$$\eta = P_{in}/P_s = \tau_x \tau_y \tag{3.3.10}$$

式中，P_{in} 是耦合进光纤的光功率，P_s 是光源的总输出功率。

使用小角度近似，首先在光纤的有效立体接收角上积分，得到 πNA_{SM}^2，这里由几何光学定义的光纤数值孔径 $NA_{SM} = 0.11$。假定光源的输出为高斯分布，然后将 LED 与纤芯半径为 a 的单模光纤对接耦合，那么在 y 方向上的耦合效率则为

$$\tau_y = \left(\frac{P_{in,y}}{P_s}\right)^{1/2} = \left[\frac{\int_0^{2\pi}\int_0^a B_0 e^{-2r^2/\omega_y^2} r\, dr\, d\theta_s \pi NA_{SM}^2}{\int_0^{2\pi}\int_0^{\infty} B_0 e^{-2r^2/\omega_y^2} y\, dy\, d\theta_s \int_0^{2\pi}\int_0^{\pi/2}\cos^7\theta\sin\theta\, d\theta\, d\phi}\right]^{1/2} \tag{3.3.11}$$

式中，$P_{in,y}$ 是从 y 方向的光源输出耦合进光纤的光功率，它有一个 $1/e^2$ 的 LED 强度半径 ω_y，对于 τ_x，可以得到一个类似的积分。令 $a = 4.5$，$\omega_x = 10.8\ \mu m$，$\omega_y = 0.47\ \mu m$，可以计算出 $\tau_x = -12.2\ dB$ 和 $\tau_y = -6.6\ dB$，由此可以得到总的耦合效率 $\eta = -18.8\ dB$。作为一个例子，如果一个 LED 发射功率为 $200\ \mu W(-7\ dBm)$，那么其中仅有 $2.6\ \mu W(-25.8\ dBm)$ 耦合进单模光纤。

当一根 $1 \sim 2\ m$ 多模光纤尾纤连接到边发光 LED 时，多模光纤的近场剖面与 LED 有同样的不对称性。在这种情况下，可以假设多模光纤的输出是简单的高斯分布，且沿 x、y 方向上分别有不同的波束宽度。采用类似的耦合分析，假设有效波束宽度 $\omega_x = 19.6\ \mu m$，$\omega_y = 10\ \mu m$，则方向耦合效率 $\tau_x = -7.8\ dB$ 和 $\tau_y = -5.2\ dB$，总的耦合效率 $\eta = -13\ dB$。

激光二极管 LD 与光纤耦合的情况与边发光 LED 的情况相似，这里就不再详细阐述。

3.3.2　影响光源与光纤耦合效率的主要因素及提高耦合效率的方法

影响光源与光纤耦合效率的主要因素是光源的发散角和光纤的数值孔径（NA）。发散角大，耦合效率低；NA 大，耦合效率高。此外，光源发光面、光纤端面尺寸和形状及二者的间距也都直接影响耦合效率。针对不同的情况和要求，通常采用两类方法来实现光源与光纤的耦合，即直接耦合法和透镜耦合法。直接耦合也称为对接耦合，就是把光纤端面直接对准光源发光面。当发光面大于纤芯面积时，这是一种有效的方法，其结构简单，但耦合效率低，如面发光二极管与光纤的耦合效率只有 $2\% \sim 4\%$。半导体激光器的光束发散角要比面发光二极管小得多，与光纤直接耦合效率要高得多，但也仅在 10% 左右。

在光源面积小于纤芯面积的情况下，为了提高耦合效率，可在光源与光纤之间放置透镜，使更多的发散光线汇聚进入光纤来提高耦合效率。采用透镜耦合后，面发光二极管与光纤的耦合效率达到 $6\% \sim 15\%$。

边发光二极管和半导体激光器的发光面尺寸要比面发光二极管小得多，发散角也小。因此，与同样数值孔径的光纤耦合效率也比面发光二极管高。但它们的发散角是非对称的，它们的远场和近场都是椭圆的，可以用圆柱透镜来降低这种非对称性。如图 3.3.2(a) 所示，可以缩小发散角大的方向的光束发散角。这种圆柱透镜通常是一段玻璃光纤，垂直放置于发光面与传输光纤之间。采用这种方法可使半导体激光器耦合效率提高到 30%。在图 (b) 中，在圆柱透镜后又加了个球面透镜，以进一步降低光束发散角。图 (c) 则利用大数值孔径的自聚焦透镜 GRIN 来代替柱透镜，或者在柱透镜后面再加 GRIN 透镜，由于 GRIN 透

镜的聚焦作用极好,耦合效率可提高到 60%,甚至更高。

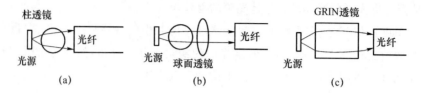

图 3.3.2　光源与光纤的透镜耦合

由于单模光纤的芯径很小,单模光纤和半导体激光器的耦合也更加困难。对于输出光束不对称的半导体激光器与单模光纤的耦合采用两种方式:即在纤芯端面集成微透镜或在发光面与光纤间接入聚焦透镜。

需要指出的是,在光发送机的设计中,必须考虑激光器的稳定性问题,因为半导体激光器对光反馈极其敏感,很容易破坏激光器的稳定性,影响系统性能,因此需采取抗反馈措施。大多数光发送机中,采用在激光器与光纤间接入光隔离器的方法,达到提高系统性能的要求。

小　　结

1. 光纤通信用光源

光纤通信中最常用的光源是半导体激光二极管(LD)和发光二极管(LED),尤其是单纵模(或单频)半导体激光器,在高速率、大容量的数字光纤系统中得到广泛应用。

按照光辐射和吸收的量子理论,光与物质原子共振相互作用有 3 种基本过程,即光的自发辐射、受激辐射和受激吸收。对于一个包含着大量原子的物质体系,这 3 种过程是同时存在而又不可分开的。发光的物质在不同的情况下,这 3 种过程所占的比例不同。自发辐射和受激辐射为物质发光过程的物理解释奠定了理论基础。

常用的半导体材料都是典型的共价键晶体,晶体的能级谱在原子能级的基础上按共有化运动的不同分裂成若干组,组成有一定宽度的能带。原子的电离以及电子与空穴的复合发光等过程,主要发生在价带和导带之间。制作半导体光源的材料必须是"直接带隙"的半导体材料。

对于兼并型 P 型半导体和兼并型 N 型半导体形成的 PN 结,当注入电流(或正向电压)加大到某一值后,准费米能级$(E_f)_c$ 和$(E_f)_v$ 的能量间隔大于禁带宽度,PN 结里出现一个增益区(也叫有源区),在$(E_f)_c$ 和$(E_f)_v$ 之间,价带主要由空穴占据,而导带主要由电子占据,即实现了粒子数反转。

发光二极管(LED)是用直接带隙的半导体材料制作的正向偏置的 PN 结二极管,电子-空穴对在耗尽区辐射复合发光,属于自发辐射发光,所发出的非相干光具有较宽的光谱宽度和较大的发散角,其原理和构造都比较简单,是低速、短距离光波系统中常用的光源。

半导体激光二极管(LD)的基本原理和构造与发光二极管相近,但是 LD 所发出的光是相干光,属于受激辐射发光,所发出的激光束更适合于光纤通信应用,是光纤通信系统中最常用的光源,被广泛应用在大容量、长距离的数字光纤通信之中。

2. 光发送机

光发送机是光纤通信系统的重要组成部分,其作用是将电信号转化为光形式,并将生成的光信号注入光纤,它由光源、调制器和信道耦合器组成。

光纤通信系统对光发送机的主要技术要求:一是要有稳定的光功率输出和一定的光功率,而且环境温度变化及光源老化时,输出光功率应保持稳定;二是所用光源的光谱特性要好,光谱宽度要尽量窄;三是消光比一般要求小于 10%,以免造成接收机灵敏度下降。另外,高速调制时,输出光脉冲往往出现顶部的弛豫振荡,降低系统的性能,必须采取措施尽量抑制弛豫振荡。

光源是光发送机的主要器件,但是其他一些器件(如转变电数据流为光脉冲流的调制器,供给光源电流的驱动电路,以及把发射光信号耦合进光纤的耦合器等)也是构成光发射机所必不可少的,在光发射机设计中必须考虑。另外,光发射机的可靠性、输出光频率和功率的稳定控制以及对激光光源等易损坏器件的保护,也是设计光发射机时要考虑的因素。

3. 光源与光纤的耦合

实际光发送机中,光源与光纤耦合的有效程度都用耦合效率或耦合损耗来表示,耦合效率 η 的定义为耦合进光纤的功率与光源发射的功率的比值。

影响光源与光纤耦合效率的主要因素是光源的发散角和光纤的数值孔径(NA)。发散角大,耦合效率低;NA 大,耦合效率高。此外,光源发光面、光纤端面尺寸和形状及二者的间距也都直接影响耦合效率。针对不同的情况和要求,通常采用两类方法来实现光源与光纤的耦合,即直接耦合法和透镜耦合法。

思考与练习

3-1　简述半导体发光机理。

3-2　自发辐射的光有什么特点?

3-3　受激发射的光有什么特点?

3-4　怎样才可能实现光放大?

3-5　说出产生激光的过程。

3-6　激光器起振的阈值条件是什么?

3-7　激光器起振的相位条件是什么?

3-8　光学谐振腔存在哪些损耗?

3-9　实际使用中为什么总是用热电制冷器对激光器进行冷却和温度控制?

3-10　半导体激光器的基本特性是什么?

3-11　简述 DFB 激光器的工作原理。

3-12　简述波长可调谐激光器的工作原理。

3-13　简述 VCSEL 激光器的工作原理。

3-14　LED 和 LD 的主要区别是什么?

3-15　给 LED 加 2 V 电压,有 100 mA 电流通过它,可产生 2 mW 的光功率,电功率转换成光功率的效率是多少?

3-16　LD 发射波长 1 310 nm,光纤零色散波长 1 300 nm,线宽 1.5 nm,温度增加将引起输出波长增加,假如温度对 LD 发射波长的影响是 0.5 nm/℃,计算温度增加 10 ℃后,引起 3 dB 光带宽下降了多少? 假定材料色散是主要的。

3-17　计算波长为 1.3 μm 的 InGaAsP DFB 激光器发生一阶衍射和二阶衍射的光栅节距。

3-18　画出 3 dB 电带宽(MHz)和上升时间的关系曲线,上升时间范围为 1~250 ns。

第4章

光检测器与光接收机

光接收机是光纤通信系统的重要组成部分,其作用是将光信号转换回电信号,恢复光载波所携带的原信号。光接收机通常由光检测器、前置放大器、主放大器和滤波器等组成,在数字光接收机中,还要增加判决、时钟提取和自动增益控制(AGC)等电路。在光接收机中,首先由光电检测器(光电二极管或雪崩光电二极管)对光信号进行解调,将光信号转换为电信号。光电检测器的输出电流信号很小,必须由低噪声前置放大器进行放大。光电检测器和前置放大器构成光接收机前端,其性能是决定接收灵敏度的主要因素。主放大器与均衡滤波器构成接收机的线性通道,对信号进行高增益放大与整形,提高信噪比,减少误码率。判决器和时钟恢复电路对信号进行再生。如果在发送端进行了线路编码,在接收端则应有相应的译码电路。光接收机性能优劣的主要技术标志是接收灵敏度、误码率或信噪比、带宽和动态范围。降低输入端噪声、提高灵敏度、降低误码率是光接收机理论的中心问题。

本章首先介绍光检测器的原理、结构和特性,然后讨论接收机主要组成部分的电路与特性,在此基础上详细讨论接收机的噪声和灵敏度及降低噪声和提高灵敏度的方法。

4.1 光检测器

发射机发射的光信号经光纤传输后,不仅幅度衰减了,而且脉冲波形也展宽了。光接收机的作用就是检测经过传输后的微弱光信号,并放大、整形、再生成原输入信号。它的主要器件是利用光电效应把光信号转变为电信号的光电检测器。对光电检测器的要求是灵敏度高、响应快、噪声小、成本低和可靠性高,并且它的光敏面应与光纤芯径匹配。用半导体材料制成的光电检测器正好满足这些要求。

4.1.1 光电探测原理

当光入射到某些半导体上时,光子(或者说电磁波)与物质中的微粒产生相互作用,引起物质的光电效应和光热效应。这种效应实现了能量的转换,把光辐射的能量变成了其他形式的能量,光辐射所带有的信息也变成了其他能量形式(电、热等)的信息。通过对这些信息(如电信息、热信息等)进行检测,也就实现了对光辐射的探测。

凡是能把光辐射能量转换成一种便于测量的物理量的器件,都称为光检测器。从近代测量技术来看,电量的测量不仅是最方便,而且是最精确的。所以,大多数光检测器都是直接或间接地把光辐射能量转换成电量来实现对光辐射的探测。这种把光辐射能量转换为电量(电流或电压)来测量的探测器称为光电检测器。

光电探测的物理效应可以分为三大类:光电效应、光热效应和波相互作用效应,并以光电效应应用最为广泛。

光电效应是入射光的光子与物质中的电子相互作用并产生载流子的效应。事实上,此处所指的光电效应是一种光子效应,也就是单个光子的性质对产生的光电子直接作用的一类光电效应。光电效应类探测器吸收光子后,直接引起原子或分子内部电子状态的改变,即光子能量的大小直接影响内部电子状态改变的大小。前面已对光电检测过程的基本机理——受激光吸收——作了简要介绍。假如入射光子的能量 $h\nu$ 超过半导体材料的禁带能量 E_g,只有几微米宽的半导体材料每次吸收一个光子,将产生一个电子-空穴对,发生受激吸收,如图 4.1.1 所示。在受激吸收过程生成的电子-空穴对在外加电场的作用下,空穴和从负电极进入的电子复合,电子则离开 N 区进入正电极,从而在外电路形成光生电流 I_p。当入射光功率变化时,光生电流也随之线性变化,从而把光信号转变成电流信号。光生电流 I_p 与产生的电子-空穴对和这些载流子运动的速度有关,也就是说,直接与入射光功率 P_{in} 成正比,即

$$I_p = RP_{in} \tag{4.1.1}$$

式中,R 是光电检测器响应度(用 A/W 表示)。由此式可以得到

$$R = I_p/P_{in} \tag{4.1.2}$$

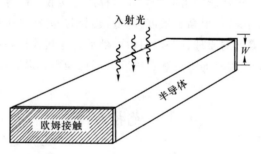

图 4.1.1　光电检测原理说明

入射光中含有大量光子,能转换为光电流的光子数与入射总光子数之比定义为量子效率,可表示为

$$\eta = \frac{I_p/q}{P_{in}/h\nu} \tag{4.1.3}$$

式中,$q = 1.6 \times 10^{-19}$ C 是电子电荷,$h = 6.63 \times 10^{-34}$ J·s 是普朗克常量,ν 是入射光频率。

由式(4.1.2)、式(4.1.3)可以得到响应度,即响应度 R 可用量子效率表示为

$$R = I_p/P_{in} = \eta q/h\nu = \eta\lambda/1.24 \tag{4.1.4}$$

式中,$\lambda = c/\nu$ 是入射光波长,用微米表示,$c = 3 \times 10^8$ m/s 是真空中光速。式(4.1.4)表示光电检测器响应度随波长而增加,这是因为光子能量 $h\nu$ 减小时可以产生与减少的能量相等的电流。R 和 λ 的这种线性关系不能一直保持下去,因为光子能量太小时将不能产生电子。当光子能量变得比禁带能量 E_g 小时,无论入射光多强,光电效应也不会发生,此时量子效率 η 下降到零,也就是说,光电效应必须满足条件

$$h\nu > E_g \text{ 或 } \lambda < hc/E_g \tag{4.1.5}$$

光纤通信中最常用的光电检测器是 PD 和 PIN 光电二极管以及雪崩光电二极管 (APD)。现分别介绍如下。

4.1.2 PD 和 PIN 光电二极管

1. 工作原理

光电二极管(PD)是一个工作在反向偏压下的 PN 结二极管。PD 的结构如图 4.1.2 所示,入射光从 P 侧进入后,不仅在耗尽区域被吸收,在耗尽区外也被吸收。在耗尽区光吸收,产生的电子-空穴对在内建场作用下分别向左右两侧运动,产生了光电流,其值为 $I_p = RP_{in}$。由光功率输入转换为光电流输出有一时间延迟,其值主要决定了载流子通过耗尽区的渡越时间 τ_{tr},并有 $\tau_{tr} = W/v_s$,W 为耗尽区宽度,v_s 为平均漂移速度,典型值为 $W = 10\ \mu m$,$v_s = 10^7\ cm/s$,则 $\tau_{tr} = 100\ ps$。因而 PD 能检测 1 Gbit/s 的数字光脉冲。光波系统应用要求光照射产生光电流的响应时间愈短愈好。

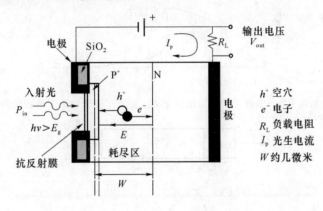

图 4.1.2 PN 结光电二极管

PD 的限制因素是在产生的光电流中存在扩散分量,它与耗尽区外的光吸收有关。例如,在 P 区产生的电子漂移到 N 区以后先扩散到耗尽区边界,在 N 区产生的空穴也扩散到耗尽区边界,扩散运动比漂移运动慢得多,这部分载流子作扩散运动的时延将使检测器输出电流脉冲后沿的拖尾加长,影响光电二极管的响应速度。如图 4.1.3 所示,扩散分量的存在将导致光电二极管瞬态响应的失真。实际上,扩散对光电二极管响应影响的重要程度与比特率有关,当光脉冲宽度远短于扩散时间时,扩散的影响可以忽略。缩短 P 区和 N 区的宽度,增加耗尽区的宽度,使大部分入射光功率在耗尽区吸收,也可降低扩散的影响。

另外,简单的 PD 还有两个主要缺点。首先,它的结电容或耗尽区电容较大,RC 时间常数较大,不利于高频调制;其次,它的耗尽层宽度最大也只有几微米,此时长波长的穿透深度比耗尽层宽度 W 还大,所以大多数光子没有被耗尽层吸收,而是进入不能将电子-空穴对分开的电场为零的 N 区,因此长波长的量子效率很低。为了克服以上问题,人们采用 PIN 光电二极管。

PIN 光电二极管与 PD 的主要区别是,在 P^+ 和 N^- 之间加入一个在 Si 中掺杂较少的 I 层,作为耗尽层,如图 4.1.4 所示。I 层的宽度较宽,有 $5\sim50\ \mu m$,可吸收绝大多数光子。

PIN 光电二极管 PN 结的电容是

$$C_d = \frac{\varepsilon_0 \varepsilon_r A}{W} \tag{4.1.6}$$

式中，A 是耗尽层的截面，$\varepsilon_0 \varepsilon_r$ 是半导体材料的介电常数。宽度 W 是由结构所决定的，不像 PD 那样由施加的电压所决定。PIN 光电二极管结电容 C 通常为 pF 数量级，对于 50 Ω 的负载电阻，RC 时间常数为 50 ps。

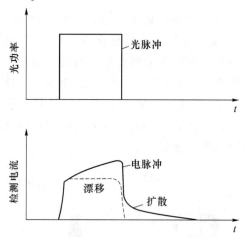

图 4.1.3   考虑漂移和扩散运动时 PN 结光电二极管对矩形脉冲的响应

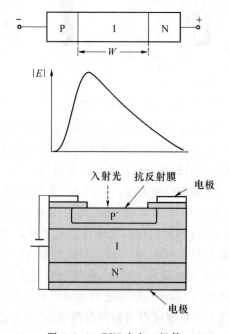

图 4.1.4   PIN 光电二极管

  PIN 光电二极管的响应时间由光生载流子穿越耗尽层的宽度 W 所决定。增加 W 可使更多的光子被吸收，从而增加量子效率，但是随着载流子穿越 W 的时间增加，响应速度变慢。为了减小漂移时间，可增加施加的电压。

2. 光电二极管的响应波长

  由光电效应发生的条件式(4.1.5)可知，对任何一种材料制作的光电二极管，都有上截

止波长,定义为

$$\lambda_c = hc/E_g = 1.24/E_g \tag{4.1.7}$$

禁带宽度 E_g 用电子伏特表示。对硅(Si)材料制作的光电二极管,$\lambda_c = 1.06\ \mu m$;对锗(Ge)和 InGaAs 材料制作的光电二极管,$\lambda_c = 1.6\ \mu m$。

　　光电二极管除了有上截止波长外,还有下截止波长。当入射光波长太短时,光电转换效率也会大大下降,这是因为材料对光的吸收系数是波长的函数。当入射波长很短时,材料对光的吸收系数变得很大,结果使大量的入射光子在光电二极管的表面层里被吸收。而反向偏压主要是加在 PN 结的结区附近的耗尽层里,光电二极管的表面层里往往存在着一个零电场区域。在零电场区域里产生的电子-空穴对不能有效地转换成光电流,从而使光电转换效率降低。因此,某种材料制作的光电二极管对光波长的响应有一定的范围。Si 光电二极管的波长响应范围为 $0.5\sim1.0\ \mu m$,适用于短波长波段;Ge 和 InGaAs 光电二极管的波长响应范围为 $1.1\sim1.6\ \mu m$,适用于长波长波段。各种光电探测器的波长响应曲线如图 4.1.5 所示。

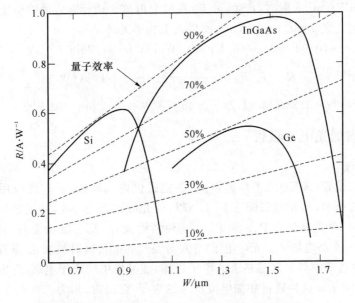

图 4.1.5　光电二极管探测器的波长响应曲线

3. PIN 光电二极管的性能参数

（1）响应度 R（量子效率 η）

　　光电检测过程的基本机制是光吸收,当入射光子能量 $h\nu$ 超过带隙能量时,每当一个光子被半导体吸收,就产生一个电子-空穴对。在外加电压建立的电场作用下,电子和空穴就在半导体中渡越并形成光电流。响应度 R 和量子效率 η 的定义见式(4.1.2)及式(4.1.3)。可以看出,PIN 光电二极管的响应度大小主要是由其量子效率 η 决定的。目前,优质的光电二极管的量子效率可达到 90%。

（2）响应时间（频率特性）

　　PIN 光电二极管的响应时间表示对光信号的反应能力,常用对光脉冲响应的上升沿或下降沿表示;主要由光生载流子在耗尽层区域内的渡越时间和包括 PIN 光电二极管结电容 C_d 在内的检测电路的 RC 常数所决定。耗尽层的宽度必须取量适中。其值大固然能提高

PIN 光电二极管的量子效率,但会使光生载流子的渡越时间增长,影响其频率特性,使之难以在高码速率时使用。PIN 光电二极管响应时间为 1 ns 左右。

(3) 结电容 C_d

结电容也是 PIN 光电二极管的重要参数。一方面它影响 PIN 光电二极管的响应时间;另一方面它对光接收机的灵敏度有重要影响。结电容越小越好,一般为几 pF。

(4) 暗电流 I_d

暗电流是 PIN 光电二极管附加噪声的主要来源,表示无光照时出现的反向电流,它影响接收机的信噪比。暗电流由两部分组成,一是由构成 PIN 光电二极管材料的能带结构决定的体电流;二是制造工艺过程所产生的泄漏电流。PIN 光电二极管的暗电流一般在几纳安(nA)以下。

由于 PIN 光电二极管没有倍增效应,加上其暗电流较小,本身产生的附加噪声很低,所以对光接收机灵敏度产生的影响并不显著。

例 4.1.1 Si PIN 光电二极管具有直径为 0.4 mm 的光接收面积,当波长 700 nm 的红光以强度 $0.1\,\mathrm{mW/cm^2}$ 入射时,产生 56.6 nA 的光电流。请计算它的响应度和量子效率。

解 因入射光强 $I=0.1\,\mathrm{mW/cm^2}$,所以入射功率为

$$P_{\mathrm{in}} = AI = \pi(0.02\,\mathrm{cm})^2 \times (0.1 \times 10^{-3}\,\mathrm{W/cm^2}) = 1.26 \times 10^{-7}\,\mathrm{W} = 0.126\,\mu\mathrm{W}$$

响应度 $\qquad\qquad R = I_p/P_{\mathrm{in}} = \dfrac{56.6 \times 10^{-9}\,\mathrm{A}}{1.26 \times 10^{-7}\,\mathrm{W}} = 0.45\,\mathrm{A/W}$

量子效率 $\qquad \eta = 1.24R/\lambda = 1.24 \times 0.45\,\mathrm{A \cdot W^{-1}}/0.7\,\mu\mathrm{m} = 79.7\%$

4.1.3 雪崩光电二极管

1. 工作原理

雪崩光电二极管(APD)因工作速度高,并能提供内部增益,已广泛应用于光通信系统中。如图 4.1.6 所示,与光电二极管不同,APD 的光敏面是 $\mathrm{N^+}$ 区,紧接着是掺杂浓度逐渐加大的 3 个 P 区,分别标记为 P、π 和 $\mathrm{P^+}$。这种结构设计,使它能承受高反向偏压,从而在PN 结内部形成一个高电场区。光生电子-空穴对经过高电场区时被加速,从而获得足够的能量。它们在高速运动中与 P 区晶格上的原子碰撞,使晶格中的原子电离,产生新的电子-空穴对,如图 4.1.7 所示。这种通过碰撞电离产生的电子-空穴对,称为二次电子-空穴对。新产生的二次电子和空穴在高电场区里运动时又被加速,又可能碰撞别的原子,这样多次碰撞电离的结果,使载流子迅速增加,反向电流迅速加大,形成雪崩倍增效应,APD 就是利用雪崩倍增效应使光电流得到倍增的高灵敏度探测器。

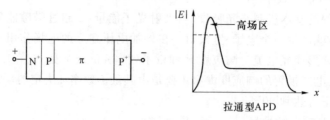

图 4.1.6 雪崩光电二极管

2. 平均雪崩增益

雪崩倍增过程是一个复杂的随机过程,通常用平均雪崩增益 M 来表示 APD 的倍增大

小，M 定义为

$$M = I_M/I_p \tag{4.1.8}$$

式中，I_p 是初始的光生电流；I_M 是倍增后的总输出电流的平均值。M 也与结上所加的反向偏压有关。

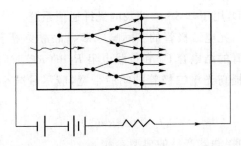

图 4.1.7　APD 雪崩倍增图示

APD 存在击穿电压 V_{br}，当 $V = V_{br}$ 时，$M \to \infty$，此时雪崩倍增噪声也变得非常大，这种情况定义为 APD 的雪崩击穿。APD 的雪崩击穿电压随温度而变化，当温度升高时，V_{br} 也增大，结果使固定偏压下 APD 的平均雪崩增益随温度而变化。M 和雪崩击穿电压 V_{br}、偏压 V_r 的关系可以用以下的经验公式表示：

$$M = \frac{1}{1 - (V_r/V_{br})^n} \tag{4.1.9}$$

式中，n 是与温度有关的特性指数。对于 Si APD，M 可以达到 100，但是对于 Ge APD，M 通常约为 10，而 InGaAs-InP APD 的 M 值也只有 $10 \sim 20$。

4.1.4　响应带宽

光电二极管的本征响应带宽由载流子在电场区的渡越时间 τ_{tr} 决定，而载流子的渡越时间与电场区的宽度 W 和载流子的漂移速度 v_d 有关，见图 4.1.2。由于载流子渡越电场区需要一定的时间 τ_{tr}，对于高速变化的光信号，光电二极管的转换效率就相应降低。如果定义光电二极管的本征响应带宽为 Δf，在入射光功率相同的情况下，高速调制光信号是低速调制光信号在接收机响应的电信号功率下降 3 dB 时的频率，则 Δf 与上升时间 τ_{tr} 成反比：

$$\Delta f_{3\,dB} = 0.35/\tau_{tr} \tag{4.1.10}$$

上升时间 τ_{tr} 定义为输入阶跃光功率时，探测器输出光电流最大值的 10% 到 90% 所需的时间。本征响应带宽与 W 和 v_d 的具体关系为

$$\Delta f_{3\,dB} = 0.44 v_d/W \tag{4.1.11}$$

可以通过对 W 和 v_d 的优化而获得较高本征响应带宽的光电二极管。目前，铟镓砷 PIN 光电二极管的本征响应带宽已超过 20 GHz。

APD 的本征响应带宽与倍增系数有关，对 APD 来说，二次电子-空穴对的产生还需要一定的时间，由于这个时间的存在，当接收的是高频调制光信号时，APD 的增益将会下降，从而形成对 APD 响应带宽的限制。APD 的传输函数 $H(\omega)$ 可以写成

$$H(\omega) = \frac{M(\omega)}{M(0)} = \frac{1}{[1 + (\omega \tau_e M_0)^2]^{1/2}} \tag{4.1.12}$$

式中，M_0 为 APD 的低频倍增系数，τ_e 为等效渡越时间，它与空穴和电子的碰撞电离系数比

值 α_h/α_e 有关,在 $\alpha_e > \alpha_h$ 的情况下,$\tau_e \approx (\alpha_h/\alpha_e)\tau_{th}$。由上式可得到 APD 的 3 dB 电带宽为

$$\Delta f = (2\pi\tau_e M_0)^{-1} \tag{4.1.13}$$

该式表明了带宽 Δf 与倍增系数 M_0 的矛盾关系,也表明采用 $\alpha_h/\alpha_e \ll 1$ 的材料制作 APD,可望获得较高的本征响应带宽。由于 Si 半导体材料的 $\alpha_h/\alpha_e = 0.22$,因此利用 Si 材料可以制成性能较好的 APD,用于 $0.8\ \mu m$ 波长的光纤通信系统。

与半导体激光器一样,光电二极管的实际响应带宽常常受限于二极管本身的分布参数和负载电路参数(如二极管的结电容 C_d 和负载电阻 R_L 的 RC 时间常数),而不是受限于其本征响应带宽,所以为了提高光电二极管的响应带宽,应尽量减小结电容 C_d。受 RC 时间常数限制的带宽为

$$\Delta f = (2\pi R_L C_d)^{-1} \tag{4.1.14}$$

表 4.1.1 给出了 3 种探测器产品的典型参数。

表 4.1.1　3 种探测器产品的典型参数

参　　数		硅检测器		锗检测器		铟镓砷检测器	
		PIN	APD	PIN	APD	PIN	APD
波长范围/nm		400~1 100		800~1 800		900~1 700	
峰值波长/nm		900	830	1 550	1 300	1 300 (1 550)	1 300 (1 550)
响应度/A·W^{-1}	芯片	0.6	77~130	0.65~0.7	3~28	0.75~0.97	
	耦合后	0.3~0.55	50~120	0.5~0.65	2.5~25	0.5~0.8	
量子效率(%)		65~90	77	50~55	55~75	60~70	60~70
增益 G(倍数)		1	100~500	1	50~200	1	10~40
过剩噪声指数(x)		-	0.3~0.5	-	0.95~1	-	0.7
偏压/V		-45~-100	-220	-6~-10	-20~-35	-5	<-30
暗电流/nA		1~10	0.1~1.0	50~500	10~500	1~20	1~5
结电容/pF		1.2~3.0	1.3~2.0	2~5	2~5	0.5~2	0.5
上升时间/ns		0.5~1.0	0.1~2.0	0.1~0.5	0.5~0.8	0.06~0.5	0.1~0.5
带宽/GHz		0.125~1.4	0.2~1.0	0~0.001 5	0.4~0.7	0.002 5~40	1.5~3.5
比特率/Gbit·s^{-1}		0.01		-	-	0.155 5~53	2.5~4

例 4.1.2　PIN 光电二极管的分布电容是 5 pF,由电子-空穴渡越时间限制的上升时间是 2 ns,计算 3 dB 带宽和不会显著增加上升时间的最大负载电阻。

解　由式(4.1.10)得到由电子-空穴渡越时间限制的 3 dB 带宽是

$$\Delta f_{3dB} = 0.35/\tau_{tr} = 0.35 \div (2 \times 10^{-9})\ \text{MHz} = 175\ \text{MHz}$$

为了不使 RC 上升时间显著影响系统的上升时间,RC 上升时间应小于渡越时间的四分之一,即

$$T_{rRC} = 2.2 R_L C_d \leqslant \tau_{tr}/4 = 2 \div 4\ \text{ns} = 0.5\ \text{ns}$$

由此可以确定最大负载电阻为 $R_L \leqslant 46\ \Omega$。

4.1.5　新型 APD 结构

1. 分别吸收和倍增 APD

在光纤通信最感兴趣的 $1.3 \sim 1.6 \mu m$ 长波长波段上,制作高性能的 APD 是比较困难的。在该波段上,常采用的半导体材料是与 InP 的晶格常数匹配的 InGaAs,其截止波长为 $1.65 \mu m$。由于 InGaAs 材料的空穴系数(α_h)与碰撞电离系数(α_e)相差无几,结果使得带宽减小,噪声也很大,并且由于带隙较窄,InGaAs 材料常常在 1×10^5 V/cm 的电场下就发生隧道击穿效应,而这个电场强度又尚未达到雪崩的要求。因为 InP 在较高电场(7.5×10^5 V/cm)下不发生隧道击穿,所以可以采用 InP 材料作为增益区的异质结 APD 结构来克服以上的问题。由于这种 APD 结构的吸收区(I 型 InGaAs)和增益区(N 型 InP)采用了不同的材料,因此称为分别吸收和倍增(SAM,Separate Absorption and Multiplication)APD。对于 InP 材料,$\alpha_h < \alpha_e$,所以这种 APD 的雪崩过程由在 N 型 InP 中的空穴碰撞形成。图 4.1.8 表示使用双异质结的 SAM APD 结构示意图和其内部各区的电场分布级图。

2. 分别吸收、渐变、倍增 APD

SAM APD 存在的问题是,InP 与 InGaAs 的带隙能量差别较大(InP 为 1.35 eV,InGaAs 为 0.75 eV),价带上大约 0.4 eV 的能级差使在 InGaAs 吸收层中产生的空穴,在达到 InP 增益层之前,在异质结边缘受到阻碍而速度大大降低,从而这种 APD 的响应时间长,带宽很窄。如果在 InGaAs 层和 InP 层之间,再使用一层带隙能量介于两者之间的半导体材料,则这个问题可以得到解决,如图 4.1.9 所示。InGaAsP 材料的带隙能量为 0.75 ~ 1.35 eV,所以是最合适的材料,甚至可以在 10 ~ 100 nm 的宽度上逐渐改变 InGaAsP 的组分,而使其能带与两端的 InGaAs 和 InP 匹配。这种结构的 APD 称为分别吸收、渐变、倍增(SAGM,Separate Absorption, Grading and Multiplication)APD。图 4.1.10 给出 SAGM APD 的结构示意图。在采用了 InGaAsP 渐变层后,APD 带宽大大提高,图 4.1.11 给出 SAGM APD 的带宽与倍增系数的测试结果,该器件的增益带宽积在 $M > 12$ 时达到 70 GHz。已经证实,在渐变区与增益区再增加一层"电荷区"的 APD,其增益带宽积可以超过 100 GHz。

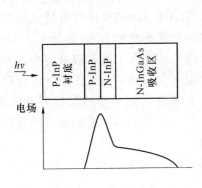

图 4.1.8　SAM 型 APD 结构示意图

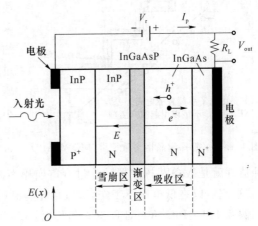

图 4.1.9　使用双异质结的 SAGM APD

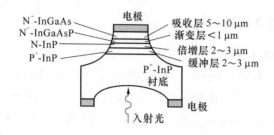

图 4.1.10　SAGM 型 APD 结构示意图

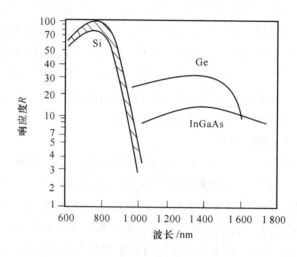

图 4.1.11　APD 光电探测器的波长响应曲线

3. MQW APD

采用多量子阱(MQW)或超晶格结构设计可以得到另一种高性能的 APD。如前所述,SAM APD 的主要缺点是电子和空穴的电离率 α_e 和 α_h 几乎相同,采用第 3 章讨论的 MQW

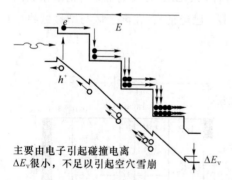

图 4.1.12　阶梯超晶格多量子阱(MQW)APD

结构可以使 α_e 远大于 α_h,此时可以认为只有一种载流子——电子——参与碰撞电离,从而使过剩雪崩噪声减小到最小。在这种设计中,采用不同带隙能量的半导体材料,形成一个厚约 10 nm 的吸收区与增益区的交替变化层,通过改变 InGaAsP 的组分,使其能带在反向偏压下形成一种阶梯状的分布,如图 4.1.12 所示。但是这种结构在工艺上很难实现。不过采用 InP 层和 InGaAs 层交替变化结构形成高低带隙交替变化的半导体层就容易实现。

这种器件就是 MQW 探测器。除过剩雪崩噪声减小外,因 $\Delta E_c > E_{g1}$,可引起最初的碰撞电离,使得它可以在低电压下工作,所以性能得到很大改善。

例 4.1.3　InGaAs APD 没有倍增时($M=1$),波长 1.55 μm 处的量子效率为 60%,反向偏置时的倍增系数是 12。假如入射功率为 20 nW,光生电流是多少?当倍增系数是 12 时,灵敏度又是多少?

解　用量子效率表示的响应度是

$$R = \eta\lambda/1.24 = 0.6 \times 1.55 \div 1.24 \text{ A/W} = 0.75 \text{ A/W}$$

假如没有倍增时的光电流是 I_{ph0}，入射光功率是 P_{in}，根据定义，响应度是 $R = I_{ph0}/P_{in}$，因此初始光生电流是

$$I_{ph0} = RP_{in} = 0.75 \times (20 \times 10^{-9}) \text{ A} = 1.5 \times 10^{-8} \text{ A}$$

有倍增时的光电流

$$I_{ph} = MI_{ph0} = 12 \times (1.5 \times 10^{-8}) \text{ A} = 1.80 \times 10^{-7} \text{ A} = 180 \text{ nA}$$

倍增系数为 12 时的响应度

$$R' = I_{ph}/P_{in} = MR = 12 \times 0.75 \text{ A/W} = 9.0 \text{ A/W}$$

例 4.1.4　Si APD 在 830 nm 没有倍增即 $M=1$ 时的量子效率为 70%，反偏工作倍增系数 $M=100$，当入射功率为 10 nW 时，光电流是多少？

解　没有倍增时的响应度

$$R = \eta\lambda/1.24 = 0.7 \times 0.83 \div 1.24 \text{ A/W} = 0.47 \text{ A/W}$$

没有倍增时的初始光电流

$$I_{ph0} = RP_{in} = 0.47 \times (10 \times 10^{-9}) \text{ nA} = 4.7 \text{ nA}$$

倍增后的光电流

$$I_{ph} = MI_{ph0} = 100 \times 4.7 \text{ nA} = 470 \text{ nA} = 0.47 \text{ μA}$$

4.1.6　MSM 光电探测器

用于光纤通信的金属-半导体-金属（MSM，Metal Semiconductor Metal）光电探测器与 PN 结二极管不同，它是另一种类型的光电探测器。然而，它们的光-电转换的基本原理却仍然相同，即入射光子产生电子-空穴对，电子-空穴对的流动就产生了光电流。它的基本结构如图 4.1.13 所示。

像手指状的平面金属电极沉淀在半导体的表面，这些电极交替地施加电压，所以这些电极间存在着相当高的电场。光子撞击电极间的半导体材料，产生电子-空穴对，然后电子被正极吸引过去，而空穴被负极吸引过去，于是就产生了电流。因为电极和光敏区处于同一平面内，所以这种器件称为平面探测器。与PIN 和 APD 探测器相比，这种结构的结电容

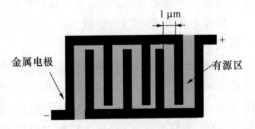

图 4.1.13　MSM 光电探测器结构

小，所以它的带宽大，这种器件很有可能工作在 300 GHz。另外，它的制造也容易。但缺点是响应度低（0.4~0.7 A/W），因为半导体材料的一部分面积被金属电极占据了，所以有源区的面积减小了。

4.2　光接收机

光接收机分为模拟光接收机和数字光接收机两种。模拟光接收机用于接收模拟信号，如光纤 CATV 信号。当前的通信系统由于大多采用数字信号，因而主要用的是数字光接收

机。检测方式分为相干检测方式和非相干检测方式。相干检测方式首先将接收到的光信号与一个本地光振荡器在光混频器混频之后,再被光电检测器变换成一定要求的电信号,类似于无线电收音机。常用的非相干检测方式就是直接功率检测方式,通过光电二极管直接将接收的光信号恢复成基本调制信号。

4.2.1 光接收机的组成

光接收机可以分为以下 3 部分。

(1) 光检测器和前置放大器合起来称为接收机前端。

(2) 主放大器、均衡滤波器和自动增益控制组成光接收机的线性通道。

(3) 判决器、译码器和时钟恢复组成光接收机的时钟提取与数据再生部分。

图 4.2.1 表示数字光接收机的原理组成图。它由 3 部分组成,即由光电变换和前置放大、主放大(线性放大)以及时钟提取与数据恢复部分组成。下面分别介绍每一部分的作用。

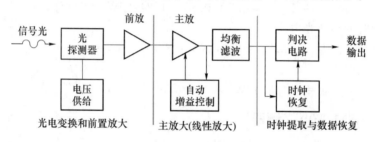

图 4.2.1 数字光接收机原理组成图

1. 光电变换和前置放大

接收机的前端是光电二极管,通常采用 PIN 光电二极管和 APD 光电二极管,它是实现光电变换的关键器件,直接影响光接收机的灵敏度。

紧接着就是低噪声前置放大器,其作用是放大光电二极管产生的微弱电信号,以供主放大器进一步放大和处理。

接收机不是对任何微弱信号都能正确接收的,这是因为信号在传输、检测及放大过程中总会受到一些干扰,并不可避免地要引进一些噪声。虽然来自环境或空间的无线电波及周围电气设备所产生的电磁干扰,可以通过屏蔽等方法减弱或防止,但随机噪声是接收系统内部产生的,是信号在检测、放大过程中引进的,人们只能通过电路设计和工艺措施尽量减小它,却不能完全消除它。虽然放大器的增益可以做得足够大,但在弱信号被放大的同时,噪声也被放大了,当接收信号太弱时,必定会被噪声所淹没。前置放大器在减弱或防止电磁干扰和抑制噪声方面起着特别重要的作用,所以精心设计前置放大器就显得特别重要。

前置放大器的设计要求在带宽和灵敏度之间进行折中。光电二极管产生的信号光电流流经前置放大器的输入阻抗时,将产生信号光电压,使用大的负载电阻 R_L,可使该输入电压增大,因此,常常使用高阻抗前置放大器,如图 4.2.2(b)所示。而且,从后面的介绍可以看到,大的 R_L 可减小热噪声和提高接收机灵敏度。高输入阻抗前置放大器的主要缺点是它的带宽窄,因为 $\Delta f = (2\pi R_L C_T)^{-1}$,$C_T$ 是总的输入电容,包括光电二极管结电容和前放输入级晶体管输入电容。假如 Δf 小于比特率 B,就不能使用高输入阻抗前置放大器。为了扩大带宽,有时使用均衡技术。均衡器扮演着滤波器的作用,它衰减信号的低频成分多,衰减信号的高频成分少,从而有效地增大了前置放大器的带宽。假如接收机灵敏度不是主要关心的问题,人们可以简单地减小 R_L,增加接收机带宽,这样的接收机就是低阻抗前置放大器,如图 4.2.2(a)所示。

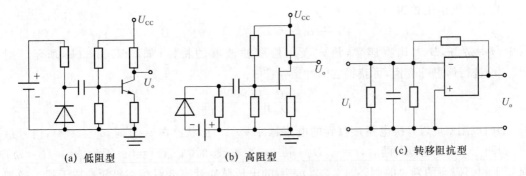

(a) 低阻型　　　　　　(b) 高阻型　　　　　　(c) 转移阻抗型

图 4.2.2　光接收机前置放大器等效电路

转移阻抗前置放大器具有高灵敏度、宽频带的特性。它的动态范围比高阻抗前置放大器的大。如图 4.2.2(c)所示,负载电阻跨接到反向放大器的输入和输出端,尽管 R_L 仍然很大,但是负反馈使输入阻抗减小了 G 倍,即 $R_{in}=R_L/G$,这里 G 是放大器增益。于是,带宽也比高阻抗放大器的扩大了 G 倍,因此,光接收机常使用这种结构的前放。它的主要设计问题是反馈环路的稳定性。表 4.2.1 表示高阻抗和转移阻抗放大器的特性比较。

表 4.2.1　高阻抗和转移阻抗放大器的特性比较

参　数	高阻前放	转移阻抗前放
输入阻抗(R_{in})	R_{in}	R_L/G
接收机带宽(Δf)	$1/(2\pi R_L C_T)$	$G/[2\pi R_L(C_T+GC_f)]$
输出电压/V	$(I_p R_{in} G)/(G_{eq}-1)$	$I_p R_L$
动态范围 /dB	$(DR)_{amp}/(G_{eq}-1)$	$(DR)_{amp}$
PIN	15~20	30
APD	20~35	35~40

表 4.2.1 中,$C_T=C_d+C_a$ 是总的输入电容(F);C_f 是放大器杂散电容;$G_{eq}=1+R_1/(R_2+R_A)$ 是均衡扩展系数;$(DR)_{amp}$ 是前放动态范围,它是负载电阻的函数;R_{in} 是总的输入阻抗(Ω);R_L 是总的反馈电阻(Ω);I_p 是光生电流(A);C_d 是探测器电容(F);C_a 是放大器输入电容。

2. 线性放大

线性放大由主放大器、均衡滤波器和自动增益控制电路组成。自动增益控制电路的作用是,在接收机平均入射光功率很大时把放大器的增益自动控制在固定的输出电平上。低通滤波器的作用是减小噪声,均衡整形电压脉冲,避免码间干扰。接收机的噪声与其带宽成正比,使用带宽 Δf 小于比特率 B 的低通滤波器可降低接收机噪声(通常 $\Delta f=B/2$)。因为接收机其他部分具有较大的带宽,所以接收机带宽将由低通滤波器带宽所决定。此时,由于 $\Delta f<B$,所以滤波器使输出脉冲发生展宽,使前后码元波形互相重叠,在检测判决时就有可能将"1"码错判为"0"码或将"0"码错判为"1"码,这种现象就称为码间干扰。

均衡滤波的作用就是将输出波形均衡成具有升余弦频谱函数特性的波形,做到判决时无码间干扰。因为前放、主放以及均衡滤波电路起着线性放大的作用,所以有时也称为线性信道。

升余弦频谱函数为

$$H_{\text{out}}(f) = [1 + \cos(\pi f/B)]/2 \qquad f < B = 1/T \qquad (4.2.1)$$

式中,$f = \omega/2\pi$,B 为比特速率,该式表示均衡滤波器的特性,如图 4.2.3(b)所示。对 $H_{\text{out}}(f)$ 进行傅里叶变换,可获得它的冲激响应

$$h_{\text{out}}(t) = \frac{\sin(2\pi Bt)}{2\pi Bt} \frac{1}{1 - (2Bt)^2} \qquad (4.2.2)$$

$h_{\text{out}}(t)$ 时域图对应着判决电路接收到的电压脉冲 $V_{\text{out}}(t)$ 形状。在 $t=0$ 时,$h_{\text{out}}(t)=1$,信号最大,如图 4.2.3(c)所示;同时,$t = m/B = mT$(m 为整数)时,$h_{\text{out}}(t)=0$。因为 $t = m/B = mT$ 对应于相邻码元的判决时刻,式(4.2.2)表示的电压脉冲就不会对相邻码元造成干扰。换句话说,虽不能消除码间干扰及相互影响,但能做到不管输入波形如何发生畸变,只要经过均衡滤波器后,在某些特定点(如 $t = m/B = mT$)上干扰为零,因此可用于正确地判决。

产生式(4.2.2)输出脉冲形状的线性信道传递函数 $H_{\text{T}}(f)$ 为

$$H_{\text{T}}(f) = H_{\text{out}}(f) / H_{\text{in}}(f) \qquad (4.2.3)$$

式中,$H_{\text{out}}(f)$ 和 $H_{\text{in}}(f)$ 分别是输出和输入脉冲函数经傅里叶变换后的频谱函数。对于理想的非归零(NRZ,Non Return to Zero)比特流,在 $T = 1/B$ 期间是方波输入脉冲,如图 4.2.3(a)所示,$H_{\text{in}}(f) = B\sin(\pi f/B)/(\pi f)$,此时 $H_{\text{T}}(f)$ 就变成

$$H_{\text{T}}(f) = (\pi f/2B)\cos(\pi f/2B) \qquad (4.2.4)$$

在理想的条件下,式(4.2.4)将决定线性信道的频率响应,它产生式(4.2.2)给出的输出脉冲形状。实际上,输入脉冲形状不是方波,输出脉冲形状也偏离式(4.2.2)给出的形状,因此总是存在一些码间干扰。

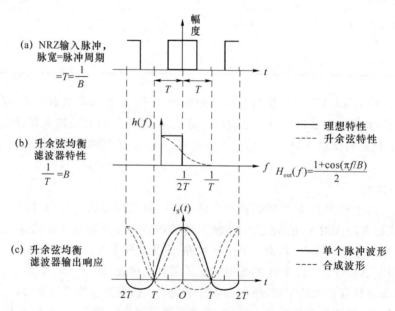

图 4.2.3　奈奎斯特脉冲响应和升余弦均衡滤波器输出响应

3. 时钟提取与数据恢复

光接收机的时钟提取与数据恢复部分包括判决电路和时钟恢复电路。它的任务是把均衡器输出的升余弦波恢复成数字信号。为了判定每一比特是"0"还是"1",首先要确定判决的时刻,这就需要从升余弦波形中在 $f=B$ 点提取准确的时钟信号,该信号提供有关比特时隙 $T_B=1/B$ 的信息,时钟信号经过适当的移相后,在最佳的取样时间对升余弦波进行取样,然后将取样幅度与判决阈值进行比较,确定码元是"0"还是"1",从而把升余弦波形恢复再生成原传输的数字信号。最佳的判决时间应是升余弦波形的正负峰值点,这时取样幅度最大,抵抗噪声的能力最强。在归零(RZ,Return to Zero)码调制情况下,接收信号中,在 $f=B$ 处,存在着频谱成分,使用窄带滤波器如表面声波滤波器,可以很容易提取出时钟信号。但非归零(NRZ)码情况下,因为接收到的信号在 $f=B$ 处缺乏信号频谱成分,所以时钟恢复更困难些。通常采用的时钟恢复技术是在 $f=B/2$ 处对信号频谱成分平方律检波,然后经高通滤波而获得时钟信号。时钟提取电路不仅应该稳定可靠,抗连"0"或连"1"性能好,而且应尽量减小时钟信号的抖动。时钟抖动在中继器的积累会给系统带来严重的危害。

在实验室里观察码间干扰的最直观、最简单的方法是眼图分析法,如图 4.2.4 所示。均衡滤波器输出的随机脉冲序列输入到示波器的 y 轴,用时钟信号作为外触发信号,就可以观察到眼图。眼图的张开度受噪声和码间干扰的影响,当输出端信噪比很大时,张开度主要受码间干扰的影响。因此,观察眼图的张开度就可以估计出码间干扰的大小,这给均衡电路的调整提供了简单而适用的观测手段。由于受噪声和码间干扰的影响,误码总是存在的,数字光接收机设计的目的就是使这种误码减小到最小,通常误码率的典型值为 10^{-9}。

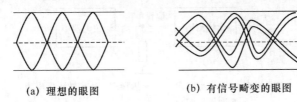

　　(a) 理想的眼图　　　　　(b) 有信号畸变的眼图

图 4.2.4　NRZ 码数字光接收机眼图

4.2.2　光接收机的性能指标

光接收机主要的性能指标是误码率(BER)、灵敏度以及动态范围。

误码率是指在一定的时间间隔内,发生差错的脉冲数和在这个时间间隔内传输的总脉冲数之比。例如,误码率为 10^{-9} 表示平均每发送十亿个脉冲有一个误码出现。光纤通信系统的误码率较低,典型误码率范围是 $10^{-9} \sim 10^{-12}$。

光接收机的误码来自于系统的各种噪声和干扰。这种噪声经接收机转换为电流噪声叠加在接收机前端的信号上,使得接收机不是对任何微弱的信号都能正确接收。

接收机灵敏度的定义为:在满足给定的误码率指标条件下,设最低接收的平均光功率为 $P_{\min}$,在工程上常用绝对功率值(dBm)来表示,则有

$$S_r = 10\lg\left(\frac{P_{\min}}{10^{-3}}\right) \tag{4.2.5}$$

在长期的使用过程中,接收机的光功率可能会有所变化,因此要求接收机有一个动态范围。低于这个动态范围的下限(即灵敏度)将产生过大的误码;高于这个动态范围的上限(又

叫做接收机的过载功率),在判决时亦将造成过大的误码。显然一台质量好的接收机应有较宽的动态范围。在保证系统误码率指标的要求下,接收机的最低输出光功率(dBm)和最大允许输入光功率(dBm)之差(dB)就是光接收的动态范围:

$$D = 10\lg\left(\frac{P_{\max}}{P_{\min}}\right) \quad (\text{dB}) \tag{4.2.6}$$

4.2.3　光接收机的噪声和信噪比

光接收机使用光电二极管将入射光功率 P_{in} 转换为电流。式 $I_p = RP_{in}$ 是在没有考虑噪声的情况下得到的。然而,即使对于设计制造很好的接收机,当入射光功率不变时,两种基本的噪声——散粒噪声和热噪声——也会引起光生电流的起伏。假如 I_p 是平均电流,$I_p = RP_{in}$ 关系式仍然成立。然而,电流起伏引入的电噪声会影响接收机性能,本节的目的就是回顾噪声机理,并讨论光接收机的信噪比(SNR)。

1. 噪声机理

光接收机中存在各种噪声源,可分成两类,即散粒噪声和热噪声,是接收机中各元器件产生的各种自脉动,会干扰信号的传输与处理,降低信噪比。在接收机中,前级信号很弱,影响最大的是接收机前级(包括光电二极管、负载电阻和前置放大器)产生的噪声。这些噪声源及其引入部位如图 4.2.5 所示。其中散粒噪声包括光检测器的量子噪声、暗电流噪声、漏电流噪声和 APD 倍增噪声;热噪声主要指负载电阻 R_L 产生的热噪声,放大器对噪声亦有影响,现分别介绍如下。

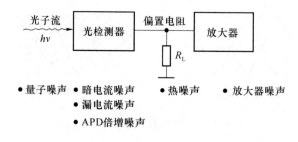

图 4.2.5　接收机的噪声及其分布

(1) 散粒噪声

光生电流是一种随机产生的电流,散粒噪声是由检测器本身引起的,它围绕着一个平均统计值而起伏,这种无规则的起伏就是散粒噪声。

入射光功率产生的光电二极管电流为

$$I(t) = I_p + i_s(t) \tag{4.2.7}$$

式中,$I_p = RP_{in}$,是平均信号光电流,$i_s(t)$ 是散粒噪声的电流起伏,与之有关的均方散粒噪声电流为

$$\sigma_s^2 = \langle i_s^2(t) \rangle = 2qI_p\Delta f \tag{4.2.8}$$

式中,Δf 是接收机带宽,q 是电子电荷。当暗电流 I_d 不可忽略时,均方散粒噪声电流应该是

$$\sigma_s^2 = 2q(I_p + I_d)\Delta f \tag{4.2.9}$$

为了降低 σ_s^2 对系统的影响,通常在判决之前使用低通滤波器使接收信道的带宽变窄。

（2）热噪声

由于电子在光电二极管负载电阻 R_L 上随机地热运动，即使在外加电压为零时，也产生电流的随机起伏。这种附加的噪声成分就是热噪声电流，记为 $i_T(t)$，与此有关的均方热噪声电流 σ_T^2 为

$$\sigma_T^2 = \langle i_T^2(t) \rangle = (4k_B T/R_L)\Delta f \tag{4.2.10}$$

该噪声电流经放大器放大后要扩大 F_n 倍，这里 F_n 是放大器噪声指数，于是式（4.2.10）变为

$$\sigma_T^2 = (4k_B T/R_L)F_n\Delta f \tag{4.2.11}$$

总的电流起伏 $\Delta I = I - I_p = i_s + i_T$，因此可以获得总的均方噪声电流为

$$\sigma^2 = \langle \Delta I^2 \rangle = \sigma_s^2 + \sigma_T^2 = 2q(I_p + I_d)\Delta f + (4k_B T/R_L)F_n\Delta f \tag{4.2.12}$$

此式可被用来计算光电流信噪比。

2. PIN 光接收机的信噪比

光接收机的性能取决于信噪比。本节讨论使用 PIN 光电二极管作为光电探测器的接收机信噪比（SNR）。定义信噪比为平均信号功率和噪声功率之比，并考虑到电功率与电流的平方成正比，这时 SNR 可由下式求出

$$SNR = I_p^2/\sigma^2 \tag{4.2.13}$$

将 $I_p = RP_{in}$，以及式（4.2.12）代入式（4.2.13），可获得 SNR 与入射光功率的关系：

$$SNR = \frac{R^2 P_{in}^2}{2q(RP_{in} + I_d)\Delta f + (4k_B T/R_L)F_n\Delta f} \tag{4.2.14}$$

式中，$R = \eta q/h\nu$ 是 PIN 光电二极管的响应度。

当均方根噪声（RMS）$\sigma_T \gg \sigma_s$，接收机性能受限于热噪声，在式（4.2.14）中，忽略散粒噪声后，SNR 变为

$$SNR = (R_L R^2/4k_B T F_n\Delta f)P_{in}^2 \tag{4.2.15}$$

该式表明在热噪声占支配地位时，SNR 随 P_{in}^2 变化，且增加负载电阻也可以提高 SNR。这就是为什么大多数接收机使用高阻或转移阻抗前置放大器的道理。热噪声的影响常常用噪声等效功率（NEP，Noise Equivalent Power）来量度。NEP 定义为 SNR＝1 时，每单位带宽的最小光功率，并由下式表示：

$$SNR = \frac{P_{in}}{\sqrt{\Delta f}} = \left(\frac{4k_B T F_n}{R_L R^2}\right)^{1/2} = \frac{h\nu}{\eta q}\left(\frac{4k_B T F_n}{R_L}\right)^{1/2} \tag{4.2.16}$$

当 P_{in} 很大时，由于 σ_s^2 随 P_{in} 线性增大，接收机的性能将受限于散粒噪声（$\sigma_s \gg \sigma_T$），这时暗电流可以忽略，此时式（4.2.14）变为

$$SNR = \frac{RP_{in}}{2q\Delta f} = \frac{\eta P_{in}}{2h\nu\Delta f} \tag{4.2.17}$$

由此可见，在散粒噪声受限系统中，SNR 随 P_{in} 线性增大，只与量子效率 η、带宽 Δf 以及光子能量 $h\nu$ 有关。SNR 可用"1"码中包含的光子数 N_p 表示。假如在 $1/B$（B 为比特率）期间，1 bit 的脉冲能量用 $E_p = P_{in}\int h_p(t)dt = P_{in}/B$ 表示，如图 4.2.3 所示，并且注意到 $E_p = N_p h\nu$，那么 $P_{in} = N_p h\nu B$。脉冲形状具有归一化函数特性，即 $B\int h_p(t)dt = 1$。选择 $\Delta f = B/2$（典型带宽值），可得到式（4.2.17）的简单表示式 $SNR = \eta N_p$。在散粒噪声受限系统中，$N_p = 100$

时,SNR=20 dB。相反,在热噪声受限系统中,几千个光子才能达到 20 dB 的信噪比。作为参考,工作速率 1 Gbit/s 的 1.55 μm 光接收机,当 $P_{in} \approx 13$ nW 时,$N_p = 100$。

3. APD 光接收机的信噪比

使用雪崩光电二极管(APD)的光接收机,在相同入射光功率下,通常具有较高的 SNR。这是由于 APD 的内部增益使产生的光电流扩大了 M 倍,即

$$I_p = MRP_{in} = R_{APD}P_{in} \tag{4.2.18}$$

式中,$R_{APD} = MR$ 是 APD 的响应度,与 PIN 光电二极管相比扩大了 M 倍。假如接收机的噪声不受 APD 内部增益机理的影响,SNR 就有可能提高 M^2 倍。但实际上,APD 接收机的噪声也扩大了,从而限制了 SNR 的提高。

APD 接收机的热噪声与 PIN 的相同,但是散粒噪声却受到平均雪崩增益的影响,其值为

$$\sigma_s^2 = 2qM^2 F_A(RP_{in} + I_d)\Delta f \tag{4.2.19}$$

式中,F_A 是 APD 的过剩噪声指数,由下式给出:

$$F_A(M) = k_A M + (1 - k_A)(2 - 1/M) \tag{4.2.20}$$

k_A 是电离率之比,对于电子控制的雪崩过程,空穴电离率 α_h 小于电子电离率 α_e,$k_A = \alpha_h/\alpha_e$;对于空穴控制的雪崩过程,$\alpha_h > \alpha_e$,$k_A = \alpha_e/\alpha_h$。为了使 APD 的性能最好,k_A 应尽可能小。通常可用 $F_A(M) = M^x$ 近似表示 APD 的过剩噪声指数,式中 x 是与材料、APD 结构和初始载流子类型(电子和空穴)有关的指数,对于 Si APD,$x = 0.3 \sim 0.5$;对于 Ge 和 InGaAs,$x = 0.7 \sim 1$。

在实际的接收机中,当热噪声和散粒噪声都存在时,APD 接收机的信噪比为

$$\text{SNR} = \frac{I_p^2}{\sigma_s^2 + \sigma_T^2} = \frac{(MRP_{in})^2}{2qM^2 F_A(RP_{in} + I_d)\Delta f + 4(k_B T/R_L)F_n\Delta f} \tag{4.2.21}$$

式中,I_p^2、σ_s^2 和 σ_T^2 分别由式(4.2.18)、式(4.2.19)和式(4.2.11)给出。在热噪声限制接收机中,$\sigma_T \gg \sigma_s$,SNR 变为

$$\text{SNR} = (R_L R^2/4k_B T F_n \Delta f) \tag{4.2.22}$$

与式(4.2.15)相比,APD 接收机的 SNR 是 PIN 接收机的 M^2 倍,所以 APD 接收机在热噪声限制接收机中具有非常大的吸引力。

例 4.2.1 Si PIN 光电二极管的等效噪声功率(NEP)为 1×10^{-13} WHz$^{-1/2}$,如果工作带宽 $\Delta f = 1$ GHz,SNR=1 时要求的光功率是多少?

解 根据 NEP 定义,NEP=$P_{in}/(\Delta f)^{1/2}$,于是

$P_{in} = \text{NEP} \cdot (\Delta f)^{1/2} = 10^{-13}$ WHz$^{-1/2} \times (10^9$ Hz$)^{1/2} = 3.16 \times 10^{-9}$ W $= 3.16$ nW

例 4.2.2 考虑量子效率 $\eta = 1$ 没有暗电流的理想光电二极管,SNR=1 时要求的最小光功率为

$$P_{in} = \frac{2hc}{\lambda}\Delta f \tag{4.2.23}$$

计算当 SNR=1,$\Delta f = 1$ GHz,工作波长为 1 300 nm 时,理想光电二极管的最小光功率对应的光电流是多少?

解 因为 SNR=1 时的光电流等于噪声电流,由式(4.2.12)可知,对于理想的光电二极管,不考虑热噪声项时,信号光生电流是

$$I_p = 2q(I_p + I_d)\Delta f$$

已知 $I_d = 0$，所以 $I_p = 2q\Delta f$。由式(4.1.1)和式(4.1.3)可知，$I_p = RP_{in} = \eta q\lambda P_{in}/(hc)$，所以 $I_p = \eta q\lambda P_{in}/(hc) = 2q\Delta f$，于是 $P_{in} = 2hc\Delta f/(\eta\lambda)$。

当 $\eta = 1$ 时即可得到式(4.2.23)。当 $\Delta f = 1\text{ Hz}$ 时，$\text{NEP} = P_{in}$，即 $\text{NEP} = 2hc/\lambda$。

对于工作在 1 300 nm 波长的理想光电二极管，当 $\Delta f = 1\text{ GHz}$ 时，最小光功率为

$$P_{in} = 2hc\Delta f/(\eta\lambda) = 2 \times (6.626 \times 10^{-34}) \times (3 \times 10^8) \times 10^9/(1.3 \times 10^{-6})\text{ nW} = 0.3\text{ nW}$$

对于没有暗电流的理想光电二极管，噪声电流是由量子噪声引起的，对应的光电流是

$$I_p = 2q\Delta f = 2 \times (1.6 \times 10^{-9}) \times (10^9)\text{ A} = 3.2 \times 10^{-10}\text{ A} = 0.32\text{ nA}$$

也可以用 $\eta = 1$ 由 $I_p = \eta q\lambda P_{in}/(hc)$ 计算 I_p。

例 4.2.3　当 InGaAs APD 的 $M = 10$ 时，$k_A = 0.7$。没有雪崩时的暗电流是 10 nA，带宽是 700 MHz。

(1) 单位均方根带宽的噪声电流是多少？

(2) 700 MHz 带宽的噪声电流是多少？

(3) 如果 $M = 1$ 的响应度是 0.8，那么 $\text{SNR} = 10$ 时的最小光功率是多少？

解

(1) 在没有光电流时，APD 噪声来源于暗电流 I_d，由式(4.2.19)可知均方根噪声电流

$$\sigma_d = (2qI_d M^{2+x}\Delta f)^{1/2}$$

对于 InGaAs 材料，取 $x = 0.7$，于是单位均方根带宽的噪声电流

$$\frac{\sigma_d}{\sqrt{\Delta f}} = (2qI_d M^{2+x})^{1/2} = (2 \times 1.6 \times 10^{-19} \times 10 \times 10^{-9} \times 10^{2+0.7})^{1/2}\text{ A}/\sqrt{\text{Hz}}$$

$$= 1.27 \times 10^{-12}\text{ A}/\sqrt{\text{Hz}}$$

(2) 700 MHz 带宽的均方根噪声电流

$$\sigma_d = \sqrt{\Delta f}\,\frac{\sigma_d}{\sqrt{\Delta f}} = (700 \times 10^6)^{1/2} \times 1.27 \times 10^{-12}\text{ nA} = 0.335\text{ nA}$$

(3) 有光入射时的 SNR 为

$$\text{SNR} = \frac{M^2 I_p^2}{[2q(I_d + I_p)M^{2+x}\Delta f]}$$

由此式得到 I_p 的二次方程

$$M^2 I_p^2 - 2qM^{2+x}\Delta f(\text{SNR})I_p - 2qM^{2+x}\Delta f(\text{SNR})I_d = 0$$

将已知的 M、x、I_d、Δf 和 SNR 代入从上式解出的 I_p 式中，得到 $I_p = 1.75 \times 10^{-8}\text{ A}$，即 17.5 nA。由响应度的表达式 $R = I_p/P_{in}$，可以得到最小的输入功率为

$$P_{in} = I_p/R = 0.175 \times 10^{-9}/0.8\text{ W} = 2.19 \times 10^{-8}\text{ W} = 21.9\text{ nW}$$

4.2.4　光接收机误码率和灵敏度

数字接收机的性能指标由比特误码率(BER)所决定。BER 定义为码元在传输过程中出现差错的概率，工程中常用一段时间内出现误码的码元数与传输的总码元数之比来表示。如 $\text{BER} = 10^{-9}$，则表示每传输 10 亿比特只允许错 1 比特。通常，数字光接收机要求 $\text{BER} \leqslant 10^{-9}$。此时，接收机灵敏度定义为保证比特误码率为 10^{-9} 时，要求的最小平均接收光功率(P_{rec})。假如一个接收机用较少的入射光功率就可以达到相同的性能指标，那么说该接收

机更灵敏些。影响接收机灵敏度的主要因素是各种噪声。既然接收机灵敏度 P_{rec} 与比特误码率有关,下面就从计算数字接收机 BER 开始进行讲解。

1. 比特误码率

图 4.2.6 表示噪声引起信号误码的图解说明。由图可见,由于噪声叠加,使"1"码在判决时刻变成"0"码,经判决电路后产生了一个误码。

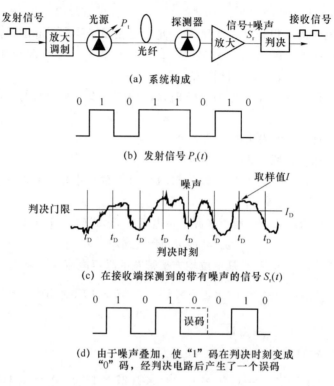

(a) 系统构成

(b) 发射信号 $P_t(t)$

(c) 在接收端探测到的带有噪声的信号 $S_r(t)$

(d) 由于噪声叠加,使"1"码在判决时刻变成
"0"码,经判决电路后产生了一个误码

图 4.2.6 噪声引起误码的图解说明

图 4.2.6(c)表示判决电路接收到的信号,由于噪声的干扰,在信号波形上已叠加了随机起伏的噪声。判决电路用恢复的时钟在判决时刻 t_D 对叠加了噪声的信号取样。等待取样的"1"码信号和"0"码信号分别围绕着平均值 I_1 和 I_0 摆动。判决电路把取样值与判决门限 I_D 比较,如果 $I > I_D$,就认为是"1"码;如果 $I < I_D$,就认为是"0"码。由于接收机噪声的影响,可能把比特"1"判决为 $I < I_D$,误认为是"0"码;同样也可能把"0"码错判为"1"码。误码率包括这两种可能引起的误码,因此误码率为

$$\text{BER} = P(1)P(0/1) + P(0)P(1/0) \qquad (4.2.24)$$

式中,$P(1)$ 和 $P(0)$ 分别是接收"1"和"0"码的概率,$P(0/1)$ 是把"1"判为"0"的概率,$P(1/0)$ 是把"0"判为"1"的概率。对脉冲编码调制(PCM)比特流,"1"和"0"发生的概率相等,$P(1) = P(0) = 1/2$。因此比特误码率为

$$\text{BER} = 1/2[P(0/1) + P(1/0)] \qquad (4.2.25)$$

图 4.2.7(a)表示判决电路接收到的叠加了噪声的 PCM 比特流,图 4.2.7(b)表示"1"码信号和"0"码信号在平均信号电平 I_1 和 I_0 附近的高斯概率分布,阴影区表示当 $I_1 < I_D$ 或 $I_0 > I_D$ 时的错误识别概率。

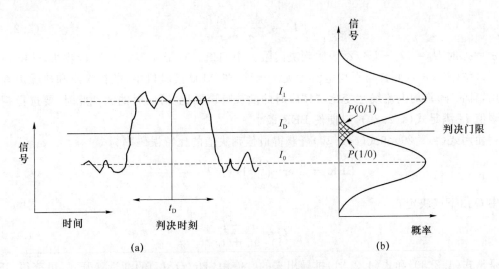

图 4.2.7　二进制信号的误码概率计算

由于光电检测过程,尤其是雪崩光电检测过程是非常复杂的随机过程,因此,精确地求解总噪声概率密度函数是困难的。高斯近似法假定,不管 PIN 还是 APD 接收机,光电检测过程都是高斯随机过程,从而使计算大为简化。散粒噪声均方值 σ_s^2 的表达式分别由式(4.2.9)和式(4.2.19)表示。因为两个高斯随机变量之和也是高斯随机变量,因此取样值 I 也具有高斯概率分布。在高斯近似下,均方热噪声电流和均方散粒噪声电流之和的概率密度函数仍为高斯函数,并且总均方噪声电流等于均方热噪声电流与均方散粒噪声电流之和,即 $\sigma^2 = \sigma_T^2 + \sigma_s^2$。然而,码元"1"和码元"0"的平均值和方差值是不相同的,因为光生电流 I_p 对于不同的码元,取值不同,"1"码时为 I_1,"0"码时为 I_0。假如 σ_1^2 表示接收"1"码的均方噪声电流,σ_0^2 表示接收"0"码时的均方噪声电流。那么,把"1"码判为"0"码的概率 $P(0/1)$ 和把"0"码判为"1"码的概率 $P(1/0)$ 分别是

$$P(0/1) = \frac{1}{\sigma_1\sqrt{2\pi}} \int_{-\infty}^{I_D} \exp\left[-\frac{(I-I_1)^2}{2\sigma_1^2}\right] \mathrm{d}I = \frac{1}{2}\mathrm{erfc}\left(\frac{I_1-I_D}{\sigma_1\sqrt{2}}\right) \tag{4.2.26}$$

$$P(1/0) = \frac{1}{\sigma_0\sqrt{2\pi}} \int_{I_D}^{\infty} \exp\left[-\frac{(I-I_0)^2}{2\sigma_0^2}\right] \mathrm{d}I = \frac{1}{2}\mathrm{erfc}\left(\frac{I_D-I_0}{\sigma_0\sqrt{2}}\right) \tag{4.2.27}$$

式中 erfc 代表误差函数 erf(x) 的互补函数,定义为

$$\mathrm{erfc}(x) = \frac{2}{\sqrt{\pi}} \int_x^{\infty} \exp(-y^2)\mathrm{d}y \tag{4.2.28}$$

把式(4.2.26)和式(4.2.27)代入式(4.2.25),可以得到

$$\mathrm{BER} = \frac{1}{4}\left[\mathrm{erfc}\left(\frac{I_1-I_D}{\sqrt{2}\sigma_1}\right) + \left(\frac{I_D-I_0}{\sqrt{2}\sigma_0}\right)\right] \tag{4.2.29}$$

该式表明 BER 与判决门限 I_D 有关,实际上,可以选择最佳的 I_D 值使 BER 最小。使 BER 最小的 I_D 值为

$$\frac{I_1-I_D}{\sigma_1} = \frac{I_D-I_0}{\sigma_0} = Q \tag{4.2.30}$$

由此式得到 I_D 的表达式为

$$I_{\mathrm{D}} = \frac{\sigma_0 I_1 + \sigma_1 I_0}{\sigma_1 + \sigma_0} \qquad (4.2.31)$$

当 $\sigma_1 = \sigma_0$ 时,$I_{\mathrm{D}} = (I_1 + I_0)/2$,表明判决门限为中间值。对于大多数 PIN 接收机,热噪声占支配地位($\sigma_{\mathrm{T}} \gg \sigma_{\mathrm{s}}$),并且与平均电流无关。相反,在 APD 接收机中,散粒噪声和热噪声都起作用,且 σ_{s}^2 随平均电流线性变化,"1"码时的散粒噪声要比"0"码时的大。此时,要选择判决门限值 I_{D} 满足式(4.2.29),以便使 BER 最小。

使用式(4.2.29)和式(4.2.30)可获得最佳判决值的比特误码率为

$$\mathrm{BER} = \frac{1}{2}\mathrm{erfc}\left(\frac{Q}{\sqrt{2}}\right) = \frac{\exp(-Q^2/2)}{Q\sqrt{2\pi}} \qquad (4.2.32)$$

式中 Q 由下式决定:

$$Q = \frac{I_1 - I_0}{\sigma_1 + \sigma_0} \qquad (4.2.33)$$

这是从式(4.2.30)和式(4.2.31)推导出来的。使用 $\mathrm{erfc}(Q/\sqrt{2})$ 的渐近展开式,可获得 BER 的近似表达式,并且对于 $Q > 3$,它是足够精确的。图 4.2.8 表示 BER 随 Q 参数变化的曲线。由图可见,随 Q 值增加,BER 下降,当 $Q > 7$ 时,BER $< 10^{-12}$。因为 $Q = 6$ 时,BER $= 10^{-9}$,所以 $Q = 6$ 时的平均接收光功率就是接收机灵敏度。下面进一步讨论这个问题。

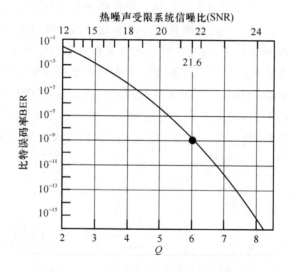

图 4.2.8　比特误码率和 Q 参数的关系

2. 灵敏度

比特误码率表达式(4.2.32)可被用来计算最小接收光功率(即比特误码率低于指定值时接收机可靠工作所需要的功率)。为此,应建立 Q 与入射光功率的关系。为简化起见,考虑"0"码时不发射光功率的情况,即 $P_0 = 0, I_0 = 0$。"1"码功率 P_1 与电流 I_1 的关系为

$$I_1 = MRP_1 = 2MR\overline{P}_{\mathrm{rec}} \qquad (4.2.34)$$

式中,R 是光电探测器响应度,$\overline{P}_{\mathrm{rec}}$ 是平均接收光功率,定义为 $\overline{P}_{\mathrm{rec}} = (P_1 + P_0)/2$,$M$ 为 APD 增益倍数。$M = 1$ 时为 PIN 接收机。

均方根噪声电流 σ_1 和 σ_0 包括分别由式(4.2.19)和式(4.2.11)给出的散粒噪声 σ_{s}^2 和热噪声 σ_{T}^2 项。σ_1 和 σ_0 的表达式分别是

$$\sigma_1 = (\sigma_s^2 + \sigma_T^2)^{1/2}$$

$$\sigma_0 = \sigma_T \tag{4.2.35}$$

σ_s^2 和 σ_T^2 更准确的表达式为

$$\sigma_s^2 = 2qM^2 F_A R(2\overline{P}_{rec})\Delta f \tag{4.2.36}$$

$$\sigma_T^2 = (4k_B T/R_L)F_n \Delta f \tag{4.2.37}$$

上两式忽略了暗电流的影响。将式(4.2.34)和式(4.2.35)代入式(4.2.33),可求得参数 Q 为

$$Q = \frac{I_1}{\sigma_1 + \sigma_0} = \frac{2MR\overline{P}_{rec}}{(\sigma_s^2 + \sigma_T^2)^{1/2} + \sigma_T} \tag{4.2.38}$$

对于指定的 BER,可从式(4.2.32)求得 Q 值,从而由式(4.2.38)求得接收机灵敏度 $\overline{P}_{rec}$。对于给定的 Q 值,解式(4.2.38),可求得 $\overline{P}_{rec}$ 为

$$\overline{P}_{rec} = \frac{Q}{R}\left(qF_A Q\Delta f + \frac{\sigma_T}{M}\right) \tag{4.2.39}$$

首先,考虑 $M=1$ 的 PIN 接收机,因为此时热噪声占支配地位,可得到 $\overline{P}_{rec}$ 的简单表达式

$$(\overline{P}_{rec})_{PIN} = Q\sigma_T/R \tag{4.2.40}$$

从式(4.2.37)可知,σ_T^2 不仅与接收机参数 R_L 和 F_n 有关,而且通过接收机带宽 Δf 也与比特率 B 有关(典型值为 $\Delta f = B/2$)。于是,在热噪声限制接收机中,$\overline{P}_{rec}$ 随 $\sqrt{B}$ 的增加而增加。举例来说,$R=1\,A/W$ 的 $1.55\,\mu m$ PIN 接收机,典型的热噪声值 $\sigma_T = 0.1\,\mu A$,BER$=10^{-9}$ 时,$Q=6$,则接收机灵敏度 $\overline{P}_{rec}=0.6\,\mu W(-32.2\,dBm)$。

其次,考虑 APD 接收机的情况。在式(4.2.39)中,假如热噪声仍占支配地位,$\overline{P}_{rec}$ 缩小 M 倍,接收机灵敏度也扩大 M 倍。然而,在必须考虑散粒噪声影响时,式(4.2.39)也应包括散粒噪声项。类似前面讨论 SNR 的情况,借助调整 APD 增益 M,也可使接收机灵敏度达到最佳。将式(4.2.20)代入式(4.2.39),很容易证明最小 $\overline{P}_{rec}$ 的最佳 M 值为

$$M_{opt} = k_A^{-1/2}\left(\frac{\sigma_T}{q\Delta f Q} + k_A - 1\right)^{1/2} = \left(\frac{\sigma_T}{k_A q\Delta f Q}\right)^{1/2} \tag{4.2.41}$$

要求的最小平均接收光功率为

$$(\overline{P}_{rec})_{APD} = (2q\Delta f/R)Q^2(k_A M_{opt} + 1 - k_A) \tag{4.2.42}$$

比较式(4.2.40)和式(4.2.42),可以估算 APD 接收机灵敏度提高的情况。APD 接收机平均接收光功率取决于电离系数比 k_A,小的 k_A 值,可得到大的 $\overline{P}_{rec}$。对 InGaAs APD 接收机,通常灵敏度可提高 $6\sim8\,dB$。值得一提的是,APD 接收机的 $\overline{P}_{rec}$ 随比特率 B 线性劣化,因为式(4.2.42)中的 Δf 与 B 成正比,而在 PIN 接收机中〔见式(4.2.40)〕,$\overline{P}_{rec}$ 随 $\sqrt{B}$ 增加而增加〔见式(4.2.37)和式(4.2.40)〕。APD 接收机 $\overline{P}_{rec}$ 与 B 的这种线性关系,通常是散粒噪声限制接收机性能的结果。对于 $\sigma_T=0$ 的理想接收机,使式(4.2.39)中的 $M=1$,可以得到理想 PIN 接收机要求的平均接收光功率

$$(\overline{P}_{rec})_{PIN} = (q\Delta f/R)Q^2 \tag{4.2.43}$$

从式(4.2.43)和式(4.2.42)的比较可知,APD 接收机灵敏度因为过剩噪声指数的存在而劣化。

影响接收机灵敏度的主要因素除噪声外,与传输信号的码速也有直接关系。图 4.2.9 表示接收机灵敏度的测量值与比特率的关系,从图中可以看出,随着传输信号码速的增大,对接收机的灵敏度要求也会更高。

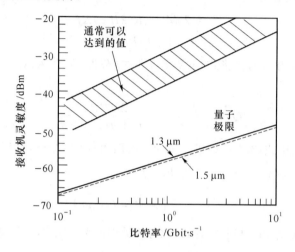

图 4.2.9　接收机灵敏度和比特率的关系

4.2.5　光接收机性能

光接收机的性能由其构成的系统 BER 随平均接收光功率的变化来表征,BER=10^{-9} 时的平均接收光功率即为接收机灵敏度。对同一系统来说,接收机灵敏度与比特速率有关,图 4.2.9 给出了一个长波长系统的灵敏度随比特率变化的情况,由图可知,实际光接收机的灵敏度比量子极限约低 20 dB,主要由接收机热噪声引起,光纤色散也是使灵敏度下降的因素之一。光纤色散导致的灵敏度下降与比特速率 B 和光纤长度 L 有关,并随 BL 乘积增加而增加,图 4.2.9 也说明这一点,图中在较高码率下,接收灵敏度的实测值比量子极限下降了 25~30 dB,对于比特速率高达 10 Gbit/s 的系统,接收机灵敏度通常大于-20 dBm。

光接收机的性能可能随时间而发生劣化,对实际运行的系统,不可能常常进行误码率测试,因此一般采用通过观察接收信号眼图的方法来监测系统性能。不经光纤传输时,眼图张得很开;但经光纤传输后,由于光纤色散,使 BER 下降,反映为眼图变坏,出现部分关闭。因此通过对眼图的监测,可知道系统性能的劣化情况。

1.3~1.6 μm 长波长光接收机性能通常受限于热噪声,采用 APD 接收机,灵敏度可以比 PIN 接收机高,但由于 APD 倍增噪声的存在,这种灵敏度的提高将受到限制,灵敏度的提高只能达到 5~6 dB。用每比特接收到的平均光子数表示,APD 接收机要求接近 1 000 光子/比特,与量子极限(10 光子/比特)相比还差得很远。热噪声的影响可以通过采用相干接收的方式而大大减小,在相干接收中,接收灵敏度可以只比量子极限低 5 dB。

4.3　光中继器

前面已对组成光波系统的 3 个基本单元——光发送机、光纤线路和光接收机——的原理、结构与特性进行了详细的讨论。在光纤通信系统中,除了这 3 种基本组成单元外,还有一些中间设备,如光中继器和上下路分插复用器,本节将对光中继器作简要介绍。

在光纤通信线路上,光纤的吸收和散射导致光信号衰减,光纤的色散将使光脉冲信号畸变,导致信息传输质量降低,误码率增高,限制了通信距离。为了满足长距离通信的需要,必须在光纤传输线路上每隔一定距离加入一个中继器,以补偿光信号的衰减和对畸变信号进行整形,然后继续向终端传送。通常有两种中继方法:一种是传统方法,采用光—电—光转换方式,亦称光电光混合中继器;另一种是近几年才发展起来的新技术,它是采用光放大器对光信号进行直接放大的中继器,将在下一章专门讨论。在混合中继器中先将从光纤接收到的已衰减和变形的脉冲光信号用光电二极管检测转换为光电流,然后经前置放大器、主放大器、判决再生电路实现脉冲信号放大与整形,最后再驱动光源产生符合传输要求的光脉冲信号沿光纤继续传输,如图 4.3.1 所示。它实际上是前面已讨论过的光接收机和光发送机功能的串接,其基本功能是均衡放大、识别再生和再定时。具有这 3 种功能的中继器称为3R 中继器,而仅具有前两种功能的中继器称为 2R 中继器。经再生后的输出光脉冲完全消除了附加噪声和波形畸变,即使在由多个中继器组成的系统中,噪声和畸变也不会累积,这正是数字通信能实现长距离通信的原因。

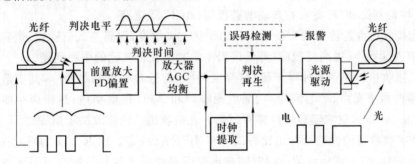

图 4.3.1　光—电—光中继器的结构原理框图

在光纤通信系统中,光中继器作为一种系统基本单元,除没有接口、码形变换和控制部分外,在原理、组成元件与主要特性方面与光接收机和光发送机基本相同。但其结构与可靠性设计则视安装地点不同会有很大不同。

安装于机房中的中继器,在结构上应与机房原有的光终端机和 PCM 设备协调一致。埋设于地下人孔内和架空线路上的光中继器箱体要密封、防水、防腐蚀等。如果光中继器在直埋状态下工作,要求将更严格。

小　　结

1. 光检测器

(1) 对光电检测器的要求是灵敏度高、响应快、噪声小、成本低和可靠性高,并且它的光敏面应与光纤芯径匹配。用半导体材料制成的光电检测器正好满足这些要求。

(2) 能把光辐射能量转换成一种便于测量的物理量的器件称光检测器。光电探测的物理效应可以分为三大类:光电效应、光热效应和波相互作用效应,并以光电效应应用最为广泛。

(3) 光电二极管(PD)是一个工作在反向偏压下的 PN 结二极管。PIN 二极管与 PD 的主要区别是,在 P$^+$ 和 N$^-$ 之间加入一个在 Si 中掺杂较少的 I 层,作为耗尽层,I 层的宽度较宽,可吸收绝大多数光子。

(4) 雪崩光电二极管(APD)是利用雪崩倍增效应使光电流得到倍增的高灵敏度探测器。因其工作速度高,并能提供内部增益,已广泛应用于光通信系统中。

(5) 用于光纤通信的金属-半导体-金属(MSM,Metal-Semiconductor-Metal)光电探测器是另一种类型的光电探测器。然而,它的光-电转换的基本原理是入射光子产生电子-空穴对,电子-空穴对的流动就产生了光电流。因为电极和光敏区处于同一平面内,所以这种器件称为平面探测器。这种结构的结电容小,所以它的带宽大,这种器件很有可能工作在300 GHz。另外,它的制造也容易。

2. 光接收机

(1) 光接收机是光纤通信系统的重要组成部分,其作用是将光信号转换回电信号,恢复光载波所携带的原信号。

(2) 光接收机通常由光检测器、前置放大器、主放大器和滤波器等组成,在数字光接收机中,还要增加判决、时钟提取和自动增益控制(AGC)等电路。

(3) 光接收机性能优劣的主要技术标志是接收灵敏度、误码率或信噪比、带宽和动态范围。降低输入端噪声、提高灵敏度、降低误码率是光接收机理论的中心问题。

(4) 光接收机中存在各种噪声源,可分成两类,即散粒噪声和热噪声,其中散粒噪声包括光检测器的量子噪声、暗电流噪声、漏电流噪声和 APD 倍增噪声;热噪声主要指负载电阻 R_L 产生的热噪声,放大器对噪声亦有影响。光接收机的性能取决于信噪比。

(5) 数字接收机的性能指标由比特误码率(BER)所决定。BER 定义为码元在传输过程中出现差错的概率,工程中常用一段时间内出现误码的码元数与传输的总码元数之比来表示。通常,数字光接收机要求 BER$\leqslant 10^{-9}$。影响接收机灵敏度的主要因素是各种噪声。

(6) 光接收机的性能由其构成的系统 BER 随平均接收光功率的变化来表征,BER = 10^{-9} 时的平均接收光功率即为接收机灵敏度。对同一系统来说,接收机灵敏度与比特速率有关。

(7) 光接收机的性能可能随时间而发生劣化,对实际运行的系统,不可能常常进行误码率测试,因此一般采用观察接收信号眼图的方法来监测系统性能。

思考与练习

4-1　光探测器的作用和原理是什么?

4-2　简述半导体的光电效应。

4-3　什么是雪崩增益效应?

4-4　光接收机的作用是什么?

4-5　光纤通信中最常用的光电检测器是哪两种?比较它们的优缺点。

4-6　PIN 和 APD 探测器的主要区别是什么?

4-7 数字光接收机主要由哪几部分组成?

4-8 试说明前置放大器和主放大器的功能区别。

4-9 光接收机中存在哪些噪声?

4-10 通常数字光接收机要求 BER 是多少?

4-11 接收机灵敏度的定义是什么?

4-12 监测光纤通信系统性能好坏通常采用什么最直观、简单的方法?

4-13 分别计算 Si 和 Ge PIN 光电二极管的截止波长。它们的禁带能量分别是 1.1 eV 和 0.67 eV。

4-14 估计响应度 0.5 A/W、暗电流 1 nA 的 PIN 光电二极管的最小探测功率。

4-15 光电探测器的响应度是 0.5 A/W,如果入射光功率是 -43 dBm,计算它产生的电流。

4-16 如果光电探测器 3 dB 带宽是 500 MHz,计算它的上升时间。

4-17 光电探测器的量子效率是 0.9,波长是 1.3 μm,入射功率是 -37 dBm,计算它的输出电流。如果负载电阻是 50 Ω、100 Ω 或 1 MΩ,计算电阻上产生的电压。

4-18 假如 PIN 光电二极管的暗电流在 25 ℃时是 0.06 nA,以后每增加 10 ℃暗电流增加一倍,计算并画出温度从 25 ℃到 95 ℃的暗电流变化。

4-19 计算 0.82 μm 波长 Si-APD 的响应度。假如量子效率为 0.8,增益为 100,如果要求产生 20 nA 的光电流,需要多大的光功率?

4-20 PIN 接收机负载电阻是 1 kΩ,当入射光功率为 800 nW 时在该电阻上产生 0.2 mV 的电压,探测器的灵敏度是多少?

4-21 计算电流-电压变换器的输出电压和 3 dB 带宽。已知探测器灵敏度是 0.5 A/W,入射光功率是 -34 dBm,反馈电阻是 1 kΩ,其上跨接 0.2 pF 的电容。

4-22 PIN 探测器灵敏度是 0.5 A/W,工作在 0.85 μm 波长,暗电流是 2 nA,工作温度是 300 K,把负载电阻作为变量计算 NEP。假如负载电阻是 100 Ω,接收机带宽是 1 MHz,最小探测功率是多少?

第5章

光无源器件

一个完整的光纤通信系统,除光纤、光源和光检测器外,还需要许多其他光器件,特别是无源器件,如:光纤连接器、光耦合器、光波分复用器、光隔离器、光衰减器、光开关和光调制器等。这些器件对光纤通信系统的构成、功能的扩展或性能的提高都是不可缺少的。最初在点对点的光纤通信系统中,只用到光纤连接器这种光无源器件,它随光纤通信的出现而出现,随光纤通信的发展而发展。至今它仍是用量最大的光通信元件。随着光通信网的发展,定向耦合器和星形耦合器得到越来越广泛的应用。在波分复用光纤通信系统中,要用到光波分复用/解复用器,用以将不同光载波频率的信号合成与分开。在光纤与集成光路的耦合和相干光通信中要用到偏振器来改变光的偏振态。在掺铒光纤放大器后要用到光滤波器来滤除自发辐射噪声。当光纤系统采用外调制方案时,要用到光调制器。不管是高码速的强度调制光纤通信系统、相干和频分复用光纤通信系统,还是高精度的测试系统,都离不开光隔离器等。本章介绍主要光无源器件的类型、原理和主要性能。

5.1 光纤连接器

在安装任何光纤系统时,都必须考虑以低损耗的方法把光纤或光缆相互连接起来,以实现光链路的接续。光纤链路的接续,又可以分为永久性的和活动性的两种。永久性的接续,大多采用熔接法、粘接法或固定连接器来实现;活动性的接续,一般采用活动连接器来实现。光纤活动连接器(Optical Connector),俗称活接头,一般称为光纤连接器,是用于连接两根光纤或光缆形成连续光通路的可以重复使用的无源器件,已经广泛应用在光纤传输线路、光纤配线架和光纤测试仪器、仪表中,是目前使用数量最多的光无源器件。

5.1.1 光纤连接器的性能

光纤连接器的性能,首先是光学性能,此外还要考虑光纤连接器的互换性、重复性、抗拉强度、温度和插拔次数等。

(1) 光学性能

对于光纤连接器的光性能方面的要求,主要涉及插入损耗和回波损耗这两个最基本的参数。

插入损耗(Insertion Loss)即连接损耗,是指因连接器的导入而引起的链路有效光功率的损耗。插入损耗用 L 表示。若输入光纤的光功率为 P_i,输出光纤的光功率为 P_o,则插入损耗为

$$L = 10\lg\frac{P_i}{P_o} \tag{5.1.1}$$

插入损耗越小越好，一般要求应不大于 0.5 dB。

回波损耗(Return Loss/Reflection Loss)定义为

$$R_L = 10\lg\frac{P_i}{P_r} \tag{5.1.2}$$

式中，P_i 为输入光功率，P_r 为反射光功率。

回波损耗反映了连接器对链路光功率反射的抑制能力，其典型值应不小于 25 dB。回波损耗越大越好，以减少反射光对光源和系统的影响。实际应用的连接器，插针表面经过了专门的抛光处理，可以使回波损耗更大，一般不低于 45 dB。

(2) 重复性、互换性

重复性是指活动连接器多次插拔后插入损耗的变化，用 dB 表示。互换性是指连接器各部件互换时插入损耗的变化，也用 dB 表示。这两项指标可以考核连接器结构设计和加工工艺的合理性，是表明连接器实用化的重要指标。光纤连接器是通用的无源器件，对于同一类型的光纤连接器，一般都可以任意组合使用，并可以重复多次使用，由此而导入的附加损耗一般都在小于 0.2 dB 的范围内。

(3) 抗拉强度

对于做好的光纤连接器，一般要求其抗拉强度应不低于 90 N。

(4) 温度

一般要求光纤连接器必须在 $-40\sim+70℃$ 的温度下能够正常使用。

(5) 插拔次数

目前使用的光纤连接器一般都可以插拔 1 000 次以上。

5.1.2 光纤连接器的一般结构

光纤连接器种类众多，结构各异。但绝大多数的光纤连接器一般采用高精密组件(由两个插针和一个套筒组成)实现光纤的对准连接。

光纤连接器的一般结构如图 5.1.1 所示，这种方法是将光纤穿入并固定在插针中，并将插针端面进行抛光处理后，在套筒中实现对准。插针的外组件采用金属或非金属的材料制作。插针的对接端必须进行研磨处理，另一端通常采用弯曲限制构件来支撑光纤或光纤软缆以释放应力。套筒一般是由陶瓷或青铜等材料制成的两半合成的、紧固的圆筒形构件做成，多配有金属或塑料的法兰盘，以便于连接器的安装固定。为尽量精确地对准光纤，对插针和套筒的加工精度要求很高。

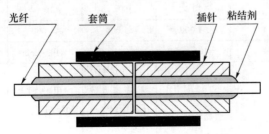

图 5.1.1 光纤连接器的一般结构

插针端面进行处理的目的是缩短光纤端面间隙,减小菲涅尔反射,降低插入损耗,并使部分反射光旁路,以增大回波损耗。光纤插针的端面有平面(PC,Physical Contact)、球面(UPC 或 SPC,Ultra-PoliShing Contact)或斜球面(APC,Angled Physical Contact)3 种。两

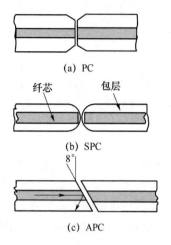

图 5.1.2　3 种典型连接器端面形式

光纤采用平面接触的连接器,由于实际生产中不可能做成理想平面,两光纤端面间存在微小的空气间隙,存在菲涅尔反射,反射光回射到激光器就会引起额外的噪声和波形失真,目前已很少采用。改进后的 SPC(UPC)将端面加工成球形并进行抛光,使两根光纤的纤芯之间实现紧密接触,以减小反射光的能量。回波损耗更高的端面形式为 APC,它除了采用球面接触外,还把端面加工成斜面,以使反射光出射出光纤,避免反射回光发射机。斜面的倾角越大,回波损耗越大,但插入损耗也随之增大。因为普通单模光纤的数值孔径典型值为 0.13,由此计算得到的接收角为 7.5°,所以一般选择 8°的倾斜角使反射角大于接收角,反射光不会反射回去。图 5.1.2 给出 3 种插针端面的示意图。

目前,在高速系统、CATV 和光纤放大等领域,为了减小回波信号的影响,要求回波损耗达到 40~50 dB,甚至 60 dB 以上。将光纤端面加工成球面或斜球面是满足这一要求的有效途径。表 5.1.1 为国产光纤连接器的性能指标。

表 5.1.1　各种单模光纤活动连接器的结构特点和性能指标

结构和特性	类型	FC/PC	FC/APC	SC/PC	SC/APC	ST/PC
结构特点	插针套管(包括光纤)端面形状	凸球面	80°斜面	凸球面	80°斜面	凸球面
	连接方式	螺纹	螺纹	轴向插拔	轴向插拔	卡口
	连接器形状	圆形	圆形	矩形	矩形	圆形
性能指标	平均插入损耗/dB	≤0.2	≤0.3	≤0.3	≤0.3	≤0.2
	最大插入损耗/dB	0.3	0.5	0.5	0.5	0.3
	重复性/dB	≤±0.1	≤±0.1	≤±0.1	≤±0.1	≤±0.1
	互换性/dB	≤±0.1	≤±0.1	≤±0.1	≤±0.1	≤±0.1
	回波损耗/dB	≥40	≥60	≥40	≥60	≥40
	插拔次数	≥1 000	≥1 000	≥1 000	≥1 000	≥1 000
	使用温度范围/℃	−40~+80	−40~+80	−40~+80	−40~+80	−40~+80
用途		长距离干线网、用户网或局域网	长距离干线网、高速率数字系统或模拟视频系统	用户网或局域网	用户网或局域网	用户网或局域网

5.1.3　影响单模光纤连接损耗的因素

引起光纤连接损耗的原因可归为两类：一是相互连接的两光纤结构参数（如数值孔径、模场直径、折射率指数）的不匹配，二是由于光纤的耦合不完善、有缺陷。图 5.1.3 表示了几种光纤连接时的常见缺陷：两光纤端面之间存在轴向间隙 D，两光纤有横向位移 d；两光纤轴线有倾斜角度 θ；光纤端面不平整；纤芯直径为 $2a$。下面针对各种缺陷分别作简要介绍。

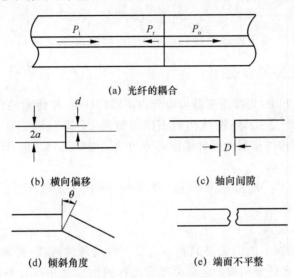

(a) 光纤的耦合

(b) 横向偏移　　　　　　　　(c) 轴向间隙

(d) 倾斜角度　　　　　　　　(e) 端面不平整

图 5.1.3　光纤的耦合与耦合缺陷

(1) 光纤模场直径不同时的连接损耗

两单模光纤连接时，如输入光纤的模场半径为 ω_1，输出光纤的模场半径为 ω_2，则连接损耗 α_ω 为

$$\alpha_\omega = 20\lg \frac{\omega_1^2 + \omega_2^2}{2\omega_1 \omega_2} \tag{5.1.3}$$

在理想情况下，$\omega_1 = \omega_2$，$\alpha_\omega = 0$。如 $\omega_1 = 4 \ \mu m$，$\omega_2 = 5 \ \mu m$ 时，$\alpha_\omega = 0.21 \ dB$。

(2) 数值孔径不同时的连接损耗

设输入光纤的数值孔径为 NA_1，输出光纤的数值孔径为 NA_2，则连接损耗 α_{NA} 为

$$\begin{cases} \alpha_{NA} = 20\lg \dfrac{NA_1}{NA_2} & (NA_1 \geqslant NA_2) \\ \alpha_{NA} = 0 & (NA_1 < NA_2) \end{cases} \tag{5.1.4}$$

显然，只有在 $NA_1 > NA_2$ 时，才会产生这种损耗，否则损耗为 0。

(3) 纤芯错位时的损耗

由于纤芯径向的错位而引起的损耗，如图 5.1.3(b) 所示，则连接损耗 α_d 为

$$\alpha_d = 10\lg e^{\left(\frac{d}{\omega}\right)^2} \tag{5.1.5}$$

式中，d 为径向错位；ω 为模场半径。

(4) 光纤端面间隙损耗

在光纤端面连接处，由于端面存在轴向间隙而引起的损耗称为端面间隙损耗，如图 5.1.3(c) 所示，则连接损耗 α_D 为

$$\alpha_D = 20\lg\left[1 + \frac{(\lambda D)^2}{2\pi n_2 \omega^2}\right] \tag{5.1.6}$$

式中,D 为轴向间隙宽度;ω 为模场半径;n_2 为包层折射率;λ 为光波长。

（5）光纤端倾斜损耗

在光纤连接处,由于端面呈斜交时引起的损耗称为倾斜损耗,如图5.1.3(d)所示,则连接损耗 α_θ 为

$$\alpha_\theta = 10\lg e\left(\frac{\pi n_2 \omega \theta}{\lambda}\right)^2 \tag{5.1.7}$$

式中,θ 为端面倾斜角度;ω 为模场半径;n_2 为包层折射率;λ 为光波长。

5.1.4 光纤连接器分类

按照不同的分类方法,光纤连接器可以分为不同的种类,按传输媒介的不同可分为单模光纤连接器和多模光纤连接器;按结构的不同可分为 FC、SC、ST、D4、DIN、Biconic、MU、LC、MT 等各种类型;按连接器的插针端面可分为 PC、SPC(UPC)和 APC;按光纤芯数分还有单芯、多芯之分。

在实际应用过程中,一般按照光纤连接器结构的不同来加以区分。以下简单介绍目前比较常见的光纤连接器。

（1）FC 型光纤连接器

FC 型连接器是我国采用的主要品种。这是一种用螺纹连接,外部零件采用金属材料制作的连接器。两根光纤分别被固定在毛细管部件的轴心处并被磨平抛光,然后插入套筒

图 5.1.4 FC 型光纤连接器

的孔内,实现轴心的对准和两根光纤的紧密接触。FC 是 Ferrule Connector 的缩写,表明其外部加强方式采用金属套,紧固方式为螺丝扣。最早,FC 类型的连接器,采用的陶瓷插针的对接端面是平面接触方式(PC)。此类连接器结构简单,操作方便,制作容易,但光纤端面对微尘较为敏感,且容易产生菲涅尔反射,提高回波损耗性能较为困难。后来,对该类型连接器做了改进,采用对接端面呈球面的插针(UPC),而外部结构没有改变,使得插入损耗和回波损耗性能有了较大幅度的提高。图 5.1.4 为一种典型 FC 型光纤连接器。

（2）ST 型连接器

图 5.1.5 是 ST 型连接器。这种连接器采用带键的卡口式锁紧结构,确保连接时准确对接。

（3）SC 型光纤连接器

SC 型光纤连接器是由日本 NTT 公司开发的一种光纤连接器。其外壳呈矩形,一般采用工程塑料制作,如图 5.1.6 所示。SC 型光纤连接器所采用的插针与耦合套筒的结构尺寸和 FC 型完全相同,其中插针的端面多采用 PC 或 APC 型研磨方式;紧固方式是采用插拔销闩式,不需旋转。此类连接器价格低廉,插拔操作方便,插入损耗波动小,抗压强度较高,安装密度高。

图 5.1.5 ST 型光纤连接器

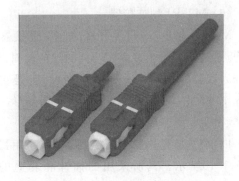
图 5.1.6 SC 型光纤连接器

（4）双锥型连接器（Biconic Connector）

这类光纤连接器中最有代表性的产品由美国贝尔实验室开发研制，其原理示意图如5.1.7所示。它由两个经精密模压成型的端头呈截头圆锥形的圆筒插头和一个内部装有双锥形塑料套筒的耦合组件组成。

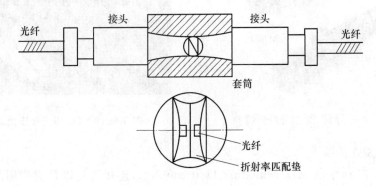
图 5.1.7 双锥型光纤连接器

（5）DIN47256 型光纤连接器

这是一种由德国开发的连接器，其外形结构如图 5.1.8 所示。DIN 是德国工业标准的表示，其后面的数字为标准号。这种连接器采用的插针和耦合套筒的结构尺寸与 FC 型相同，端面处理采用 PC 研磨方式。与 FC 型连接器相比，其结构要复杂一些，内部金属结构中有控制压力的弹簧，可以避免因插接压力过大而损伤端面。另外，这种连接器的机械精度较高，因而插入损耗值较小。据有关资料提供的数据，插入损耗标称值为 0.55 dB 的连接器，其实测最大值为 0.14 dB，平均值为 0.088 dB。

图 5.1.8 DIN47256 型光纤连接器

(6) MT-RJ 型连接器

MT-RJ 起步于 NTT 开发的 MT 连接器,带有与 RJ-45 型 LAN 电连接器相同的闩锁结构,通过安装于小型套管两侧的导向销对准光纤,为便于与光收发信机相连,连接器端面光纤为双芯(间隔 0.75 mm)排列设计,是主要用于数据传输的下一代高密度光连接器。图 5.1.9给出了 MT-RJ 型光纤连接器外形。

(7) LC 型连接器

LC 型连接器由贝尔研究所开发,采用操作方便的模块化插孔(RJ)闩锁机理制成,如图 5.1.10所示。其所采用的插针和套筒的尺寸是普通 SC、FC 等所用尺寸的一半,为 1.25 mm。这样可以提高光配线架中光纤连接器的密度。目前,在单模 SFF 方面,LC 类型的连接器实际已经占据了主导地位,在多模方面的应用也增长迅速。

图 5.1.9 MT-RJ 型光纤连接器   图 5.1.10 LC 型光纤连接器

(8) MU 型连接器

如图 5.1.11 所示的 MU(Miniature Unit coupling)连接器是以目前使用最多的 SC 型连接器为基础,由 NTT 研制开发出来的世界上最小的单芯光纤连接器。该连接器采用 1.25 mm直径的套管和自保持机构,其优势在于能实现高密度安装。利用 MU 的 1.25 mm 直径的套管,NTT 已经开发了 MU 连接器的系列。它们有用于光缆连接的插座型光连接器(MU-A 系列)、具有自保持机构的底板连接器(MU-B 系列)以及用于连接 LD/PD 模块与插头的简化插座(MU-SR 系列)等。随着光纤网络向更大带宽、更大容量方向的迅速发展和 DWDM 技术的广泛应用,对 MU 型连接器的需求也将迅速增长。

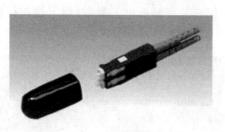

图 5.1.11 MU 型光纤连接器

5.1.5 光纤固定连接方式

光纤的固定连接是光缆工程中使用最普遍的一种,其特点是光纤一次性连接后不能拆卸。光纤的固定连接主要用于光缆线路中光纤之间的永久性连接。光纤的固定连接方式有熔接法和非熔接法。

(1)熔接法

熔接法是将光纤两个端头的芯线紧密接触,然后用高压电弧对其加热,使两端头表面熔化而连接。

熔接法的特点是熔接损耗低,安全可靠,受外界影响小,但需要价格昂贵的熔接机。熔接法是目前光缆线路施工和维护的主要连接方法。

(2)非熔接法

非熔接法是利用简单的夹具夹固光纤并用黏接剂固定,从而实现光纤的低损耗连接。非熔接法主要包括 V 形槽拼接法、套管连接法等。

V 形槽常用于线路抢修、短距离的线路连接、特殊环境下的光纤连接中。首先在 V 形槽中,对对接光纤端面进行调整,使轴心对准之后粘接,再在上面放置压条,使两端光纤紧紧地被压在 V 形槽中,然后由套管将 V 形槽和压条一起套住。当光纤外径有差别时,在外力作用下,V 形槽将发生微量形变,可以补偿由于光纤外径存在差异而产生的对准误差。同时,由于在同一条 V 形槽中定位,两根光纤的轴向精度得以充分保证,没有轴向误差。采用截断法能获得高质量的端面,使光纤实现良好接触,基本上消除光的散射。在制作接头时,芯件的 V 形槽中放有匹配液,用来消除光纤连接时的菲涅耳反射损耗,减少光的后向反射。图 5.1.12 给出 V 形槽拼接法接头的侧面示意图。

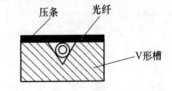

图 5.1.12 V 形槽拼接法示意图

V 形槽拼接法的优点是携带方便、操作简单、不需要贵重的仪表和设备。

非熔接法的特点是操作方便、简单,不需要价格昂贵的熔接机,但在连接处损耗较大,一般为 0.2 dB 左右。

5.2 光耦合器

光耦合器是光纤链路中最重要的无源器件之一,是具有多个输入端和多个输出端的光纤汇接器件,它能使传输中的光信号在特殊结构的耦合区发生耦合,并进行再分配,实现光信号分路/合路的功能。通常用 $M \times N$ 来表示一个具有 M 个输入端和 N 个输出端的光耦合器。

近年来光耦合器已形成一个多功能、多用途的产品系列。从功能上看,它可分为光功率分配器以及光波长分配耦合器。按照光分路器的原理可以分为微光型、光纤型和平面光波导型 3 类。从端口形式上可分为两分支型和多分支型。从构成光纤网拓扑结构所起的作用上讲,光耦合器又可分为星形耦合器和树形耦合器。另外,由于传导光模式不同,它又有多模耦合器和单模耦合器之分。

制作光耦合器可以有多种方法,在全光纤器件中,曾用光纤蚀刻法和光纤研磨法来制作光纤耦合器。目前主要的实用方法有熔融拉锥法和平面波导法。利用平面波导原理制作的光耦合器具有体积小、分光比控制精确、易于大量生产等优点,但该技术尚需进一步发展、完善。

5.2.1　光耦合器的性能参数

光耦合器的主要性能参数有插入损耗、附加损耗、分光比、方向性(或隔离度)等,下面以 2×2 四端口光纤耦合器为例,如图 5.2.1 所示,分别介绍各项参数。

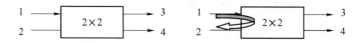

图 5.2.1　2×2 四端口光纤耦合器

① 插入损耗(Insertion Loss)是指某一指定输出端口的光功率 P_{oj} 相对输入光功率 P_i 损失的 dB 数,即

$$L_j = 10\lg \frac{P_{oj}}{P_i}\text{(dB)} \tag{5.2.1}$$

其中,L_j 是第 j 个输出端口的插入损耗。

② 附加损耗(Excess Loss)是指所有输出端口的光功率总和相对输入光功率 P_i 损失的 dB 数,附加损耗(L_e)为

$$L_e = 10\lg \frac{P_i}{\sum_j P_{oj}}\text{(dB)} \tag{5.2.2}$$

对于 2×2 光纤耦合器,附加损耗为

$$L_e = 10\lg \frac{P_1}{P_3 + P_4}\text{(dB)} \tag{5.2.3}$$

对于耦合器,附加损耗是体现器件制造工艺质量水平的指标,反映的是器件制作带来的固有损耗(如散射),理想耦合器的附加损耗是 0。而插入损耗表示的是各个输出端口的输出光功率状况,不仅有固有损耗的因素,更考虑了分光比的影响。

③ 分光比,又叫耦合比(Coupling Ratio),指某一输出端口(如 3 或 4)光功率 P_{oj} 与各端口总输出功率之比,即

$$\text{CR} = \frac{P_{oj}}{\sum_j P_{oj}} \times 100\% \tag{5.2.4}$$

对于 Y 形(1×2)耦合器,分光比 50：50 表示两个输出端口光功率相同,实际应用中常要用到不同分光比的耦合器,目前分光比可达到 50：50~1：99。

④ 隔离度,又称方向性(Directivity),是衡量器件定向传输特性的参数,定义为耦合器正常工作时,输入侧一非注入端的输出光功率相对于全部输入光功率的 dB 数。对于 2×2 光纤耦合器,是指由 1 端口输入功率 P_1 与泄漏到 2 端口的功率 P_2 比值的对数,计算公式表示为

$$L_D = 10\lg\frac{P_1}{P_2}(\text{dB}) \tag{5.2.5}$$

该数值越大越好，L_D 越大说明发送端口的相互串扰影响越小。

5.2.2　各种光耦合器

熔锥法是制作耦合器的最普通的技术。熔融拉锥型光纤耦合器是将两根（或两根以上）光纤去除涂覆层，以一定方式靠拢，在高温加热下熔融，同时向两侧拉伸，在加热区形成双锥体形式的特种波导结构，实现光功率耦合。控制拉伸锥型耦合区长度可以控制两端口功率耦合比（分光比）。熔融拉锥型光纤耦合器如图 5.2.2 所示。

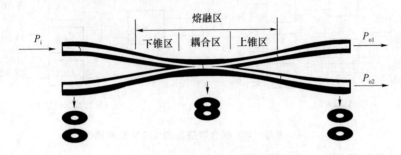

图 5.2.2　熔融拉锥型光纤耦合器

1. 星形耦合器

星形耦合器是指输入输出端口具有 $N \times N$ 型的耦合器。星形耦合器可采用多根光纤扭绞、加热熔融拉锥而形成。对于单模光纤，这种多芯熔锥式星形耦合器需要精确地调整多根光纤间的耦合，这一点很困难，因而通常用另一种拼接方法来构造 $N \times N$ 星形耦合器。如图 5.2.3 所示，利用 4 只 2×2 基本单元可以构成 4×4 耦合器，利用 12 只 2×2 基本单元可以构成 8×8 耦合器，利用 8 只 4×4 基本单元可以构成 16×16 耦合器等。

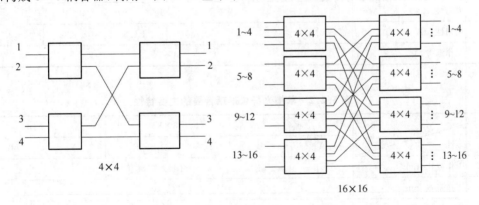

图 5.2.3　基于 2×2 耦合器串级的星形耦合器拼接示意图

2. 树形耦合器

树形耦合器是指输入输出端口具有 $1 \times N$ 型的耦合器。这种耦合器主要用于光功率分配场合，在接入网中用于光分配网。采用类似的方法，可将 1×2 或 2×2 耦合器逐次拼接，构成 $1 \times N$ 或 $2 \times N$ 型，其拼接方案如图 5.2.4 所示。

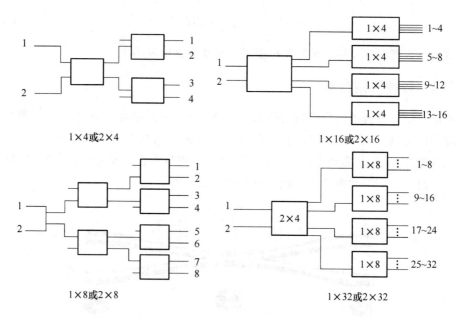

图 5.2.4　基于 2×2 耦合器拼接的 1×N 树形耦合器

下面介绍部分商品单模光纤耦合器的特性,分别用表 5.2.1 和表 5.2.2 展示。

表 5.2.1　单模光纤树形耦合器的主要特性

特性 \ 树形	1×4		1×8		1×16	
	A	B	A	B	A	B
工作波长/nm	1 310 或 1 550					
工作带宽/nm	$\lambda_0 \pm 20$					
附加损耗/dB	0.3	0.5	0.5	0.7	0.7	1.0
方向性/dB	>60					
均匀性/dB	±0.6	±1.0	±1.0	±1.8	±2.0	±2.5
工作温度/℃	−40～+85					

表 5.2.2　单模光纤星形耦合器的主要特性

特性 \ 星形	4×4		8×8		16×16	
	A	B	A	B	A	B
工作波长/nm	1 310 或 1 550					
工作带宽/nm	$\lambda_0 \pm 20$					
插入损耗/dB	≤7.0	≤7.5	≤11.2	≤12.5	≤15.0	≤17.0
方向性/dB	>60					
均匀性/dB	±0.1	±0.6	±1.0	±1.8	±2.0	±2.5
工作温度/℃	−40～+85					

5.3　光开关

光开关是一种具有一个或多个传输端口,可对光传输线路或集成光路中的光信号进行相互转换或逻辑操作的器件。光开关是光交换的核心器件,也是影响光网络性能的主要因素之一。光联网网络的实现完全依赖于光开关、光滤波器、新一代 EDFA、密集波分复用技术等器件和系统技术的进展。

5.3.1　光开关的作用

光开关作为新一代全光联网网络的关键器件,主要用来实现光层面上的自动保护倒换、光网络监控、光纤通信器件测试、光交叉连接和光分插复用等功能。

(1) 自动保护倒换

在光纤断开或者转发设备发生故障时能够自动进行恢复。现在大多数光纤网络都有数条路由连接到节点上,一旦光纤或节点设备发生故障,通过光开关,信号就可以避开故障,选择合适的路由传输。这在高速通信系统中尤为重要。一般采用 1×2 和 $1 \times N$ 光开关就可以实现这种功能。

(2) 光网络监控

在远端光纤测试点上,需要将多根光纤连接到一个光时域反射仪上,通过切换到不同的光纤可以实现对所有光纤的监控,这可以通过一个 $1 \times N$ 光开关来实现。在实际的网络应用中,光开关允许用户提取信号或插入网络分析仪进行在线监控而不干扰正常的网络通信。

(3) 光纤通信器件测试

利用 $1 \times N$ 光开关可以实现元器件的生产和检验测试。每一个通道对应一个特定的测试参数,这样不用把每个器件都单独与仪表连接就可以测试多种光器件,从而使测试得到简化,效率得到提高。

(4) 光交叉连接(OXC)

OXC 是全光网络的核心器件,它能在光纤和波长两个层次上提供光路层的带宽管理,并能在光路层提供网络保护机制,还可以通过重新选择波长路由实现更复杂的网络恢复,因此光路层的带宽管理和光网络的保护和恢复是 OXC 的核心功能。由光开关矩阵构成的 OXC 能在矩阵结构中提供无阻塞的一到多连接。由于 OXC 运行于光域,具有对波长、速率和协议透明的特性,非常适合高速率的数据流的传输。

(5) 光分插复用(OADM)

通过光开关,OADM 可以在网络的某个节点从 DWDM 信号中选出并下载一个波长,然后再在原波长上加入一个新的信号继续向下一个节点传输。这种功能极大地加强了网络中的负载管理功能。OADM 分为固定型和可重构型两种。固定型 OADM 的特点是只能上下一个或多个固定的波长,节点的路由是固定的;可重构型 OADM 能动态调节上下话路波长,从而实现光网络的动态重构。

5.3.2 光开关的种类

(1) 机械光开关

传统的机械光开关是目前常用的一种光开关器件,可通过移动光纤将光直接耦合到输出端,采用棱镜、反射镜切换光路。

机械光开关有移动光纤式、移动套管式和移动透镜(包括反射镜、棱镜和自聚焦透镜)式光开关。图 5.3.1 给出两种机械光开关的结构。

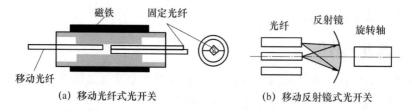

（a）移动光纤式光开关　　　　（b）移动反射镜式光开关

图 5.3.1　两种机械光开关的结构

机械光开关的优点是插入损耗低、隔离度高,与波长和偏振无关,制作技术成熟。其缺点在于开关动作时间较长(毫秒量级),体积偏大,不易做成大型的光开关矩阵,有时还存在重复性差的问题。机械光开关在最近几年已得到广泛应用,但随着光网络规模的不断扩大,这种开关难以适应未来高速、大容量光传送网发展的需求。

微机械(MEMS,Micro-Electro-Mechanical-Systems)光开关指由半导体材料(如 Si 等)构成的微机械电控结构。它将电、机械和光结构合为一块芯片,透明传送不同速率、不同协议的业务,是一种有广泛的应用前景的光开关。MEMS 器件基本原理是通过静电的作用使可以活动的微镜面发生转动,从而改变输入光的传播方向。MEMS 既有机械光开关的低损耗、低串扰、低偏振敏感性和高消光比的优点,又有体积小、易于大规模集成等优点,非常适合于骨干网或大型交换业务的应用场合。

典型的 MEMS 光开关结构可分为二维和三维结构。基于镜面的二维 MEMS 器件由一种受静电控制的二维微镜面阵列组成,安装在机械底座上,准直光束和旋转微镜构成多端口光开关矩阵,其原理如图 5.3.2 所示。微镜两边有两个推杆,推杆一端连接微镜铰接点,另一端连接平移盘铰接点。转换状态通过静电控制使微镜发生转动,当微镜为水平时,可使光束通过该微镜,当微镜旋转到与硅基底垂直时,它将反射入射到它表面的光束,从而使该光束从该微镜对应的输出端口输出。它很容易从开发阶段转向大规模的生产阶段,开关矩阵的规模可以允许扩展到数百个端口。

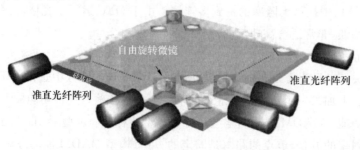

图 5.3.2　自由空间 MEMS 光开关原理图(二维)

三维结构示意图如图 5.3.3 所示,主要靠两个微镜阵列完成两个光纤阵列的光波空间连接,每个微镜能向任何方向转动,都有多个可能的位置,输入光线到达第一个阵列镜面上后被反射到第二个阵列的预制镜面上,然后再被反射到输出端口。为确保任何时刻微镜都处于正确的位置,其控制电路需要十分复杂的模拟驱动方法,控制精度有时要达到百万分之一,因此,制造工艺较为困难,较二维复杂得多。由于 MEMS 光开关是靠镜面转动来实现交换功能的,所以任何机械摩擦、磨损或震动都可能损坏光开关。

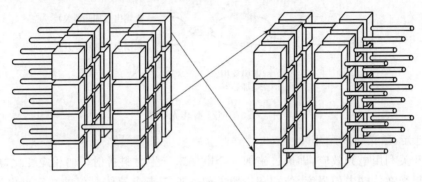

图 5.3.3　三维 MEMS 光开关结构示意图

(2) 热光开关

热光开关是利用热光效应制造的小型光开关。热光效应是指通过电流加热的方法,使介质的温度变化,导致光在介质中传播的折射率和相位发生改变的物理效应。折射率随温度的变化关系为

$$n(T)=n_0+\Delta n(T)=n_0+\frac{\partial n}{\partial T}\Delta T=n_0+\alpha\Delta T$$

式中,n_0 为温度变化前的介质的折射率;ΔT 为温度的变化;α 为热光系数,它与材料的种类有关。

热光开关利用热光效应实现光路的转化,采用可调节热量的波导材料,如 SiO_2、Si 和有机聚合物等。其中聚合波导技术是非常有吸引力的技术,它成本低、串扰小、功耗小、与偏振和波长无关、对交换偏差和工作温度不敏感,通常采用的原理结构有数字型开关和M-Z干涉仪型开关。

① 数字型光开关:当加热器温度加热到一定温度,开关将保持固定状态,最简单的设备是 1×2 光开关,成为 Y 形分支热光开关,如图 5.3.4 所示。当对 Y 形的一个臂加热时,它改变折射率,阻断了光通过此臂。

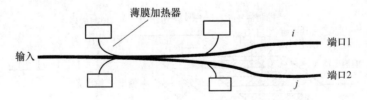

图 5.3.4　Y 形分支热光开关结构

② 干涉仪型光开关:干涉型光开关具有结构紧凑的优点,缺点是对波长敏感,因此,通常需要进行温度控制。干涉仪型光开关主要指 M-Z 干涉仪型,如图 5.3.5 所示。它包括一个 MZI 和两个 3 dB 耦合器,两个波导臂具有相同的长度,在 MZI 的干涉臂上,镀上金属薄

膜加热器形成相位延时器。当加热器未加热时,输入信号经过两个 3 dB 耦合器在交叉输出端口发生相干相长而输出,在直通的输出端口发生相干相消,如果加热器开始工作,使光信号发生了大小为 π 的相移,则输入信号将在直通端口发生相干相长而输出,而在交叉端口发生相干相消。从而通过控制加热器可实现开关的动作。

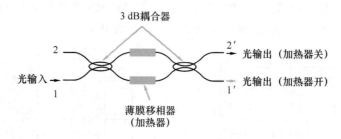

图 5.3.5 MZI 型热光开关

(3) 电光、磁光和声光开关

电光开关利用电光效应,即通过施加一个电场来产生材料折射率的相应变化,从而可以方便地控制光在传播中的强度、位相和传播方向。近年来半导体材料的数字型电光开关引起人们的极大关注,它是用半导体技术构造出的一种数字光开关,其输出波导由 PN 结覆盖,前向偏置电流使输出波导出现载流子浓度改变,从而实现折射率的调制。由于半导体中载流子寿命的限制,开关时间一般为微秒或亚微秒。如图 5.3.6 所示,由两个 Y 形 LiNbO$_3$ 波导构成的马赫-曾德尔 1×1 光开关,与幅度调制器类似,在理想的情况下,输入光功率在 C 点平均分配到两个分支传输,在输出端 D 干涉,其输出幅度与两个分支光通道的相位差有关。当 A、B 分支的相位差 $\phi=0$ 时,输出功率最大,当 $\phi=\dfrac{\pi}{2}$ 时,两个分支中的光场相互抵消,使输出功率最小,在理想的情况下为零。相位差的改变由外加电场控制。

磁光开关原理是利用法拉第旋光效应,通过外加磁场的变化来改变磁光晶体对入射偏振光在偏振面的作用,从而达到切换光路的作用。相对于传统的机械式开关,磁光开关具有开关速度快、稳定性高等优势,而相对于其他的非机械式光开关,它具有驱动电压低、串扰小等优点。

声光效应指声波在通过材料时,使材料产生机械应变,引起材料的折射率变化,形成周期与波长相关的 Bragg 光栅,输入光波在沿内部有声波的波导传播时,将发生散射现象。简单地说,声光开关的工作原理是利用声波来反射光波。声光开关的优点是开关速度比较快,可达纳秒量级。此外,由于没有机械活动部分,可靠性较高。缺点是插入损耗比较大,成本较高。

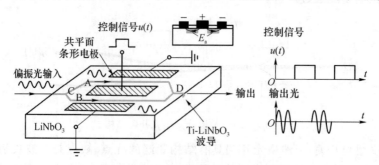

图 5.3.6 马赫-曾德尔 1×1 光开关

（4）液晶光开关

液晶光开关是近几年才开发出来的一种新型光开关器件。

液晶光开关是利用液晶材料的电光效应，偏振光经过未加电压的液晶后，其偏振态将发生改变，而经过施加了一定电压的液晶时，其偏振态将保持不变。由于液晶材料的电光系数是铌酸锂的百万倍，因而成为最有效的电光材料。

液晶光开关一般由 3 个部分组成：偏振光分束器、液晶及偏振光合束器。偏振光分束器把输入偏振光分成两路偏振光，起偏后进入液晶单元。在液晶上施加电压时，使非常光的折射率发生变化，改变非常光的偏振态，平行光经过液晶会变成垂直光，光被阻断；在液晶上不施加电压时，光直通。经液晶后的光进入检偏无源器件，按其偏振态从预定的通道输出，从而实现开关的两个状态。

液晶光栅开关基于布拉格光栅技术，利用液晶材料的电光效应，采用了更为新颖的结构。液晶开关内包含液晶片、偏振光束分离器（PBS）或光束调相器。液晶片的作用是旋转入射光的极化角。液晶光栅开关的基本原理是：将液晶微滴置于高分子层面上，然后沉积在硅波导上，形成液体光栅。当加上电压时，光栅消失，晶体是全透明的，光信号将直接通过光波导；当没有施加电压时，光栅把一个特定波长的光反射到输出端口。这表明该光栅具有两种功能：取出光束中某个波长并实现交换。

和其他光开关相比，液晶光开关具有能耗低、隔离度高、使用寿命长、无偏振依赖性等优点，缺点是插入损耗较大。

在液晶光开关发展的初期有两个主要的制约因素，即切换速度和温度相关损耗。现在已有技术使铁电液晶光开关的切换时间达到 1 ms 以下，其典型插入损耗也小于 1 dB。预计液晶光开关在网络自愈保护应用中将大有发展。理论上，液晶光开关的规模可以做得非常大，但在现实中似乎很难实现。Corning 公司和 ChorumTech 公司都宣布已做出 40×40 端口的液晶光开关。

（5）喷墨光开关

Agilent 公司利用其成熟的热喷墨打印技术与硅平面光波电路技术，开发出了一种利用液体的移动来改变光路全反射条件，实现光传播路径改变的喷墨气泡光开关器件。它是一种利用波导与微镜结合的开关，其结构示意图如图 5.3.7 所示。Agilent 公司设计的气泡光开关上半部分是 Si 片，下半部分是硅衬底上 SiO₂ 光波导。两部分之间抽真空密封，内充折射率匹配液体，每一个小沟道对应一个微型电阻，微型电阻通电时，匹配液被加热形成气泡，对通过的光产生全反射，实现关态；不加电时，光信号直接通过，形成开态。

气泡光开关最大的优点是对偏振不敏感、容易实现大规模光开关阵列、可靠性好。其缺点是响应速度不高。

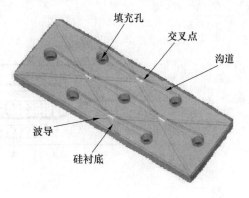

图 5.3.7　喷墨气泡光开关

5.4 光调制器

光调制器也称电光调制器,是通过电压或电场的变化最终调控输出光的折射率、吸收率、振幅或相位的器件。它所依据的基本理论是各种不同形式的电光效应、声光效应、磁光效应等。在整体光通信的光发射、传输、接收过程中,光调制器被用于控制光的强度,其作用是非常重要的。它将由电发射机输出的电信号转化成为光信号,解决了输出信号的幅度和频率都随调制电流的变化而改变的问题,同时抑制了"啁啾"特性。通过光调制器调控光发射机发出的光信号的振幅和状态,再进入光纤进行传播。

为提高光纤通信系统的质量,避免直接调制激光器时产生线性调频的限制,要采用外调制方式,把激光的产生和调制分开。所以在高速率系统、波分复用系统和相干光系统中都要用调制器。调制器可以用电光效应、磁光效应或声光效应来实现。最有用的调制器是利用具有强电光效应的铌酸锂(LiNbO₃)晶体制成的。这种晶体的折射率 n 和外加电场 E 的关系为

$$n = n_0 + \alpha E + \beta E^2 \tag{5.4.1}$$

式中,n_0 为 $E=0$ 时晶体的折射率;α 和 β 是张量,称为电光系数,其值和偏振面与晶体轴线的取向有关。

根据不同取向,当 $\beta=0$ 时,n 随 E 按比例变化,称为线性电光效应或普克尔(Pockel)效应。当 $\alpha=0$ 时,n 随 E^2 按比例变化,称为二次电光效应或克尔(Kerr)效应。调制器是利用线性电光效应实现的,因为折射率 n 随外加电场 E(电压 U)而变化,改变了入射光的相位和输出光功率。图5.4.1是马赫-曾德尔(MZ)干涉型调制器的简图。在 LiNbO₃ 晶体衬底上,制作两条光程相同的单模光波导,其中一条波导的两侧施加可变电压。设输入调制信号按余弦变化,则输出信号的光功率为

$$P = 1 + \cos\left(\pi \frac{U_s + U_b}{U_\pi}\right) \tag{5.4.2}$$

式中,U_s 和 U_b 分别为信号电压和偏置电压,U_π 为光功率变化半个周期(相位为 $0\sim\pi$)所需的外加电压,称为半波电压。由式(5.4.2)可以看到,当 $U_s + U_b = 0$ 时,$P=2$ 为最大值;当 $U_s + U_b = U_\pi$ 时,$P=0$。

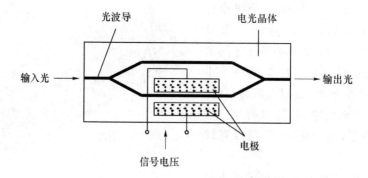

图5.4.1 马赫-曾德尔干涉型调制器

用于幅度调制(AM)的 MZ 型调制器可以达到如下性能:外加电压为 11 V,带宽为 3 GHz时插入损耗约6 dB,消光比(最小输出和最大输出的比值)为 0.006。

5.5 光隔离器

耦合器和其他大多数光无源器件的输入端和输出端是可以互换的,称之为互易器件。然而在许多实际光通信系统中通常也需要非互易器件。隔离器就是一种非互易器件,其主要作用是只允许光波在一个方向上传输,阻止光波往其他方向特别是反方向传输。隔离器主要用在激光器或光放大器的后面,以避免反射光返回到该器件致使器件性能变坏。插入损耗和隔离度是隔离器的两个主要参数,对正向入射光的插入损耗其值越小越好,对反向反射光的隔离度其值越大越好,目前插入损耗的典型值约为 1 dB,隔离度的典型值的大致范围为 40~50 dB。

隔离器的工作原理是基于法拉第旋转的非互易性。原来没有旋光性的透明介质,如水、铅玻璃等,放在强磁场中,可产生旋光性,这种现象称为法拉第效应。具体的现象是,把磁光介质放到磁场中,使光线平行于磁场方向通过介质时,入射的平面偏振光的振动方向就会发生旋转,转移角度的大小与磁光介质的性质、光程和磁场强度等因素有关。

图 5.5.1 是一种典型的光隔离器结构和原理的示意图,这种结构主要由两个偏振滤光片和一个法拉第旋转器构成,两个偏振滤光片的偏振方向相差 45°。

正向输入光进入第一个偏振滤光片后形成垂直方向的偏振光,然后耦合进法拉第旋转器。适当地设计旋转器的长度和施加其上的磁场强度,使光场的偏振面在旋转器中向右旋转 45°,正好匹配第二个偏振滤光片的偏振方向,从而可以几乎无损耗地输出。对于反向传输光(包括反向入射光或端面反射光)开始的偏振面与垂直方向成 45°,在旋转器中又旋转 45°,总共 90°的旋转正好与第一个偏振滤光片的偏振方向垂直而没有输出,从而构成光的单向传输器件。

图 5.5.2 给出了一种实用光隔离器的图片。

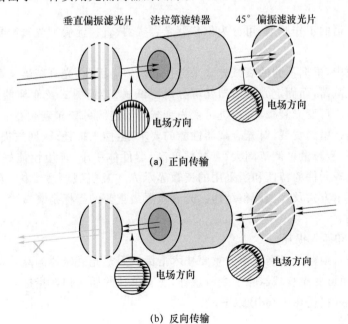

(a) 正向传输

(b) 反向传输

图 5.5.1 光隔离器结构和原理的示意图

图 5.5.2 实用光隔离器

5.6 光衰减器

光衰减器是用于对光功率进行衰减的器件,它主要用于光纤系统的指标测量、短距离通信系统的信号衰减以及系统试验等场合。光衰减器要求质量轻、体积小、精度高、稳定性好、使用方便等。使用光衰减器时,要保持环境清洁干燥,不用时要盖好保护帽,连接器应轻上轻下,严禁碰撞。

5.6.1 光衰减器的分类及性能指标

根据不同的光信号传输方式,可将光衰减器分为单模光衰减器和多模光衰减器。

根据不同的光信号接口方式,可将光衰减器分为尾纤式光衰减器和连接器端口式光衰减器。

根据光衰减器的工作原理,可分为位移型光衰减器、直接镀膜型光衰减器和衰减片型光衰减器等。

在实际使用中,根据不同的衰减方式来选择衰减器。因此,光衰减器又可分为固定光衰减器和可变光衰减器,而固定光衰减器又可分为尾纤式、转换器式及变换器式光衰减器;可变光衰减器分为小可变光衰减器、步进可变光衰减器及连续可变光衰减器。

随着光通信技术的发展,对光衰减器性能的要求是:插入损耗低、回波损耗高、分辨率线性度和重复性好、衰减量可调范围大、衰减精度高、器件体积小、环境性能好。其中,分辨率线性度取决于衰减元件的特性和所采用的读数显示方式及机械调整结构;重复性也取决于所采用的读数显示方式及机械调整结构。光衰减器最重要的指标是衰减量、插入损耗、衰减精度及回波损耗。

(1) 衰减量和插入损耗

衰减量和插入损耗是光衰减器的重要技术指标。固定光衰减器的衰减量指标实际上就是其插入损耗,而可变光衰减器除了衰减量外,还有单独的插入损耗指标要求。高质量的可变光衰减器的插入损耗在 1.0 dB 以下。

(2) 衰减精度

光衰减器的衰减精度是光衰减器的重要指标之一。通常机械式光衰减器的衰减精度为其衰减量的 ±0.1 倍。

（3）回波损耗

光衰减器的回波损耗是指入射到光衰减器中的光能量和衰减器中沿入射光路反射出的光能量之比。高性能的光衰减器的回波损耗在 40 dB 以上。

5.6.2　光衰减器的工作原理

1. 位移型光衰减器

众所周知,当两段光纤进行连接时,必须达到相当高的对中精度,才能使光信号以较小的损耗传输过去。反过来,如果将光纤的对中精度作适当调整,就可以控制其衰减量。位移型光衰减器就是根据这个原理,有意让光纤在对接时发生一定错位,使光能量损失一些,从而达到控制衰减量的目的。

（1）横向位移型光衰减器

横向位移型光衰减器就是使对接的两根光纤发生一定的横向错位,从而引入一定的损耗。经详细的理论分析,可以得到耦合损耗(L_d)与两光纤间的横向位移(d)的关系,其结果如图 5.6.1 所示。

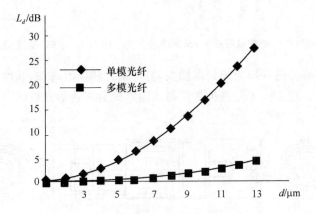

图 5.6.1　横向位移型光衰减器的 L_d-d 曲线

根据上述 L_d-d 关系曲线,可以设计出不同损耗的横向位移参数,并通过一定的机械定位方式予以实现,得到所需要的光衰减器。

通常情况下,由于横向位移参数的数量级均在微毫米级,所以一般不用来制作可变衰减器,仅用于固定衰减器的制作中,并采用熔接法或粘接法。

横向位移法是一种比较传统的方法,它的优点在于回波损耗很高,通常大于 60 dB。

（2）纵向位移型光衰减器

光纤端面的间隙同样也会带来光能量的损失,即使 3 dB 的衰减器,对应的间隙也在 0.1 mm 以上,工艺较易控制。所以目前许多厂家制作的固定衰减器均采用此原理。

同样,经详细的理论分析,也可以得到耦合损耗(L_d)与两光纤间的间隙(S)的关系,其结果如图 5.6.2 所示。

当使用轴向位移原理来制作光衰减器时,在工艺设计上,只要用机械的方式将两根光纤拉开一定距离进行对中,就可以实现衰减的目的。这种原理主要用于固定光衰减器和一些小型可变光衰减器的制作中。

　　由于此种类型的固定光衰减器实际上可以看成一个损耗大的光纤连接器,所以设计时,通常与连接器的结构结合起来考虑,并由此形成了两种具有特色的光衰减器系列——转换器式和变换器式。这些类型的光衰减器可以直接与系统的连接器配套,使用于不同的场合。

　　转换器式光衰减器性能稳定,两端口均为转换器接口,衰减量分别为 5 dB、10 dB、15 dB、20 dB、25 dB 五种,使用极为方便,可直接与各型号连接器配合使用,仅需将连接器中的转换器取下,换上同型号光衰减器,即可达到衰减光信号的目的。其不足之处在于回波损耗受所配连接器影响。图 5.6.3 是 FC 型固定光衰减器的结构。

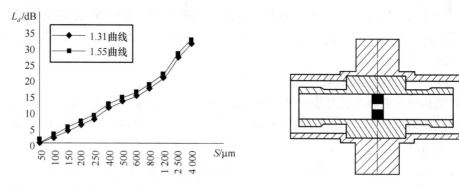

图 5.6.2　轴向位移型光衰减器的 L_d-S 曲线　　　　图 5.6.3　FC 型固定光衰减器的结构

　　变换器式光衰减器的一端为连接器插头,另一端为转换器端口,其性能及衰减量与转换器式光衰减器一样。图 5.6.4 是两种变换器式固定光衰减器的外形图。

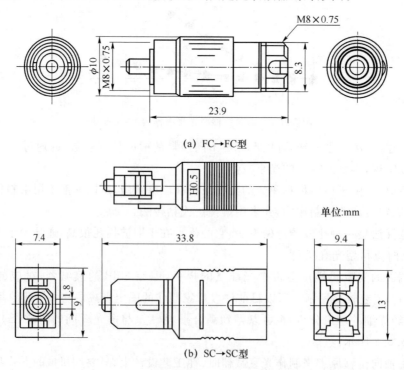

(a) FC→FC型

单位:mm

(b) SC→SC型

图 5.6.4　两种变换器式固定光衰减器外形

2. 直接镀膜型光衰减器

这是一种直接在光纤端面或玻璃片上镀制金属吸收膜或反射膜来衰减光能量的衰减器。图 5.6.5 是一种直接镀膜型光衰减器的结构示意图。

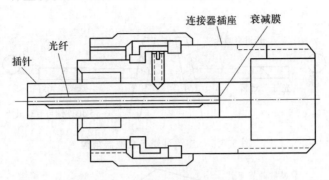

图 5.6.5　镀膜型光衰减器的结构

3. 衰减片型光衰减器

衰减片型光衰减器直接将具有吸收特性的衰减片固定在光纤的端面上和光路中达到衰减光信号的目的。具体制作方法是通过机械装置,将衰减片直接固定于准直光路中,当光信号经过四分之一节距自聚焦透镜准直后,通过衰减片时,光能量即被衰减,再被第二个自聚焦透镜聚焦耦合进光纤中。衰减片常采用的材料有:红外有色光学玻璃、晶体、光学薄膜。用得比较多的是双轮式可变光衰减器。

双轮式可变光衰减器利用了一对单膜光纤准直器,准直器由四分之一节距的自聚焦透镜和单膜光纤组成。当它对光纤中传输的高斯光束进行准直时,其耦合结构中间允许有一定的间距,光衰减器正好利用其特点,在这一光路间距中插入衰减单元,以实现对光功率的衰减。双轮式可变光衰减器又分为:步进式双轮可变光衰减器和连续可变光衰减器。

（1）步进式双轮可变光衰减器

步进式双轮可变光衰减器的结构如图 5.6.6 所示。在光路中插入两个具有固定衰减量的衰减圆盘,每个衰减圆盘上分别装有 0 dB、5 dB、10 dB、15 dB、20 dB、25 dB 六个衰减片,通过旋转这两个圆盘,使两个圆盘上的不同衰减片相互组合,即可获得 5 dB、10 dB、15 dB、20 dB、25 dB、30 dB、35 dB、40 dB、45 dB、50 dB 十挡衰减量。

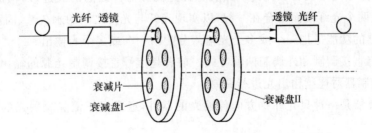

图 5.6.6　步进式双轮可变光衰减器结构

（2）连续可变光衰减器

连续可变光衰减器的总体结构和工作原理与步进式双轮可变光衰减器相似,如图 5.6.7所示。不过,它的衰减元件部分做了相应的变化,它由一个步进衰减片和一个连续变化的衰减片组合而成,步进衰减片的衰减量为 0 dB、10 dB、20 dB、30 dB、40 dB、50 dB 六挡,连续变化衰减片的衰减量为 0～15 dB。因此总的衰减量调节范围为 0～65 dB。这样,通过粗挡和细挡的共同作用,即可达到连续衰减光信号的目的。图 5.6.8 是一种实用的连续可变光衰减器。

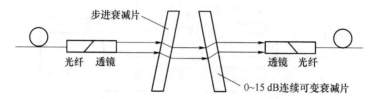

图 5.6.7　连续可变光衰减器结构

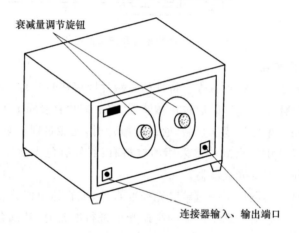

图 5.6.8　一种连续可变光衰减器

小　　结

1. 连接器是把两个光纤端面结合在一起,以实现光纤与光纤之间可拆卸(活动)连接的器件。"跳线"用于终端设备和光缆线路及各种光无源器件之间的互连,以构成光纤传输系统。接头是把两个光纤端面结合在一起,以实现光纤与光纤之间的永久性(固定)连接。

2. 耦合器的功能是把一个或多个光输入分配给一个或多个光输出。

3. 调制有直接调制和外调制两种方式。前者是信号直接调制光源的输出光强;后者是信号通过外调制器对连续输出光进行调制。

4. 光隔离器是一种只允许单方向传输光的器件,通常用于消除反射光的影响,使系统工作稳定。

5. 光开关是一种光路控制器件,在光纤通信中作光路切换之用。

6. 光衰减器是光纤通信不可缺少的光无源器件。其作用是根据需要对光信号进行精确的衰减。根据工作原理不同可分为耦合型、反射型和吸收型 3 种;根据衰减量是否可以变化可分为固定衰减器和可变衰减器两种。

思考与练习

5-1　光无源器件的种类有哪些？

5-2　光纤连接器由哪两部分构成？按照连接器的外形结构可以分为哪几种？按照插头的物理形状又可以分成哪几种？

5-3　光纤连接时引起损耗的因素有哪些？

5-4　光纤连接器的性能参数有哪些？

5-5　光耦合器可分为哪几类？光耦合器的性能参数有哪些？

5-6　光衰减器根据工作原理可分为哪几种？其性能参数有哪些？

第6章

光放大及色散补偿技术

通信容量的大小通常用 BL 来表示，B 为比特率，L 为通信距离。BL 的积越大，通信容量越大。光纤损耗使得光纤通信传输距离受限，因此长途通信线路上必须设置中继放大器。光/电/光中继器可以用于克服光纤损耗与色散对通信距离和通信容量的限制，但结构复杂，价格昂贵，且不能用于波分复用（WDM）系统中。本章将介绍光放大和色散补偿技术，光放大技术可对光信号直接进行放大，克服光纤损耗对通信距离的限制；通信距离增加后色散加剧，这就需要进行色散补偿。本章重点介绍已经广泛应用的光放大以及色散补偿技术。

6.1　光放大器的作用与一般特性

6.1.1　光放大器的作用

光纤通信中用光纤来传输光信号。它受到两方面因素的限制，即损耗和色散。就损耗而言，目前光纤损耗的典型值在 $1.3~\mu m$ 波段为 $0.35~dB/km$，而在 $1.55~\mu m$ 波段为 $0.25~dB/km$。由光纤损耗限制的光纤无中继传输距离为 $50\sim100~km$。在长距离光纤通信系统中，延长通信距离的方法是采用中继器。目前大量应用的是光/电/光中继器，首先要将光信号转化为电信号，在电信号上进行放大、再生、重定时等信息处理后，再将信号转化为光信号，经光纤传送出去。这样通过加入级联的电再生中继器可以建成很长的光纤传输系统。但是，这样的光/电/光中继需要光接收机和光发送机来进行光/电和电/光转换，设备复杂，成本昂贵，维护运转不方便。

近几年迅速发展起来的光放大器，尤其是掺铒光纤放大器（EDFA，Erbium Doped Fiber Amplifier），在光纤通信技术上引发了一场革命。在长途干线通信中，它可以使光信号直接在光域进行放大而无须转换成电信号进行信号处理，即用全光中继来代替光/电/光中继，这使成本降低、设备简化、维护、运转方便。EDFA 的出现，对光纤通信的发展影响重大，促进和推动了光纤通信领域中重大新技术的发展，使光纤通信的整体水平上了一个新的台阶。它已经对光纤通信的发展产生了深远的影响。

下面列举 EDFA 在光纤通信应用中的几个重要方面。

（1）在 WDM 系统中的应用

WDM 系统是在一根光纤上同时传输多个光载波波长不同的光信号的通信方式。这种通信方式的优点在于它充分利用了光纤的潜在带宽，极大地扩展了光纤的传输容量。但是这种通信方式突出的问题是在每一中继站都要将多信道信号分开,送入各自的光中继设备中,通过光/电/光转换过程对光信号进行处理。这就需要在每一中继站都要有数量与信道数相对应的光纤通信设备,使 WDM 技术的发展面临着障碍。掺铒光纤放大器的实用化使 WDM 技术迅速进入实用阶段。掺铒光纤放大器有很宽的带宽,可以覆盖相当数量的信道,因而一个掺铒光纤放大器就可以代替诸多设备对 WDM 系统的多信道光信号进行放大。这极大地降低了成本,提高了传输容量。现在 WDM+EDFA 已成为高速光纤通信网络发展的主流方向。

(2) 在光纤通信网中的应用

EDFA 可以补偿光信号由分路而带来的损耗,以扩大本地网的网径,增加用户。采用 EDFA 的光缆有线电视(CATV,Cable Television)传输系统已于 1993 年投入使用,在这种系统中,光的节点数及传输距离直接与光功率的大小有关,采用 EDFA 可以扩大 CATV 网的网径和用户数。

(3) 在光孤子通信中的应用

光孤子通信是利用光纤的非线性来补偿光纤的色散作用的一种新型通信方式。当光纤的非线性和色散二者达到平衡时,光脉冲的形状将在传输过程中保持不变。光孤子通信的主要问题之一是光纤损耗。光孤子脉冲沿光纤传输时,其功率逐渐减弱,这将破坏非线性与色散之间的平衡。解决的方法之一就是在光纤传输线路中每隔一定的距离加一个 EDFA 来补充线路损耗,使光孤子在传输过程中保持脉冲形状不变。可以说,EDFA 与光纤中的色散、非线性构成了光孤子通信这种新型的通信方式,解决了光纤传输中的损耗与色散问题。

EDFA 在光纤接入网(比如光纤到户)中也将发挥作用。EDFA 还可作为一个增益元件放入谐振腔中构成光纤激光器等。

总之,EDFA 的出现改变了光纤通信发展的格局,比如使曾经引起人们极大热情的相干光纤通信技术的研究趋于沉寂。采用相干光纤通信的目的之一在于提高系统的灵敏度以延长通信距离,它比常规通信的灵敏度高 20 dB 左右。但现在这一目的可以通过"EDFA+常规通信设备"来完成,因而,从提高灵敏度这一角度来看,就没必要采用价格昂贵、技术复杂的相干光纤通信技术了。

6.1.2 光放大器的工作性能

大部分光放大器是通过受激辐射或受激散射原理实现对入射光信号的放大的,其机理与激光器完全相同,实际上光放大器在结构上是一个没有反馈或反馈较小的激光器。任何放大器的激活介质,当采用(电学或光学的)泵浦方法达到粒子数反转时就产生了光增益,即可实现光放大。光增益不仅与入射光频率(或波长)有关,也与放大器内部光束强度有关。

光增益与频率和强度的具体关系取决于放大器增益介质的特性。由激光原理可知,对于均匀展宽二能级模型,其增益系数为

$$g(\omega) = \frac{g_0}{1 + (\omega - \omega_0)^2 \tau_R^2 + P/P_s} \tag{6.1.1}$$

式中,g_0 为增益峰值,与泵浦强度有关;ω 为入射光信号频率;ω_0 为原子跃迁频率;τ_R 为增益介质的偶极弛豫时间,一般为 100 ps~1 ns;P 为被放大光信号的功率;P_s 为增益介质的饱和功率。

光放大器的工作性能主要有增益、带宽、饱和输出功率、放大器噪声等。

（1）增益

所谓增益就是光放大器对光信号的放大倍数。从损耗的角度出发，其值越大，越有可能传输更长的距离。一个良好的光放大器的增益可达 33 dB 以上。

光放大器的功率增益系数定义为

$$G = \frac{P_o}{P_i} \qquad (6.1.2)$$

式中，P_i 为光放大器的输入光功率；P_o 为光放大器的输出光功率。

则长度为 L 的放大器的功率增益系数为

$$G(\omega) = \exp[g(\omega)L] \qquad (6.1.3)$$

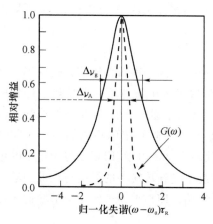

图 6.1.1　光放大器增益频谱曲线 $G(\omega)$

在小信号放大时，式（6.1.1）中的 $P/P_s \ll 1$，即忽略 P/P_s 项，此时放大器的归一化功率增益系数 G/G_0 和增益介质的归一化增益系数随归一化失谐 $(\omega-\omega_0)\tau_R$ 变化曲线如图 6.1.1 所示。

图中增益带宽 $\Delta\nu_g$ 和放大器带宽 $\Delta\nu_A$ 分别对应各自曲线半最大值全宽（FWHM），该图表明当入射光频与原子跃迁频率 ω_0 相同时增益最大。

（2）带宽

要想用一个光放大器对 WDM 系统的全部光复用通道信号进行放大，光放大器必须具有足够宽的带宽，而且其放大特性必须非常平坦，这样才能达到对所有复用光通道信号进行均匀放大的目的。

（3）饱和输出功率

由式（6.1.1），当 P 增大至可与 P_s 相比拟时，$g(\omega)$ 降低，功率增益系数 $G(\omega)$ 当然也降低，这种现象叫增益饱和。通常定义放大器增益降至最大信号增益的一半时的输出功率为放大器的饱和输出功率，用 P_{sout} 表示。可以推出放大器的饱和功率 P_{sout} 与增益介质的饱和功率 P_s 关系为

$$P_{sout} = \frac{G_0 \ln 2}{G_0 - 2} P_s \qquad (6.1.4)$$

（4）放大器噪声

光放大器是一种有源器件，除了具有光放大作用之外，它本身还可能会产生噪声，如目前应用最广泛的 EDFA 就会产生自发辐射噪声（ASE）。噪声会劣化系统的性能，降低接收端的光信噪比。信噪比的劣化用噪声系数表示，定义为输入信号信噪比 $(SNR)_i$ 与输出信噪比 $(SNR)_o$ 之比，即

$$F_n = \frac{(SNR)_i}{(SNR)_o} \qquad (6.1.5)$$

要求光放大器具有很低的噪声系数，使其对系统的性能劣化减少到最低限度。

6.2　光放大器的分类

光放大器有半导体光放大器、非线性光纤放大器(受激拉曼散射光纤放大器和受激布里渊散射光纤放大器)、掺杂光纤放大器(包括掺铒光纤放大器)等。

6.2.1　半导体光放大器

半导体光放大器由半导体材料制成。前面已经介绍过半导体激光器光放大的基本原理。一只半导体激光器如果将两端的反射消除,则成为半导体行波放大器。半导体光放大器是研究较早的光放大器。其优点是体积小,可充分利用现有的半导体激光器技术,制作工艺成熟,且便于与其他光器件进行集成。它在波分复用光纤通信系统中可用作门开关和波长变换器。另外,其工作波段可覆盖 $1.3\ \mu m$ 和 $1.5\ \mu m$ 波段。这是 EDFA 所无法实现的。

它的缺点是与光纤耦合困难,耦合损耗大,对光的偏振特性较为敏感,噪声及串扰较大。以上缺点影响了其在光纤通信系统中的应用。

6.2.2　非线性光纤放大器

非线性光纤放大器包括受激拉曼光纤放大器和受激布里渊光纤放大器。

拉曼光纤放大器是利用当输入光功率足够大时,光在光纤中会产生拉曼散射效应,其结果使输入光的能量向较长波长的光转移而设计的光放大器。拉曼光纤放大器的优点:一是可以进行全波放大,无论是 $1\,550\ nm$ 波长区还是 $1\,310\ nm$ 波长区,都可以用拉曼放大器进行放大;二是噪声系数很低。其缺点是泵浦效率较低,增益不高。

受激布里渊光纤放大器是利用光纤中受激布里渊散射这一非线性效应构成的,其缺点是放大器的工作频带较窄(在兆赫兹量级),难以应用于通信系统。

6.2.3　掺铒光纤放大器

掺铒光纤放大器是利用稀土金属离子作为激光器工作物质的一种放大器。将激光器工作物质掺入光纤芯子即成为掺杂光纤。至今用作掺杂激光工作物质的均为镧(La)系稀土金属,如铒(Er)、钕(Nd)、镨(Pr)、铥(Tm)等。容纳杂质的光纤称为基质光纤,可以是石英光纤,也可以是氟化物光纤。这类光纤放大器称为掺稀土离子光纤放大器。

在掺杂光纤放大器中最引人注目且已实用化的是掺铒光纤放大器。掺铒光纤放大器的重要性主要在于它的工作波段在 $1.5\ \mu m$,与光纤的最低损耗窗口一致。它的应用推动了光纤通信的发展。其次是掺镨光纤放大器,掺镨光纤放大器的工作波段是 $1.3\ \mu m$,与现在广泛应用的低损耗、低色散波段一致。

6.3　掺铒光纤放大器

使用铒离子作为增益介质的光纤放大器称为掺铒光纤放大器(EDFA)。这些铒离子在光纤制作过程中被掺入光纤纤芯中,使用泵浦光直接对光信号放大,提供光增益。虽然掺杂光纤放大器早在 1964 年就有研究,但是直到 1985 年英国南安普顿大学才首次研制成功掺铒光纤。1988 年性能优良的低损耗掺铒光纤技术已相当成熟,可供实际使用。EDFA 因为工作波长位于光纤损耗最小的 1 550 nm 波长区,比其他光放大器更具有优势。

6.3.1 EDFA 的结构与工作原理

1. EDFA 的基本结构

实用的 EDFA 由掺铒光纤、泵浦源、波分复用器和光隔离器组成,图 6.3.1(a)、(b)分别给出其原理框图和实物图。

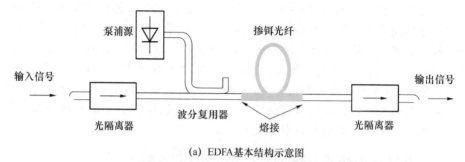

(a) EDFA基本结构示意图

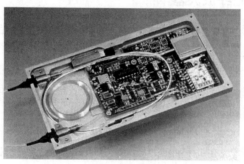

(b) EDFA实物内部

图 6.3.1 EDFA 的基本结构

(1) 掺铒光纤(EDF,Erbiur Doped Fiber)

EDF 是使 EDFA 具有放大特性的关键技术之一。它多用石英光纤作为基质,也有采用氟化物光纤的,在细微的光纤芯子中掺入固体激光工作物质——铒离子。放大器的特性,如工作波长、带宽,由掺杂剂决定。这细长的光纤(几米、十几米、几十米)本身就是激光作用空间。在这里,光与物质相互作用而被放大、增强,在掺铒光纤放大器技术中,掺铒光纤工艺至关重要。典型掺铒光纤的基本参数如下,铒离子浓度为 300×10^{-6};纤芯直径为 3.6 μm(模场直径为 6.35 μm);数值孔径为 0.22;损耗(1 550 nm)为 1.569 dB/km。

在掺铒光纤里,为了实现有效放大,维持足够多的铒离子粒子数反转,要求尽可能地增加掺铒区泵浦光功率密度。为此,需减小纤芯横截面积,从而使掺铒光纤的结构最佳化。

(2) 泵浦源(Pump Laser)

高功率泵浦源是 EDFA 的另一项关键技术。它将粒子从低能级泵浦到高能级,使之处于粒子反转状态,从而产生光放大。实用化的 EDFA 采用 InGaAsP 半导体激光器做泵源。对它的主要要求是高输出功率、长寿命。泵浦源可取不同的波长,但这些波长必须短于放大信号的波长(其能量 $E \geqslant h\nu$),且位于掺铒光纤的吸收带内。现用得最多的是 $0.98~\mu m$ 的半导体激光器作为泵浦源,其噪声低、效率高。有时用 $1.48~\mu m$ 的泵浦源,因其与放大信号波长相近,在分布式 EDFA 中更适用。

(3) 波分复用器(WDM)

光纤放大器中的波分复用器的作用是将不同波长的泵浦光和信号光混合,送入掺铒光纤。对它的要求是能将两信号有效地混合而损耗最小。适用的 WDM 器件主要有熔融拉锥型光纤耦合器和干涉滤波器。前者具有更低的插入损耗和制造成本;后者具有十分平坦的信号频带以及出色的极化无关特性。

(4) 光隔离器(Isolator)

在输入、输出端插入光隔离器是为了防止反射光对光放大器的影响,保证系统稳定工作。对隔离器的基本要求是插入损耗低、反向隔离度大。

2. EDFA 的工作原理

激光器的基本原理在前面已作过介绍,经泵浦源的作用,工作物质粒子由低能级向高能级跃迁,在一定的泵浦强度下,得到粒子数反转分布而具有光放大作用。当工作频带范围内的信号光输入时便得到放大。这也是掺铒光纤放大器的基本工作原理,只是细长的纤形结构使得有源区能量密度很高,光与物质的作用区很长,有利于降低对泵浦源功率的要求。

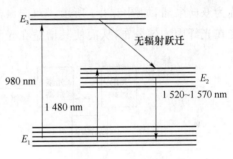

铒的原子序数为 68,原子量为 167.2,价电子数为 3,它是以三价离子的形式参与工作的。由于掺杂粒子分散于基质之中,它属于分立能级。但由于光纤基质的影响,对铒粒子产生了微扰,使其谱线分离开来。这些分裂态之间的能级差与能级之间的能量差相比是很小的,于是形成了准能带,如图 6.3.2 所示。

图 6.3.2　Er^{3+} 的能级图

铒离子参与光放大过程的有 3 个能带 E_1、E_2 和 E_3。E_1 相应于 $^4I_{15/2}$,为基态,E_3 相应于 $^4I_{13/2}$,为受激辐射的高能级。受激辐射产生的光子频率为 $\nu = (E_2 - E_1)/h = 1~520 \sim 1~570~nm$,所能放大的信号频率即在此范围内。$E_3$ 是泵浦的高能级。泵浦光的泵浦作用发生在 E_3 和 E_1 能级之间。泵浦频率为 $\nu_p = (E_3 - E_1)/h_1$,E_3 能级可有不同的选择。在外界泵浦源的作用下,基态上 E_1 的粒子吸收泵浦源的能量而跃到 E_3 能级上,E_3 能级上的粒子将主要通过无辐射跃迁的形式,迅速转移到 E_2 能级上。E_3 能级最好有较大的宽度,以充分利用宽带泵浦源的能量来提高泵浦效率。E_3 能级的寿命很短,而 E_2 能级上粒子寿命较长,属亚稳态能级,因而易聚集粒子。当泵浦源足够强时,便在 E_2 能级上聚集足够多的粒子,从而在 E_2 与 E_3 能级之间形成粒子数反转分布,对信号光具有放大作用。

3. EDFA 的泵浦方式

泵浦源为放大器源源不断地提供能量,在放大过程中将能量转换为信号光的能量。对泵浦源的要求一是效率高,二是简便易行。目前使用的泵浦方式有同向泵浦(前向泵浦)、反向泵浦(后向泵浦)、多重泵浦。

同向泵浦方案如图 6.3.1 所示,在这种方案中,泵浦光与信号光从同一端注入掺杂光纤。在掺铒光纤的输入端,泵浦光较强,故粒子反转激励也强,其增益系数大,信号一进入光纤即得到较强的放大。但由于吸收,泵浦光将沿光纤长度而衰减,这一因素导致在一定的光纤长度上达到增益饱和而使噪声增加。同向泵浦的优点是结构简单,缺点是噪声性能不佳。

反向泵浦也称后向泵浦,如图6.3.3所示,在这种方案中,泵浦光与信号光从不同的方向输入掺杂光纤,两者在光纤中反向传输。其优点是当信号放大到很强时,泵浦光也强,不易达到饱和,因而噪声性能较好。

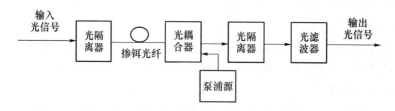

图 6.3.3 反向泵浦式掺铒光纤放大器结构

为了使 EDFA 中杂质粒子得到充分的激励,必须提高泵浦功率。可用多个泵浦源激励光纤,几个泵浦源可同时前向泵浦,或同时后向泵浦,或部分前向泵浦、部分后向泵浦,后者称为双向泵浦,如图6.3.4所示。双向泵浦方式结合了同向泵浦和反向泵浦的优点,使泵浦光在光纤中均匀分布,从而使其增益在光纤中也均匀分布。

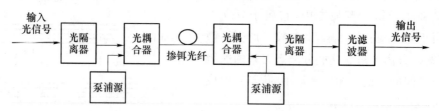

图 6.3.4 双向泵浦式掺铒光纤放大器结构

6.3.2 EDFA 的主要特性参数

光纤放大器的主要指标是增益、噪声和带宽。

(1) 增益

这是 EDFA 最重要的性能参数,其定义为

$$G = \frac{P_{out}}{P_{in}} \tag{6.3.1}$$

其值应当越大越好,如一个良好的 EDFA 的增益可达 33 dB 以上。

典型的 EDFA 增益与噪声特性曲线如图 6.3.5 所示。从图 6.3.5 可以看出,EDFA 处在小信号工作范围时,具有良好而平坦的增益特性,即它的放大倍数并不随输入、输出光功率的变化而波动,基本上是一个常数,其噪声系数也比较平缓。处于大信号工作范围时,EDFA 可能处于饱和工作状态,其增益明显下降,且曲线变得不平坦,其噪声也发生劣化。因此,在使用 EDFA 时,为了获得良好的增益特性与噪声性能,应尽量使其工作在小信号工作范围,不能只追求大的光功率输出。

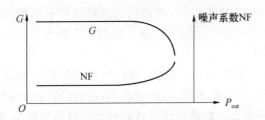

图 6.3.5　EDFA 的增益与噪声系数特性曲线

（2）噪声

放大器本身会产生噪声，使信号的信噪比下降，造成对传输距离的限制，噪声是光放大器的一项重要指标。

光纤放大器的噪声主要来自它的自发辐射。在激光器中，自发辐射是产生激光振荡所不可缺少的，而在放大器中它却成了有害噪声的来源。它与被放大的信号在光纤中一起传输、放大，影响了光接收机的灵敏度。

由于放大器中产生自发辐射噪声，使得放大后信号的信噪比（SNR）下降。SNR 的恶化用噪声系数 F_n 表示，它定义为输入信噪比与输出信噪比之比，即

$$F_n = \frac{(\text{SNR})_{\text{in}}}{(\text{SNR})_{\text{out}}} \approx \frac{2N_2}{\Delta N} \tag{6.3.2}$$

其中 N_2 是高能级粒子数；ΔN 是粒子数反转差，$\Delta N = N_2 - N_1$。由式（6.3.2）可看出，噪声函数与粒子数反转差 ΔN 有关。泵浦充分，ΔN 大，则 F_n 小。因而，充分泵浦有利于减小噪声。一般 $\Delta N < N_2$，故 $F_n > 2$（即信噪比下降 3 dB）。

（3）带宽

如果放大器的增益在很宽的频带内与波长无关，那么在应用这些放大器的系统中，便可放宽单信道传输波长的容限，也可在不降低系统性能的情况下，极大地增加 WDM 系统的信道数目。但实际放大器的放大作用有一定的频带范围。所谓带宽是指 EDFA 能进行平坦放大的光波长范围，"平坦"就是增益波动限制在允许范围内，如 ±0.5 dB。一般 EDFA 放大频谱曲线在 1 540～1 560 nm 区域范围内是比较平坦的。

6.3.3　EDFA 的主要优缺点

EDFA 之所以得到这样迅速的发展，源于它一系列突出的优点。

① 工作波长与光纤最小损耗窗口一致，可在光纤通信中获得应用。

② 耦合效率高。因为是光纤型放大器，易与传输光纤耦合连接，也可用熔接技术与传输光纤熔接在一起，损耗可低至 0.1 dB。这样的熔接反射损耗也很小，不易自激。

③ 能量转换效率高。激光工作物质集中在纤芯的近轴部分，而信号光和泵浦光也是在光纤的近轴部分最强，这使得光与物质的作用充分，再加之有较长的作用长度，因而有较高的转换效率。

④ 增益高、噪声低、输出功率大。增益可达 40 dB，充分泵浦时，噪声系数可低至 3～4 dB，串话也很小。

⑤ 增益特性稳定。EDFA 增益对温度不敏感。在 100 ℃ 范围内，增益特性保持稳定。

稳定的温度特性对陆上应用非常重要,因为陆上光纤通信系统要承受季节性环境的变化。增益与偏振无关也是 EDFA 的一大特点。这一特性至关重要,因为一般通信光纤并不能使传输信号偏振态保持不变。

⑥ 可实现透明传输。所谓透明,是指可同时传输模拟信号和数字信号、高比特率信号和低比特率信号。EDFA 作为线路放大器,可在不改变原有噪声特性和误码率的前提下直接放大数字、模拟或二者混合的数据格式。特别适合光纤传输网络升级,实现语言、图像、数据同网传输时,不必改变 EDFA 线路设备。

实践证明,使用 EDFA 的光纤传输,经过近千千米的传输后的误码率仍能达到 10^{-9}。

但是 EDFA 也有固有的缺点。

① 波长固定。铒离子能级间的能级差决定了 EDFA 的工作波长是固定的,只能放大 $1.55\ \mu m$ 左右波长的光波。光纤换用不同的基质时,铒离子的能级只发生微小的变化,因而可调节的激光跃迁波长范围有限。为了改变工作波长,只能换用其他元素,比如掺镨光纤放大器可工作在 $1.3\ \mu m$ 波段。

② 增益带宽不平坦。EDFA 的增益带宽约 40 nm,但增益带宽不平坦。在 WDM 光纤通信系统中需要采用特殊的手段来进行增益谱补偿。

6.3.4　EDFA 在光纤通信系统中的应用

(1) EDFA 用作前置放大器

由于 EDFA 的低噪声特性,使它很适于作接收机的前置放大器,如图 6.3.6(a)所示。应用 EDFA 后,接收机的灵敏度可提高 $10\sim20$ dB。其基本原理是:在送入接收机前,它将信号光放大到足够大,以抑制接收机内的噪声。

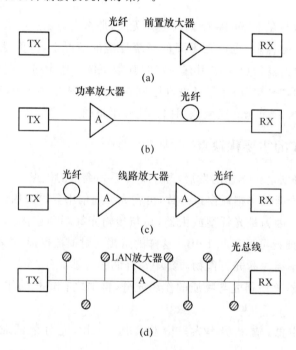

图 6.3.6　光放大器在系统中的应用

这种放大器是小信号放大,要求低噪声,但输出饱和功率则要求很高。它对接收机灵敏度的改善与 EDFA 本身的噪声系数 F_n 有关,F_n 越小,灵敏度越高。它还与 EDFA 自发辐射谱宽有关,谱线越宽,灵敏度越低。因此,为了减小噪声的影响,常常在 EDFA 后加滤波器,以滤除噪声。

(2) EDFA 用作功率放大器

功率放大器是将 EDFA 直接放在光发送机之后,用来提升输出功率,如图 6.3.6(b)所示。由于发射功率的提高,可将通信传输距离延长 $10\sim20$ km。通信距离的延长由放大器的增益及光纤损耗决定。功率放大器除要求低噪声外,还要求高的饱和输出功率。应当注意的是,输入到光纤中的功率提高之后将出现非线性效应——受激布里渊散射。受激布里渊散射将消耗有用功率,增加额外损耗。布里渊散射是向后散射,将传至光源,影响激光器工作的稳定性。解决办法是提高光纤的布里渊散射阈值。

(3) EDFA 用作线路放大器

EDFA 用作线路放大器是它在光纤通信系统中的一个重要应用,如图 6.3.6(c)所示。用 EDFA 实现了全光中继代替原来的光/电/光中继,这种方法非常适合海底光缆应用,但最大的吸引力是在 WDM 光纤通信系统中的应用。在光/电/光中继的 WDM 系统中,须将各信道进行解复用,再用各自的光接收机、发送机进行放大、再生,并完成光/电/光转换。在用 EDFA 作线路放大器的系统中,一个 EDFA 就可放大全部 WDM 信号,只要信号带宽限制在放大器带宽内就行。

EDFA 在线路中可多级使用,但不能无限制地增多,它受光纤色散和 EDFA 本身噪声的限制。光放大器补充光纤的损耗,但并未解决色散问题。当采用 EDFA 过多时,传输距离过长,光纤色散就会限制它的应用。EDFA 本身噪声小,但使用多级 EDFA 时,其噪声是积累的,因而使传输距离受到限制。

随着电信业务的不断发展,传统的通信方式渐渐难以满足对通信容量日益增长的需要。密集波分复用系统在干线传输系统中逐渐成为技术主流。作为 DWDM 系统的核心器件之一,掺铒光纤放大器在其中的应用将迅速发展。由于 EDFA 有足够的增益带宽,用在 DWDM 系统中可使光中继变得十分简单。EDFA 在 WDM 复用器之后提升光发盘输出光功率,线路放大器补偿链路损耗,预放大器在 WDM 解复用器之前将光功率提升到合适的功率范围。在 DWDM 系统中的 EDFA 还要考虑增益平坦和增益锁定的问题。由于掺铒光纤的增益谱形所限,其不同波长的增益亦不相同。在 DWDM 系统中,各信道增益的差别造成增益的不平坦性。当 EDFA 在系统级联使用时,由于此不平坦性的积累,会使增益较低信道的光信噪比迅速恶化,从而影响系统性能。增益锁定是指 EDFA 在一定的输入光变化范围内提供恒定的增益,这样当一个信道的光功率发生变化时,其他信道的光功率不会受其影响。解决该问题的途径是在掺铒光纤中掺入不同的杂质,以改善其增益谱的不平坦性,另外可以对现有的掺铒光纤的增益谱进行均衡。

(4) EDFA 在光纤本地网中的应用

EDFA 可在宽带本地网,特别是在电视分配网中得到应用,如图 6.3.6(d)所示。随着光纤 CATV 系统的规模不断扩大,链路的传输距离不断增加。1 550 nm 系统因其在光纤中的衰耗较小而逐渐成为主流。EDFA 在 1 550 nm 光纤 CATV 系统中的应用简化了其系统结构,降低了系统成本,加快了光纤 CATV 的发展。将 EDFA 用在 CATV 光发射机后及链路中可以提高光功率,弥补链路衰耗,补偿光功率分配带来的功率损失。使用性能良好的 EDFA 可将模拟 CATV 系统的链路长度扩展到接近 200 km,EDFA 级联数目达到 4 级,使众多用户共用一个前端和发射机,大大降低系统运营成本。

6.4 拉曼光纤放大器

6.4.1 拉曼光纤放大器的工作机理

拉曼散射效应,是指当输入到光纤中的光功率达到一定数值时(如 500 mW 即 27 dBm 以上),光纤结晶晶格中的原子会受到震动而相互作用,从而产生散射现象,其结果将较短波长的光能量向较长波长的光转移。

拉曼散射作为一种非线性效应本来是对系统有害的,因为它将较短波长的光能量转移到较长波长的光上,使 WDM 系统的各复用通道的光信号出现不平衡。但利用它可以使泵浦光能量向在光纤中传输的光信号转移,实现对光信号的放大。

拉曼(Raman)光纤放大器就是利用拉曼散射能够向较长波长的光转移能量的特点,适当选择泵浦光的发射波长与泵浦输出功率,实现对光功率信号的放大。

由于拉曼光纤放大器被放大光的波长主要取决于泵浦光的发射波长,所以适当选择泵浦光的发射波长,就可以使其放大范围落入预期的光波长区域。如选择泵浦光的发射波长为 1 240 nm 时,可对 1 310 nm 波长的光信号进行放大;选择泵浦光的发射波长为 1 450 nm 时,可对 1 550 nm 波长 C 波段的光信号进行放大;选择泵浦光的发射波长为 1 480 nm 时,则可对 1 550 nm 波长 L 波段的光信号进行放大等。

一般原则是,泵浦光的发射波长低于要放大的光波长 70~100 nm,如图 6.4.1 所示。

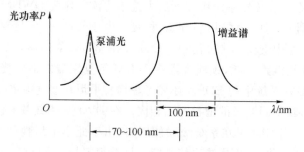

图 6.4.1　泵浦光波长与拉曼放大光波长的关系

6.4.2 拉曼光纤放大器的优缺点

(1) 优点

① 极宽的带宽。拉曼光纤放大器具有极宽的增益频谱,在理论上它可以在任意波长产生增益。当然,一方面要选择适当的泵浦源;另一方面在如此宽的波长范围内,其增益特性可能不是非常平坦的。

实际上,可以使用具有不同波长的多个泵浦源,使拉曼光纤放大器总的平坦增益范围达到

13 THz(约 100 nm),从而覆盖石英光纤的 1 550 nm 波长区的 C+L 波段,如图 6.4.2 所示。这与 EDFA 只能对 1 550 nm 波长区 C 波段(或 L 波段)的光信号进行放大形成鲜明对比。

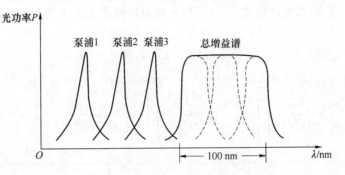

图 6.4.2　拉曼光纤放大器的宽带宽

② 极低的噪声系数。与 EDFA 不同,拉曼光纤放大器的噪声系数极低,可以低于 −1.0 dB。如此低的噪声系数可使光接收机输入端的光信噪比大大降低,有可能实现 2 000 km 以上的无中继传输。

③ 适用于任何光纤。利用拉曼散射效应对光信号进行放大可以适用于任何光纤。因此可以用线路光纤作为拉曼放大器的增益媒质(分布式),另外加大光功率输出的泵浦光源,就可以实现对线路光纤中的光信号的放大。由于线路光纤本身就是放大器的一部分,所以可以降低成本,而且还可以减少输入到线路光纤中的光功率信号,进而减少光纤非线性效应的劣化影响。

(2) 缺点

① 泵浦效率低。拉曼光纤放大器的泵浦效率较低,一般为 10%～20%。

② 增益不高,一般低于 15 dB。

③ 高功率的泵浦输出很难精确控制。要想实现拉曼散射,必须使泵浦光功率大于 500 mW,有的甚至高达 1 W 以上,如此高的光功率输出,很难精确控制,进而难以精确控制其增益。

④ 增益具有偏振相关特性。拉曼光纤放大器的增益与光的偏振态密切相关,即与泵浦光的偏振态、被放大光的偏振态有关。而光的偏振状态一则取决于光源的发光特性,二则被放大光的偏振态取决于光纤的保偏特性。增益的偏振相关特性给精确控制放大器的增益带来了难度。

6.4.3　拉曼光纤放大器的种类

实际应用时,拉曼放大器有两种方式,即分布式与分离式,但大部分采用分布式。

(1) 分布式拉曼光纤放大器

所谓分布式,是指直接用线路光纤作为拉曼放大器的增益媒质,通过发射波长适中、大光功率输出的泵浦光作用,在线路光纤中产生拉曼散射效应,使光能量向线路光纤中的光信号转移,以实现光放大;另一方面又与 EDFA 配合使用,充分发挥 EDFA 高增益的特点。

分布式拉曼光纤放大器的具体结构如图 6.4.3 所示。在图 6.4.3 中,发射适当波长的泵浦光通过合波器反向泵入到线路光纤中,因为正向输入一方面容易产生其他的非线性效应(包括光信号功率与泵浦功率在内的总输入功率太大),另一方面,实验表明,正向输入会使增益难以控制。由于泵浦光功率较大(如 27 dBm 以上),所以在线路光纤中会产生拉曼散射效应。控制泵浦光的发射波长,可以使光能量向线路光纤中的光信号转移,以实现对线路光纤中的光信号的放大。经拉曼放大器放大后的光信号,再由 EDFA 作进一步放大,因为 EDFA 的增益很高,所以可使总的增益达到预定值。

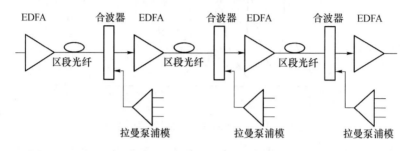

图 6.4.3 分布式拉曼光纤放大器的结构

分布式拉曼光纤放大器的优点:

① 增益高。虽然拉曼放大器本身的增益较低(3~15 dB),但 EDFA 的增益却很高(如大于 33 dB),所以二者结合、优劣互补就可以获得较高的增益。

② 噪声系数低。其道理与上述类似,虽然 EDFA 的噪声系数一般较高(3~4 dB),但拉曼光纤放大器的噪声系数却很低(如-1.0 dB 以下),二者结合起来就可以获得很低的噪声系数,从而大大提高光接收端的 SNR。

③ 实现简单,成本低。因线路光纤本身就是光放大器的增益媒质,所以可大大降低成本。

分布式拉曼光纤放大器的缺点是带宽不够宽,因为整个放大器的带宽受 EDFA 带宽比较窄的限制。因此要用分布式来实现 1 550 nm 波长区 C+L 波段的超长传输,就需要使用两个 EDFA,一个专门用于对 C 波段光信号的再放大,另一个则专门用于对 L 波段光信号的再放大。

(2) 分离式拉曼光纤放大器

拉曼光纤放大器也可以不与 EDFA 配合而单独使用,即分离式。分离式拉曼光纤放大器的结构如图 6.4.4 所示。由图 6.4.4 可知,信号光经隔离器 ISO_1 输入到拉曼光纤中,而泵浦光则通过合波器反向注入,因泵浦光功率数值较大,使拉曼光纤产生拉曼散射现象,控制泵浦光的波长就可以使光能量向信号光转移,从而实现对信号光的放大。

从图 6.4.4 可以看出,在结构形式上分离式拉曼放大器与 EDFA 非常相似,但它们的工作机理却完全不同。首先,EDFA 是利用掺铒光纤中的铒离子受激跃迁效应,而拉曼放大器则是利用拉曼光纤的拉曼散射效应。其次是增益媒质不同,EDFA 的增益媒质是掺铒光纤,拉曼放大器的增益媒质是拉曼光纤,因为拉曼放大的增益与光的偏振特性密切相关,所以对拉曼光纤的要求很高,如保偏特性、芯径很小等。最后是泵浦光源不同,EDFA 通常采用光功率较低的 1 480 nm 或 980 nm 波长的泵浦光,而拉曼光纤放大器的泵浦光波长取决于被放大光信号的波长,而且其输出功率通常很大(27 dBm 以上)。

分离式拉曼光放大器的优点是带宽很宽、噪声系数极低,但缺点是增益不高、泵浦效率低、成本高等。

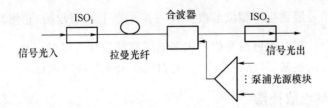

图 6.4.4　分离式拉曼光纤放大器的结构

6.5　色散补偿技术

由于光放大技术的发展和光纤放大器的实用化,光纤损耗已不再是光纤通信系统的主要限制因素。最先进的光波系统(如 DWDM 系统、OTDM 系统)被光纤色散所限制,而不是损耗。在某种意义上说,光放大器解决了损耗问题,但同时加重了色散,因为与光/电/光中继相比,光放大器不能把它的输出信号恢复成原来的形状。其结果是输入信号经多个放大器后,它引入的色散累积使输出信号展宽,对系统传输速率和距离产生了严重的限制,因此就需要色散补偿使输出的光信号恢复成原来的形状。

色散补偿光纤(DCF,Dispersion Compensating Fiber)早在 20 世纪 80 年代就提出来了,但是直到 90 年代中期,当光通信系统从 2.5 Gbit/s 发展到 10 Gbit/s 时才获得广泛的使用。随着比特速率的增加,色散已成为标准单模光纤(SMF,Single Mode Fiber)传输距离超过 1 000 km 时的主要限制。为此开发了使零色散波长从 1.3 μm 转移到 1.55 μm(处于常用 C 波段的中心)的色散位移光纤(DSF,Dispersion Shifted Fiber)。但是人们很快认识到,由于色散在这一窗口接近零,容易产生四波混频(FWM,Four-Wave Mixing),所以很难实现 DWDM。研究发现,通过设计使光纤在这一窗口具有有限的色散就可以减轻 FWM 的影响,这就使科学家们开发了非零色散位移光纤(NZ-DSF,Non-Zero Dispersion Shifted Fiber),从而使传输距离扩大到 600 km 也不需要在线路中进行再生中继,但是在收发两端还是需要的。然而基于 NZ-DSF 的 WDM 系统、40 Gbit/s 的出现,无中继距离超过 2 000 km 等对色散补偿又提出了新的要求。随着比特率的增加,色散已成为光纤传输距离的主要限制因素。下面讨论如何进行色散补偿。

6.5.1　色散补偿原理

光脉冲在光纤传输过程中,不考虑光纤的非线性效应,时域慢变包络方程为

$$\frac{\partial A}{\partial z}+\beta_1\frac{\partial A}{\partial t}+\frac{\mathrm{j}}{2}\beta_2\frac{\partial^2 A}{\partial t^2}-\frac{1}{6}\beta_3\frac{\partial^3 A}{\partial t^3}=0 \tag{6.5.1}$$

式中,$A(z,t)$ 为脉冲包络的慢变化幅度;$\beta_1=1/v_\mathrm{g}$,v_g 是群速度;β_2 为群速度色散(GVD)系数,与色散系数 D 有关;β_3 为高阶色散系数,与色散斜率 S 有关。

当 $\beta_2 > 1$ ps²/km 时,β_3 可以忽略不计,此时输出脉冲包络的幅度为

$$A(z,t)=\frac{1}{2\pi}\int_{-\infty}^{\infty}\widetilde{A}(0,\omega)\exp(\frac{\mathrm{j}}{2}\beta_2 z\omega^2-\mathrm{j}\omega t)\mathrm{d}\omega \tag{6.5.2}$$

色散导致光信号展宽是由相位系数 $\exp\left(\dfrac{j}{2}\beta_2 z\omega^2 - j\omega t\right)$ 引起的,它使光经光纤传输时产生了新的频谱成分。所有的色散补偿方式都试图取消该相位系数,以便恢复原来的输入信号。色散补偿的方法很多,可以在接收机、发射机或沿光纤线路进行。

6.5.2　无源色散补偿

无源色散补偿是在光纤线路中加上无源光器件以实现补偿的目的,分为色散补偿光纤法和光纤光栅法两种。

(1) 色散补偿光纤(DCF)法

DCF 是目前最广泛使用的技术。今天使用的大多数色散补偿是对标准单模光纤的色散和色散斜率进行补偿。DCF 是专门为色散补偿制作的具有大的负色散系数的单模光纤。以 WRI 的产品为例,DCF 的色散系数为 $-65\ \mathrm{ps/(nm \cdot km)}$,使用 12.3 km 即可补偿 G.652 光纤 40 km 的正色散,因而可以将色散受限距离提高 40 km。DCF 通常不成缆,盘在一个终端盒中作为一个单独的无源器件。当然,如果将其成缆作为传输光缆的一部分,还可以再增加色散受限距离 12.3 km,这取决于 DCF 生产水平的提高和其他色散补偿技术的进展。因为 DCF 作为一个无源器件时是放在机房内,调整和更换都很方便。

DCF 补偿方式有两个缺点。一是它的衰耗系数较大,12.3 km 将引入约 5.6 dB 的衰耗,需要 EDFA 的增益来补偿。从这个角度看,这种补偿方式的成本代价也存在疑问。二是它的色散斜率的绝对值与 G.652 光纤的色散斜率并不吻合,因此 DCF 的实际长度需要现场调整,横向兼容性不好。这也是目前还不急于将 DCF 光纤成缆的原因之一。

DCF 补偿方式由于在技术上简单易行,尤其在 WDM 系统中应用时其成本是多个波长系统分担的,因此是目前最实用的色散补偿方法。图 6.5.1 给出了 DCF 在系统中的配置位置。

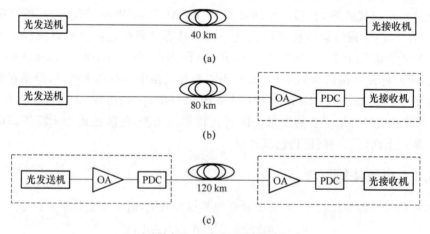

OA 为光放大器;PDC 为无源色散补偿

图 6.5.1　高速长距离系统 PDC 的配置

这样配置有 3 个好处:便于对 DCF 调整和更换;DCF 先衰耗有利于减轻 OA 的功率饱和限制;避免 DCF 中出现非线性效应。

在接收机侧,DCF 放在 EDFA 与接收终端之间,这是因为此时信号的微弱已经成为主要矛盾,需要 EDFA 将信号光功率提升。这时,与发送端不同,放大后的信号光也仍然较弱,不会在 DCF 中引起明显的非线性效应。

（2）光纤光栅法

另一种无源色散补偿方法是使用光纤光栅进行群时延的补偿,可视为接收端的后补偿技术。光波导光栅作 DFB 激光器、光波分复用器和光滤波器已先期研究成功并投入使用,接着人们又想到直接在光纤波导中制作光栅以实现色散补偿的功能。

光纤光栅制作的基本原理是用紫外光束在光纤中形成微缺陷,有微缺陷的部分呈现折射率的差异,光纤中折射率的周期变化就构成了光纤布拉格光栅。一定的光栅周期对应一定的光反射波长。通常的正色散光纤中光信号的长波长成分的群速大于短波长成分的群速,因而光信号在光纤中传播时不同波长成分之间时延差的累积就造成了光脉冲的逐渐展宽。

如果在一段光纤的前端刻上周期与短波长对应的布拉格光栅,并通过光环行器与传输光纤连接,如图 6.5.2 所示,光信号的短波长成分在光纤光栅的前端便反射进下面的传输光纤。而光信号的长波长成分将透过光栅直到光纤光栅的末端才反射回来。这样长波长成分比光信号的短波长成分在光纤光栅中多走了一个来回,这一时延差就可以补偿传输光纤中的时延差。

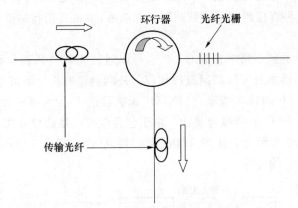

图 6.5.2　光纤光栅的色散补偿

光纤光栅的优点是热稳定性好,但光纤光栅的色散补偿效果是否一定比 DCF 优越目前尚不能断定,需要进一步研究。

6.5.3　前补偿技术

所谓色散前补偿,就是在光信号发射进光纤线路前,在发送端对输入脉冲的特性进行修正。由式(6.5.2)可知,式中 $\widetilde{A}(0,\omega)$ 为输入脉冲的频谱宽度,由于群速度色散（GVD）使其发生了恶化。前补偿技术就是使输入脉冲的频谱幅度发生如下变化来减少这种恶化:

$$\widetilde{A}(0,\omega)\rightarrow\widetilde{A}(0,\omega)\exp(-\mathrm{j}\omega^2\beta_2 L/2) \qquad (6.5.3)$$

式中,L 是光纤长度。

如果 GVD 被精确地进行了补偿,在光纤输出端的光信号仍将保持它输入端的形状。然而实际上实现起来并不是那么容易。

（1）预啁啾补偿技术

光在介质中传输时,高频(短波)分量要比低频(长波)分量传输得快,从而产生较小的延迟,所以高频分量将逐渐向调制脉冲的前沿扩展,而低频分量将向其后沿延伸,光纤越长两者时延差越大,脉冲展宽也越大。预啁啾补偿技术的基本思想就是通过在光源上加一个正弦调制,使脉冲前沿的频率降低,后沿的频率升高,这样就在一定程度上补偿了传输过程中由于色散造成的脉冲展宽。对于没有啁啾的高斯脉冲,采用预啁啾补偿技术传输距离可以增大$\sqrt{6}$倍,尽管实际上输入脉冲很少是高斯形状,使用预啁啾技术也可以使传输距离扩大到2倍。

但是在直接调制LD的系统中,啁啾系数$C<0$,对于普通单模光纤,在1 550 nm波长区,$\beta_2<0$,因此输入脉冲开始被光纤色散压缩的条件$\beta_2 C<0$不满足,不能采用前补偿,只能在外调制时采用。

在外调制的情况下,光脉冲几乎没有啁啾。预啁啾技术产生的频率参数$C>0$,所以条件$\beta_2 C<0$得到满足。

预啁啾色散补偿系统原理参见图6.5.3。首先对DFB激光器的输出光进行调频(FM),然后送入外调制器再进行调幅(AM),所以进入光纤的信号是一种调幅调频信号。实际上,光载波的调频可通过调制DFB激光器的注入电流实现,这只要很小的电流(约1 mA)即可。虽然这种直接调制也正弦调制了光功率,但是其调制幅度很小,不会影响检测的过程。

预啁啾技术产生的频率啁啾参数$C>0$也可以通过光载波的相位调制产生,相位调制技术的优点是外调制器本身可以调制载波相位。外调制器的折射率可用施加的电信号来改变,这样就产生了$C>0$的频率啁啾。LiNbO₃调制器的C为0.6~0.8,电吸收调制器和MZ调制器也可产生$C>0$的啁啾光脉冲。由于包含电吸收器的单片集成DFB激光器的商品化,预啁啾技术已经实用化。使用这样的发射机,已经实现了10 Gbit/s的NRZ信号在10 km标准单模光纤上的传输。

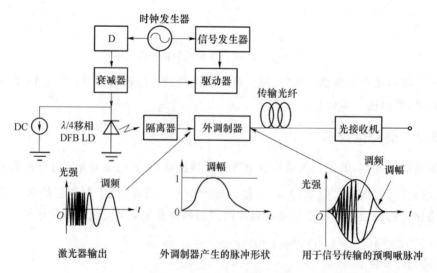

图6.5.3 预啁啾色散补偿系统原理图

（2）色散支持传输技术

色散支持传输（DST）技术是从光载波的调制方式上入手的。光纤通信中传统的调制方式是直接强度调制。采用 DST 作色散补偿时使用了频移键控（FSK，Frequency Shift Keying）或者同时运用 FSK 和数字电信号的光强调制（FSK/ASK）。单纯 FSK 调制下的 DST 工作原理如图 6.5.4 所示。

图 6.5.4(a)表示发送端的信号波形。其中，I 为电的数字信号，即 LD 的驱动电流；ν 为光波频率，传号对应的频率高，空号对应的损耗低，两者的频差仅几个吉赫兹；P_{opt} 为发送光功率信号。

图 6.5.4(b)为接收端的信号随时间的变化图形。发送信号经过色散光纤传输时，高频（对应于短波长）信号的群速低，低频信号的群速高，两者的时延差为 $\Delta\tau = DL\Delta\lambda$，其中 $\Delta\lambda$ 与传号和空号的频差对应，所以

$$\Delta\tau = DL\Delta\nu\lambda^2/c \qquad (6.5.4)$$

式中，c 为光速，λ 取系统的标称波长值。

这一时延差造成了电数字信号前沿处光传号与空号相重叠，而与电数字信号后沿对应处光传号与空号分离。传号与空号相干的结果就形成了如图 6.5.4(b)所示的光功率的三元分布，即光传号与空号重叠处形成正脉冲，光传号与空号分离处形成负脉冲，既非重叠又非分离处则为第三种功率电平。这样的光信号在接收端由光检测器转换成相应的电信号，然后再经过一个积分器（实际上是一个低通滤波器）处理后的电信号波形为 V_{LP}，而 V_{dec} 为判决的结果。只要能控制 $\Delta\tau = 1/B$，允许误差可高达 30%，V_{dec} 便可以恢复原来的 NRZ 调制信号。

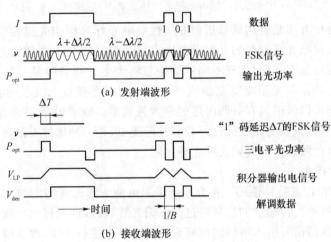

(a) 发射端波形

(b) 接收端波形

图 6.5.4　单纯 FSK 调制下的 DST 工作原理

采用 FSK/ASK 发送时，其原理与 FSK 调制下的 DST 工作原理相似，但接收端得到的是四电平光功率。

6.5.4　偏振模色散及其补偿技术

在高速率光纤通信系统中，偏振模色散（PMD）成为限制传输速率的主要因素。PMD 在传输过程中不断累积，它将引起光脉冲展宽失真变形，使误码率增高，限制传输带宽，所以必须对高速光纤通信系统中的 PMD 进行补偿。

由于 PMD 是随时间、温度、环境变化的统计量,因此,对它的补偿一般要求自动跟踪补偿。目前,已提出多种 PMD 的补偿方法。这些补偿方法主要以两种方式对 PMD 进行补偿,即在传输的光路上直接对光信号进行补偿或在光接收机内对电信号进行补偿。两者的本质都是利用光或电的延迟线对 PMD 造成的两偏振模之间的时延差进行补偿。其基本原理是,首先在光或电上将两偏振模信号分开,然后,用延迟线分别对其进行延时补偿,在反馈回路的控制下,使两偏振模之间的时延差为 0,最后将补偿后的两偏振模信号混合输出。

(1)光学补偿技术

光学补偿方案之一是利用保偏光纤进行补偿,原理如图 6.5.5 所示。图中光延迟线为保偏光纤(PMF),对两偏振模之间的时延差进行补偿。偏振控制器的作用是调整输入光的偏振态,使之与 PMF 的输入相匹配。当然偏振控制器的响应速度应大于光纤中偏振模的随机变化速度。控制偏振控制器的信号来自于被平方律检波器检波的 PMF 输出光信号。该方案能实现长距离高速率光纤通信系统的 PMD 补偿。实验表明,它能将由偏振色散造成的功率代价从 7 dB 降到 1 dB。这种方法只能补偿固定的 PMD 值,是一个固定补偿器。

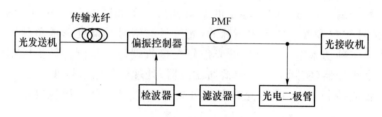

图 6.5.5　保偏光纤光学补偿 PMD 原理图

另一种光学补偿方案是使用高双折射非线性啁啾光纤光栅作为偏振模色散补偿器件。在高双折射非线性啁啾光纤光栅的反射带宽内,对于相同波长、不同偏振态的偏振模,它们在光栅中的反射位置是不同的,这样不同的偏振态将产生不同的时延,进而达到补偿目的。同时非线性啁啾还确保在光栅带宽范围内可补偿的时延差随输入光信号波长的不同而变化。利用压力变化可以做成具有可调时延的色散补偿器。这种补偿器具有补偿范围可调、结构简单、插入损耗低以及与光线的良好兼容性等优点,是一种比较有前途的补偿方法。其结构与用于群速度色散补偿的啁啾光纤光栅相同。

(2)电子补偿技术

在电域内对 PMD 进行补偿的一种方案是采用由抽头延迟线构成的电子均衡补偿器实现的,如图 6.5.6 所示。传输后的信号经过高保偏光纤,被线性光接收机接收的信号由功率分配器分成三路,各路信号引入不同的时间延迟以对信号进行补偿,改变时延差可以调节补偿的范围,然后三路信号通过不同的权重(第二路为负值)叠加在一起输出。通过调节衰减器可以改变各路信号幅度。

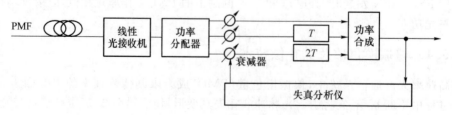

图 6.5.6　电子均衡补偿器原理图

（3）光电结合的补偿技术

光电结合的补偿方案如图 6.5.7 所示，色散信号首先经过偏振控制器和偏振分束器（PBS）被分解成两个正交偏振模，分别被光接收机接收。转换为电信号后，在电域进行时延补偿，最后两路信号叠加在一起输出。这种方法的补偿量为 1.6～42 ps。

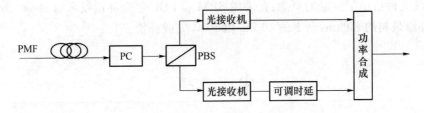

图 6.5.7　光电结合 PMD 补偿原理图

6.5.5　SPM 及其补偿技术

自相位调制效应（SPM）的基本原理是当光强足够大（门限光功率约为 10 mW）时，此时光纤的非线性表现为克尔效应，折射率为

$$n(E)=n_0+c_1E+c_2E^2 \tag{6.5.5}$$

式中，c_1 为泡克尔斯系数；c_2 为克尔系数。

则光信号中某一波长成分在光纤中传播的相位常数为

$$\varphi(E,t)=\omega_i t-\frac{2\pi}{\lambda_i}(n_0+c_1E+c_2E^2)z \tag{6.5.6}$$

式中，z 为沿单模光纤轴线的距离坐标。

可以推出在光纤的输出端为

$$\omega'=\frac{1}{2}\alpha L(c_1E_0+2c_2E_0{}^2)\omega_i \tag{6.5.7}$$

式中，E_0 为 $z=0$ 处光纤的电场强度；ω_i 为入射光的角频率。

式（6.5.7）中不同频率成分的衰减系数 α 的差异小到可以忽略，此时较高频率成分的绝对频移比较低频率成分的要大，ω_i 前的因子大于 1 时，信号频谱将整体蓝移，而且由于高频成分移动得多，低频成分移动得少，信号频谱势必出现展宽；反之，信号频谱将整体红移，而且信号的频谱将出现压缩，此时光信号在光纤中传输的群时延差异缩小，因而可以用来作为光纤色度色散的补偿。这就从另外一个角度提供了色散补偿机制，等效于光源线宽的降低。

SPM 的色散补偿作用是以一定的光强范围为前提的，这个范围大致为光功率 10～18 dBm。作为一个例子，可以设定：主通道发送功率为 15 dBm，DCF 按 40 km 的补偿距离配置，工作波长在 1 550 nm 的 B 区。在信号传播的前 25 km 之内存在 SPM 的色散补偿作用，光信号的频谱向长波长方向漂移，其中长波长成分移动得少，短波长成分移动得多，光信号的频谱得以聚拢。在这 25 km 之内，总色散一直为负。所谓负色散是指信号的短波长成分的群速大于长波长成分的群速。由于 SPM 的作用是使信号的谱线向长波长方向移动，而且光功率越大这一移动也越显著，因此 SPM 效应有效地削弱了负色散引起的脉冲展宽，避免了由于总色散过大造成脉冲间发生显著重叠。25 km 之后，SPM 效应消失，此时频谱聚拢程度达到最大，而光纤的负色散也大为减小。到 40 km 处总色散变为零，由负色散引的脉冲波形的展宽过程结束。此后光纤的总色散变为正,注意到正色散情况下是短波长成分的群速小于长波长成分的群速,这是对总色散引起的脉冲展宽的修正过程,是使不同波长成分的时延差减小,因此 40 km 以后的一段距离内,光脉冲不是在展宽,而是在缩拢。只有把负色散引起的脉冲展宽全部抵消后,才开始逐渐积累造成码间干扰的脉冲展宽。ITU-T G.691 建议文件给出了定量的概念:在采用 SPM 和 PDC 组合补偿技术的 L-64.2b 系统中,用 SPM 补偿最初的 80 km,余下的 40 km 由 PDC 完成补偿。

小 结

1. 全光传输中继器和传统的再生中继器的主要区别是:传统的再生中继器要完成光/电/光转换过程;而全光传输中继器不需要光/电/光变换,它直接对光信号进行放大。

2. EDFA 是集中式放大,拉曼光纤放大器是分布式放大。EDFA 工作在 C 波段,拉曼光纤放大器可以工作在光纤的全波段。

3. EDFA 的增益特性与泵浦方式及光纤掺杂剂有关。拉曼光纤放大器的增益频谱只由泵浦波长决定,而与掺杂物的能级电平无关,所以只要泵浦波长适当,就可以在任意波长获得信号光的增益。EDFA 的增益介质是掺铒光纤,拉曼光纤放大器的增益介质就是传输光纤本身。

4. 光放大器对不同传输速率的数字和模拟信号都能放大。对 PDH 和 SDH 信号都能放大。对调制方式没有选择性。

5. 光放大器噪声指数定义为光放大前的光电流信噪比$(SNR)_{in}$与放大后的光电流信噪比$(SNR)_{out}$之比。

6. 光放大器可同时放大多个 WDM 信道,只要 WDM 波长在光放大器的增益带宽内。

7. 光放大器有 4 种主要用途:在长距离通信系统中,取代电中继器作在线放大器;把它插在光发射机之后,来增强光发射机功率;为了提高接收机的灵敏度,也可以在接收机之前插入一个光放大器,对微弱光信号进行预放大,这样的放大器称为前置放大器;光放大器的另一种应用是用来补偿局域网(LAN)的分配损耗。

8. 光放大器解决了损耗问题,但不能把它的输出信号恢复成原来的形状,这就需要色散补偿使输出的光信号恢复成原来的形状。

9. 色散导致光信号展宽是由相位系数 $\exp\left(\frac{1}{2}\beta_2 z\omega^2 - j\omega t\right)$ 引起的,它使光脉冲经光纤传输时产生了新的频谱成分。所有的色散补偿方式都试图取消该相位系数。

10. 无源色散补偿是在光纤线路中加上无源光器件以实现补偿的目的,分为色散补偿光纤(DCF)法和光纤光栅法。

11. 色散前补偿就是在光信号发射进光纤线路前,在发射端对输入脉冲的特性进行修正。主要有预啁啾补偿技术和色散支持传输技术。

12. 在高速率光纤通信系统中,偏振模色散(PMD)成为限制传输速率的主要因素,可以采用多种补偿技术进行补偿。

思考与练习

6-1　光放大器分为哪几类？

6-2　EDFA 的基本工作原理是什么？

6-3　画图表示单向泵浦 EDFA 由哪几部分组成？并说出各部分功能。

6-4　EDFA 的泵浦方式有几种？各有什么特点？

6-5　拉曼光纤放大器的基本工作原理是什么？

6-6　色散会使光纤通信系统的光信号发生怎样的变化？色散补偿的原理是什么？

6-7　解释用光纤光栅补偿普通单模光纤色散的原理。

6-8　EDFA 的噪声指数是 6，增益为 100，输入信号 SNR 为 30 dB，信号功率为 100 μW，计算 EDFA 的输出信号功率（用 dBm 表示）和 SNR（用 dB 表示）。

光波分复用技术 第7章

光波分复用(WDM,Wavelength Division Multiplexing)技术是目前光纤通信扩容的主要手段之一,它可以使光纤通信的容量成数十倍、百倍地提高。WDM 在全光网络中具有很多优点,如传输波导对数据格式是全透明的,对网络升级和发展宽带新业务是最理想、最方便的传输手段。WDM 方式是充分挖掘光纤带宽潜力、实现超高速通信的有效途径。

7.1 波分复用原理

随着通信网对传输容量不断增长的需求以及网络交互性、灵活性的要求,产生了各种复用技术,在数字光纤通信中除电时分复用(ETDM)方式外,还出现了光时分复用(OTDM)、波分复用(WDM)、频分复用(FDM)以及微波副载波复用(SCM)等方式,这些复用方式的出现,使通信网的传输效率大大提高。其中光波分复用技术以其独特的技术特点及优势得到了迅速发展和应用。

回顾光纤的损耗特性曲线可以发现:单模光纤并不仅仅是在 $1.31~\mu m$ 和 $1.55~\mu m$ 两个独立波长上是低损耗的,而是存在两个低损耗窗口,其总宽度约 200 nm,所提供的带宽达 27 THz。因此可以设想:如果在这两个窗口上以适当的波长间隔 $\Delta \lambda$ 选取多个波长作载波,然后通过一个器件把它们合在一起传输,到达接收端后,再通过另一个器件将它们分离开来,这样,就可以在不提高单信道速率的情况下,使光纤中的传输容量成倍增加,从而降低每一通路的成本,避免电子瓶颈的限制。这就是光波分复用技术。

7.1.1 光波分复用技术定义

所谓光波分复用技术就是为充分利用单模光纤低损耗区的巨大带宽资源,采用波分复用器(合波器),在发送端将多个不同波长的光载波合并起来并送入一根光纤进行传输;在接收端,再由解波分复用器(分波器)将这些不同波长承载不同信号的光载波分开的复用方式。

光波分复用系统工作原理如图 7.1.1 所示。从图中可以看出,在发送端由光发送机 $TX_1,\cdots,TX_n$ 分别发出标称波长为 $\lambda_1,\lambda_2,\cdots,\lambda_n$ 的光信号,每个光通道可分别承载不同类型或速率的信号,如 2.5 Gbit/s 或 10 Gbit/s 的 SDH 信号或其他业务信号,然后由光复用器把这些复用光信号合并为一束光波输入到光纤中进行传输;在接收端用光解复用器把不同光信号分解开,分别输入到相应的光接收机 $RX_1,\cdots,RX_n$ 中。

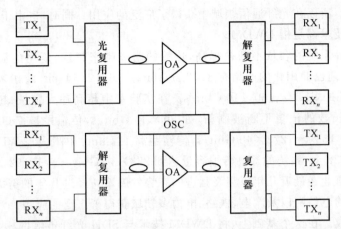

TX$_1$,…,TX$_n$: 复用通道1,…,n的光发送机；RX$_1$,…,RX$_n$: 复用通道1,…,n的光接收机；
WDM: 光复用/复用器（合波/分波器）；OA: 光放大器（EDFA）；OSC: 光监控通道

图 7.1.1　WDM 系统原理方框图

光波分复用系统的关键组成有三部分:合(分)波器、光放大器和光源器件。合(分)波器的作用是合(分)波,对它的要求是:插入衰耗低、具有良好的带通特性(通带平坦、过渡带陡峭、阻带防卫度高)、温度稳定性好(中心工作波长随环境温度变化小)、复用通道数多、具有较高的分辨率和几何尺寸小等。光放大器的作用是对合波后的光信号进行放大,以便增加传输距离,对它的要求是:高增益、宽带宽、低噪声。WDM 系统的光源一般采用外调制方式,对它的要求是:能发射稳定的标称光波长、高色散容限、低啁啾。图中的 OSC 为光监控通道,其作用就是在一个新波长上传送有关 WDM 系统的网元管理和监控信息,使网络管理系统能有效地对 WDM 系统进行管理。

根据波分复用器的不同,可以复用的波长数也不同,从两个至几十个不等,这取决于所允许的光载波波长的间隔 $\Delta\lambda$ 大小。$\Delta\lambda = 10\sim100$ nm 的 WDM 系统称为粗 WDM 系统(CWDM),采用普通的光纤 WDM 耦合器,即可进行复用与解复用;$\Delta\lambda = 1$ nm 左右的 WDM 系统称为密集 WDM 系统(DWDM),需要采用波长选择性高的光栅进行解复用;若 $\Delta\lambda < 0.1$ nm,则称为光频分复用系统(OFDM)。

1. 密集波分复用

较早的 WDM 技术使用的是 1 310 nm 和 1 550 nm 两个波长,波长间隔为 0.8 nm。随着通信业务的迅速增长,以及光纤通信技术的不断提高,在 1 550 nm 窗口范围内更多波长的复用技术逐步成熟起来。在这个窗口范围内,8 波长、16 波长和 32 波长的波分复用系统已投入商业使用。根据 ITU-T 建议的波长间隔为 3.2 nm、1.6 nm 和 0.8 nm 等,我国通信行业标准《光波分复用系统总体技术要求》中对 32 路、16 路和 8 路的波分复用系统各中心波长进行了规范,规定 32 路波分复用系统的频带通路分配可使用连续频带(对含有掺铒放大器系统)方案或分离频带方案。

由于在有限的可用波长 1 550 nm 窗口范围内安排了众多的波长用于波分复用系统,为了区别较早的 WDM 系统,称这种波分复用技术为密集波分复用技术。

因为 DWDM 技术是应用在 1 550 nm 窗口附近范围内,而这一窗口至少有 80 nm 的宽度可供利用,所以 DWDM 的扩容和提速能力还有进一步提高的可能。由于 DWDM 技术的扩容、提速能力很强,所以在光纤通信领域中获得了广泛的应用。同时,也由于这个原因,目前所谓的波分复用技术都是指 DWDM。

几年来,DWDM 系统的容量不断被提高,传输的距离越来越远,复用的波长数越来越多。在系统方面,目前已商用化的产品有 $8×2.5$ Gbit/s、$16×2.5$ Gbit/s、$40×2.5$ Gbit/s、$32×10$ Gbit/s、$80×40$ Gbit/s、$160×10$ Gbit/s。在实验室中超高速大容量、超长距离传输系统以及复用的波长数的记录不断被刷新,如 $80×40$ Gbit/s,传输距离 7 000 km;$160×40$ Gbit/s,传输距离 186 km;$273×40$ Gbit/s,传输距离 117 km。国际上,WDM 系统的最高波道数已达到 1 022 个,系统的最高传输容量达到 $273×40$ Gbit/s $=10.92$ Tbit/s。

我国光纤通信事业在最近几年以突飞猛进的态势发展着。经过几年的努力,SDH 光纤通信系统已在我国的电信网以及广电、铁路、电力多领域获得了广泛的应用。八纵八横国家光缆干线已基本建成。在这个基础上,将 DWDM 技术与 SDH 光纤传输网相结合,在扩容和提高传输速率方面,又获得很好的成绩。济南—青岛 $8×2.5$ Gbit/s DWDM 系统工程、柳州市 $32×10$ Gbit/s 的 DWDM 系统实验段相继完成。此外,我国的网通还建成了中国第一条商用宽带高速互联骨干网,传输速率高达 40 Gbit/s,它是基于 IP 协议与 DWDM 相结合的全光纤高速系统。还有中国电信的国际光缆系统,已从准同步数字系列、同步数字系列过渡到 DWDM+SDH 系统,它的光缆承载容量从最初的 560 Mbit/s 发展到 7.2 Tbit/s。

我国在长途一、二级主干线网络中也开始了 DWDM+SDH 技术的总体运用。例如,京汉广等 19 条一级干线网的大规模扩容;上海—南京 40 Gbit/s 的 DWDM 系统已在 2000 年正式投入商业运行;我国东部 17 个重点城市的高速互通网也开始投入运营。可见,我国的八纵八横 SDH 系统不久也将全部被 DWDM+SDH 所覆盖。在铁路、电力等领域,虽然它们的光纤通信事业起步较晚,但是可以相信,它们的主干线网也将实现 DWDM+SDH系统。

2. 粗波分复用技术

粗波分复用(CWDM,Coarse WDM)也是一种波分复用技术。它的工作原理和 DWDM 一样,即在一根光纤上,可同时传输多个波长的光载波。但是 CWDM 技术的波长间隔较大,通常为 20 nm。同时,它覆盖的工作波长范围较宽,为 1 270～1 610 nm。在 2002 年 6 月和 2003 年 11 月,ITU-T 相继通过了 G.694.2 和 G.695 文件,明确指出 CWDM 技术的应用领域为城域网。由于城域网的覆盖范围不大,一般为几十千米,因此在 CWDM 系统中,在一般场合下,就没有必要使用掺铒光纤放大器(EDFA)。这样为 CWDM 系统的使用降低了设备成本和运营成本,为 CWDM 技术的推广使用创造了一定的物质条件。

CWDM 与 DWDM 相比,最大的区别有两点:一是 CWDM 载波通道的间距较宽,其信道间隔约为 20 nm,而 DWDM 的信道间隔较窄,其信道间隔值为 0.1 nm～1.6 m;二是 CWDM 的调制激光采用的是非冷却激光,而 DWDM 采用的是冷却激光。

冷却激光采用温度调谐,而非冷却激光则采用电子调谐。温度调谐实现起来难度很大,而且成本很高。这是因为在一个很宽的波长区段内温度分布很不均匀所致。而 CWDM 技术由于采用的是非冷却激光,从而避开了这个难点,因而其成本也必然会大幅度降低。据估算,整个 CWDM 系统的成本仅为 DWDM 的 30%。

CWDM 与 DWDM 的比较由表 7.1.1 示出。

表 7.1.1　CWDM 与 DWDM 的技术比较

内　容	CWDM	DWDM
每根光纤容纳波长数	8~18(O,E,S,C,L 带)	40~80(C,L 带)
波长间隔	20 nm(2 500 GHz)	0.8 nm(10 GHz)
每波长容量	最多 2.5 Gbit/s	最多 40 Gbit/s
光纤汇聚容量	20~40 Gbit/s	100~1 000 Gbit/s
激光器发射类型	非制冷的 DFB	带制冷的 DFB,外调制
滤波器技术	薄膜	薄膜,AWG,Bragg 光栅
传输距离	最多 80 km	最多 900 km
总成本	很低	很高
应用领域	城域网,企业、机关,城域接入	广域网,地区及城域核心

随着各项事业的飞速发展和人们生活水平的不断提高,各种通信的业务量和通信手段不断涌现,尤其在城市中,人们对 IP 传输新兴业务的需求也在不断地提高。例如,广大用户对网络运营商提出点到点的波长出租要求,以及众多网络运营商对宽带网建设的需求。所有这些需求使传统的电信网络在带宽供给和业务种类方面都难以适应。

低成本的 WDM 技术,在建设宽带互联网—城域网方面,却出现单链路的传输带宽过窄的问题。而若采用 DWDM 技术,则又有大材小用,形成技术和经济浪费的问题。但是,CWDM 技术恰好满足了城域网对波分复用技术的要求,同时,在建设时也不必新建管道、敷设新光缆和拆除旧设备等工作。

CWDM 技术在城域网建设方面,具有以下优势。

① 容易实现

因为 CWDM 技术的波长间隔为 20 nm,传输距离也较短,最大为 80 km,所以只需采用多通道的激光收发器和粗波分的复用/解复用器,不必引入比较复杂的控制技术以维护较高的系统要求。

② 支持多种业务接口

虽然器件的成本和对系统的要求都降低了,使得实现起来变得更加容易,但是,CWDM系统仍能和 DWDM 系统一样,支持多种业务的接口。

③ 降低网络建设费用

在城域网采用 CWDM 技术时,不必新建管道、敷设光缆和拆除旧设备等工作,已有 G.652、G.653 和 G.655 等光纤均可使用。这样,原有的管道、光缆和设备都可利用起来。于是,网络的建设费用必然会降下来。

④ 可兼容 SDH 系统

在城域网的建设前期,已建好并广泛使用的 1 310 nm 的 SDH 系统和以太网接口,在采用 CWDM 技术后仍可被兼容。

⑤ 系统功率消耗低

由于 CWDM 的调制激光采用的是非冷却激光,电子调谐,所以功率消耗低。据估算,CWDM 的功率消耗约为 DWDM 的一半。

⑥ 体积小

因为 CWDM 采用的是非冷却激光,电子调谐,所以使其整个体积变得很小。

CWDM 技术是一种具有较高传输带宽、适用中短距离并且支持多种业务以及成本较低的波分复用技术。因此,它特别适用于以下场合。

① 需要进行低成本扩容升级的场合

CWDM 技术,其成本约为 DWDM 技术的 1/3。通常,它可开通 18 个通道,即便在一般传统的光纤 G.652 上,也能开通 13 个通道。根据这一特点,凡已建城域网的地方,在考虑扩容和提高传输速率的需要时,均可考虑采用 CWDM 技术。同样地,凡要新建光纤通信城域网的地方,考虑到今后扩容、提速的必要性,应考虑直接建设 CWDM＋SDH 的光纤通信网。

② 需要进行多种业务传输的场合

CWDM 技术可以支持以太网、SDH 和 ATM 等多种传输业务。一种业务占用一个工作波长,且各种业务之间不会产生相互影响的问题。因此,凡需要多种业务传输并且考虑到要扩容升级的场合,均可考虑采用 CWDM 技术,组建 CWDM 环形网。

目前,CWDM 技术的相关设备,其跨距一般可达 80 km,而且以太网普遍建于一幢办公大楼内,或一个范围不太大的小区内,它们的工作范围一般不会超过几百米或几千米。对于这种场合,其业务种类较多,建立点到点的专用网是很适合的。采用这种技术,既经济又可达到扩容和承接多种业务传输的目的。特别是互联网的迅速发展,更要考虑扩容和承接多种业务的需要。在城市中,利用 CWDM 技术使 HFC 网络升级是 CWDM 技术实际应用之一。

7.1.2　光波分复用系统的基本形式

波分复用系统的基本构成主要有 3 种形式。

1. 光多路复用单芯传输

在发送端,TX_1,TX_2,$\cdots$,TX_n 共 n 个光发送机分别送出波长为 λ_1,λ_2,$\cdots$,λ_n 的已调光信号,通过 WDM 组合在一起,然后在一根光纤中传输。到达接收端后,通过解复用器将不同光波长的信号分开并送入相应的接收机内,完成多路信号单芯传输的任务。由于各信号是通过不同光波长携带的,所以彼此之间不会串扰。这是 WDM 系统的典型构成形式,如图 7.1.1 所示。

2. 光单纤双向传输(单芯全双工传输)

如果一个器件同时具有合波与分波的功能,就可以在一根光纤中实现两个方向信号的同时传输,如图 7.1.2 所示。如终端 A 向终端 B 发送信号,由波长 λ_1 携带;终端 B 向终端 A 发送信号,由波长 λ_2 携带。通过一根光纤就可以实现彼此双方的通信联络,因此也叫单芯全双工传输。

这对于必须采用全双工的通信方式是非常方便和重要的。

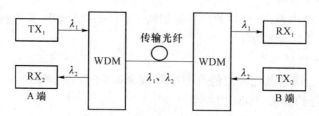

图 7.1.2　光单纤双向传输系统

3. 光分路插入传输

光分路插入传输系统如图 7.1.3 所示,在端局 A,通过解复用器将波长 λ_1 光信号从线路中分离出来,利用复用器将波长 λ_3 光信号插入线路中进行传输;在端局 B,通过解复用器将波长 λ_3 光信号从线路中分离出来,利用复用器将波长 λ_4 光信号插入线路中进行传输。通过各波长光信号的合波与分波,就可以实现信息的上、下通路,从而可以根据通信线路沿线的业务分布情况,合理地安排插入或分出信号。

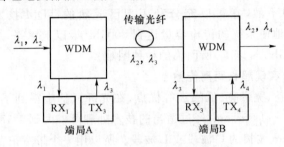

图 7.1.3　光分路插入传输系统

7.1.3　光波分复用技术特点

光波分复用技术之所以得到如此重视和迅速发展,这是由其技术特点决定的。

1. 充分利用光纤的低损耗带宽,实现超大容量传输

WDM 系统的传输容量是十分巨大的,它可以充分利用单模光纤的巨大带宽(约 27 THz)。因为系统的单通道速率可以为 2.5 Gbit/s、10 Gbit/s 等,而复用光通道的数量可以是 16 个、32 个甚至更多,所以系统的传输容量可达到数百吉比特每秒甚至几十太比特每秒的水平,而这样巨大的传输容量是目前 TDM 方式根本无法做到的。

2. 节约光纤资源,降低成本

这个特点是显而易见的。对单波长系统而言,1 个 SDH 系统就需要一对光纤;而对 WDM 系统来讲,不管有多少个 SDH 分系统,整个 WDM 系统只需要一对光纤就够了。如对于 32 个 2.5 Gbit/s 系统来说,单波长系统需要 64 根光纤,而 WDM 系统仅需要 2 根光纤。节约光纤资源这一点也许对于市话中继网络并非十分重要,但对于系统扩容或长途干线,尤其是对于早期安装的芯数不多的光缆来说就显得非常难能可贵了,可以不必对原有系统做较大改动,而使通信容量扩大几十倍至几百倍,随着复用路数的成倍增加以及直接光放大技术的广泛使用,每话路成本迅速降低。

3. 可实现单根光纤双向传输

对必须采用全双工的通信方式,如电话,可节省大量的线路投资。

4. 各通道透明传输、平滑升级扩容

由于在 WDM 系统中,各复用光通道之间是彼此独立、互不影响的,也就是说波分复用通道对数据格式是透明的,与信号速率及电调制方式无关,因此就可以用不同的波长携载不同类型的信号,如波长 λ_1 携载音频,波长 λ_2 携载视频,波长 λ_3 携载数据,从而实现多媒体信号的混合传输,给使用者带来极大的方便。

另外,只要增加复用光通道数量与相应设备,就可以增加系统的传输容量以实现扩容,而且扩容时对其他复用光通道不会产生不良影响。所以 WDM 系统的升级扩容是平滑的,

而且方便易行,从而最大限度地保护了建设初期的投资。

5. 可充分利用成熟的 TDM 技术

以 TDM 方式提高传输速率虽然在降低成本方面具有巨大的吸引力,但也面临着许许多多因素的限制,如制造工艺、电子器件工作速率的限制等。据分析,TDM 方式的 40 Gbit/s 光传输设备已经非常接近目前电子器件工作速率的极限,再进一步提高速率是相当困难的。

而 WDM 技术则不然,它可以充分利用现已成熟的 TDM 技术(如 2.5 Gbit/s 或 10 Gbit/s),相当容易地使系统的传输容量达到 80 Gbit/s 以上水平,从而避开开发更高速率 TDM 技术(如 10 Gbit/s 以上)所面临的种种困难。

6. 可利用 EDFA 实现超长距离传输

EDFA 具有高增益、宽带宽、低噪声等优点,在光纤通信中得到了广泛的应用。EDFA 的光放大范围为 1 530～1 565 nm,经过适当的技术处理可扩大到 1 570～1 605 nm,因此它可以覆盖整个 1 550 nm 波长的 C 波段或 L 波段。所以用一个带宽很宽的 EDFA,就可以对 WDM 系统各复用光通道信号同时进行放大,以实现超长距离传输,避免了每个光传输系统都需要一个光放大器的弊病,减少了设备数量,降低了投资。

WDM 系统的传输距离可达到数百千米,可节省大量的电中继设备,大大降低成本。

7. 对光纤的色散并无过高要求

对 WDM 系统来讲,不管系统的传输速率有多高、传输容量有多大,它对光纤色度色散系数的要求基本上就是单个复用通道速率信号对光纤色度色散系数的要求。如 80 Gbit/s 的 WDM 系统(32×2.5 Gbit/s)对光纤色度色散系数的要求就是单个 2.5 Gbit/s 系统对光纤色度色散系数的要求,一般的 G.652 光纤都能满足。

但 TDM 方式的高速率信号却不同,其传输速率越高,传输同样的距离要求光纤的色度色散系数越小。以目前敷设量最大的 G.652 光纤为例,用它直接传输 2.5 Gbit/s 速率的光信号是没有多大问题的,但若传输 TDM 方式 10 Gbit/s 速率的光信号则会遇到麻烦。

首先对系统的色度色散诸参数提出了更高的要求,主要是对光纤的色度色散系数或光源器件的谱宽提出了更苛刻要求。因为色散受限的传输距离与码速率成反比例关系。

其次出现了偏振模色散(PMD)受限问题,这是过去所没有遇到过的。偏振模色散是指因在光纤的制造过程中由于工艺方面的原因使光纤的结构偏离圆柱形,材料存在各向异性,以及在实际使用中光缆中的光纤受扭曲力、侧压力等外部应力的作用,使光纤出现双折射现象,导致不同相位的光信号呈现不同的群速度,使接收端出现脉冲展宽。

光纤的偏振模色散是客观存在的,但对不同的传输速率有着不同的影响,而且差别颇大。对于传输速率在 10 Gbit/s 以上的单波长系统或基群为 10 Gbit/s 以上的 WDM 系统,必须考虑偏振模色散受限的问题。

8. 可组成全光网络

全光网络是未来光纤传送网的发展方向。在全光网络中,各种业务的上下、交叉连接等都是在光路上通过对光信号进行调度来实现的。例如,在某个局站可根据需求用光分插复用器(OADM)直接上、下几个波长的光信号,或者用光交叉连接设备(OXC)对光信号直接进行交叉连接,而不必像现在这样,首先进行光/电转换,然后对电信号进行上、下或交叉连接处理,最后再进行电/光转换,把转换后的光信号输入到光纤中传输。

WDM 系统可以与 OADM、OXC 混合使用,以组成具有高灵活性、高可靠性、高生存性的全光网络。

7.1.4　光波长区的分配

1. 系统工作波长区

石英光纤有两个低衰耗窗口,即 1 310 nm 波长区与 1 550 nm 波长区,但由于目前尚无工作于 1 310 nm 窗口的实用化光放大器,所以 WDM 系统皆工作在 1 550 nm 窗口。石英光纤在 1 550 nm 波长区有 3 个波段可以使用,即 S 波段、C 波段与 L 波段,其中 C、L 波段目前已获得应用。S 波段的波长范围为 1 460~1 530 nm,C 波段的波长范围为 1 530~1 565 nm,L 波段的波长范围为 1 570~1 605 nm。

要想把众多的光通道信号进行复用,必须对复用光通道信号的工作波长进行严格规范,否则系统会发生混乱,合波器与分波器也难以正常工作。因此,在此有限的波长区内如何有效地进行通道分配,关系到是否能够提高带宽资源的利用率和减少通道彼此之间的非线性影响。

与一般单波长系统不同的是,WDM 系统通常用频率来表示其工作范围。这是因为用频率比用光波长更准确、方便。工作波长 λ 与工作频率 f 的关系 $\lambda = c/f$,其中,c 为光在真空中的传播速度,且 $c = 3 \times 10^8$ m/s。

2. 绝对频率参考

绝对频率参考(AFR)是指 WDM 系统标称中心频率的绝对参考点。用绝对参考频率加上规定的通道间隔就是各复用光通道的中心工作频率。

ITU-T G.692 建议规定,WDM 系统的绝对频率参考(AFR)为 193.1 THz,与之相对应的光波长为 1 552.52 nm。

AFR 的精确度是指 AFR 信号相对于理想频率的长期频率偏移;AFR 的稳定度是指包括温度、湿度和其他环境条件变化引起的频率变化。

3. 通道间隔

通道间隔是指两个相邻光复用通道的标称中心工作频率之差。

通道间隔可以是均匀的,也可以是非均匀的。非均匀通道间隔可以比较有效地抑制 G.653 光纤的四波混频效应(FWM),但目前大部分还是采用均匀通道间隔。

一般来讲,通道间隔应是 100 GHz(约 0.8 nm)的整数倍。2002 年,ITU-T 对 DWDM 的通道间隔在 G.694.1 中进行了新的规范,从原来 G.692 规范的 200 GHz、100 GHz 通道间隔,进一步缩至 50 GHz 甚至 25 GHz。

4. 标称中心工作频率

标称中心工作频率是指 WDM 系统中每个复用通道对应的中心工作频率。在 ITU-T G.692 建议中,通道的中心工作频率是基于 AFR 为 193.1 THz、最小通道间隔为 100 GHz 的频率间隔系列,所以对其选择应满足以下要求。

① 至少要提供 16 个波长。从而可以保证当复用通道信号为 2.5 Gbit/s 时,系统的总传输容量可以达到 40 Gbit/s 以上的水平。但波长的数量也不宜过多,因为对众多波长的监控是一个相当复杂而又较难应付的问题。

② 所有波长都应位于光放大器增益曲线比较平坦的部分。这样可以保证光放大器对每个复用通道提供相对均匀的增益,有利于系统的设计和超长距离传输的实现。对于

EDFA而言,其增益曲线比较平坦的部分为 1 540～1 560 nm。

③ 这些波长应该与光放大器的泵浦波长无关,以防止发生混乱。目前 EDFA 的泵浦波长为 980 nm 和 1 480 nm。

按照 ITU-T G.692 的建议,所选取的标称中心工作频率可表示为

$$f=193.1\pm m\times 0.1\,(THz) \tag{7.1.1}$$

其中 m 是整数。

作为参考,表 7.1.2 列出了 32 通道 WDM 系统的标称中心工作频率,其中带" * "者为 16 通道 WDM 系统的标称中心工作频率。从表中可以看出,用频率表示比用波长表示要方便得多。用频率表示时,只需要把已知的复用光通道标称中心工作频率加上规定通道间隔 0.1 THz(100 GHz),就可以得到新的复用光通道标称中心工作频率。但若用波长表示,则需要把已知的复用光通道工作波长加上 0.8 nm 或 0.81 nm,要麻烦一些,因为 0.1 THz 并非精确地对应于 0.8 nm。

另外,使用频率为基准而非波长,这是因为某些材料发射特定的已知光频,便于用做准确的基准点;而且,频率固定不变,而波长受材料折射率的影响。

表 7.1.2　32 通道 WDM 系统的标称中心工作频率

序　号	中心频率/THz	中心波长/nm	序　号	中心频率/THz	中心波长/nm
1	192.1	* 1 560.61	17	193.7	1 547.72
2	192.2	* 1 559.79	18	193.8	1 546.92
3	192.3	* 1 558.98	19	193.9	1 546.12
4	192.4	* 1 558.17	20	194.0	1 545.32
5	192.5	* 1 557.36	21	194.1	1 544.53
6	192.6	* 1 556.55	22	194.2	1 543.73
7	192.7	* 1 555.75	23	194.3	1 542.94
8	192.8	* 1 554.94	24	194.4	1 542.14
9	192.9	* 1 554.13	25	194.5	1 541.35
10	193.0	* 1 553.33	26	194.6	1 540.56
11	193.1	* 1 552.52	27	194.7	1 539.77
12	193.2	* 1 551.72	28	194.8	1 538.98
13	193.3	* 1 550.92	29	194.9	1 538.19
14	193.4	* 1 550.12	30	195.0	1 537.40
15	193.5	* 1 549.32	31	195.1	1 536.61
16	193.6	* 1 548.51	32	195.2	1 535.82

目前,ITU-T 建议在 C 带从 1 528.77 nm 开始,以 50 GHz(或 0.39 nm)的间隔可构成 81 个信道。据此,从 196.10 THz(1 528.77 nm)开始,可列表给出 C 带 81 个信道的中心频率。其中第一个信道的中心频率是 196.10 THz(或波长 1 528.77 nm),第二个信道的中心频率是196.05 THz(或波长 1 529.16 nm)等,最后一个信道的频率是 192.10 THz(或波长 1 560.61 nm)。然而,随着光纤技术的发展和优质光学器件的出现,将会有更多的信道可以复用。

5．中心频率偏移

中心频率偏移又称频偏，是指复用光通道的实际中心工作频率与标称中心工作频率之间的允许偏差。

对于 8 通道的 WDM 系统，采用均匀间隔 200 GHz(约 1.6 nm)为通道间隔，而且为了将来向 16 通道 WDM 系统升级，规定最大中心频率偏移为：±20 GHz(约±0.16 nm)。该值为寿命终了值，即在系统设计寿命终了时，考虑到温度、湿度等各种因素后仍能满足的数值。

对于 16 或 32 通道的 WDM 系统，采用均匀间隔 100 GHz 为通道间隔，规定其最大中心频率偏移为：±10 GHz(约±0.08 nm)。该值也为寿命终了值。

7.2　光波分复用器

7.1 节介绍了波分复用系统的结构及技术特点，要想实现这类系统，最关键的器件即核心器件是波分复用器与解复用器，是它把几路不同波长的光波合路与分路。下面分析波分复用器的工作原理及性能。

从原理上讲，根据光路可逆原理，该器件是互易的。只要将解复用器的输出端和输入端反过来使用，就是复用器。下面着重分析解复用器。

7.2.1　光波分复用器的主要性能参数

1．插入损耗

插入损耗是指某特定波长信号通过波分复用器相应通道时所引入的功率损耗。对波长 λ_1，若发送到输入端口的光功率为 P_{in}，相应输出端口接收到的光功率为 P_{out}，则有

$$L_{\text{i}} = 10 \lg \left(\frac{P_{\text{in}}}{P_{\text{out}}} \right) (\text{dB}) \tag{7.2.1}$$

波分复用器件的插损影响 WDM 系统的传输距离。假设波分复用器件的插损值为 7 dB，那么合、分波器加在一起就近 15 dB，导致系统在 1 550 nm 波长区的再生传输距离可能从 80 km 减少到 30～40 km 左右，这样短的传输距离是很难满足实际需求的。掺铒光纤放大器的出现解决了这个难题。尽管如此，还是希望波分复用器件的插损越小越好。一般规定小于 10 dB，但性能良好者可望在 5 dB 以下。

2．隔离度

波分复用器的隔离度与耦合器的隔离度(端口隔离度)不同，前者指波长隔离度或通道间隔离度，它表征分波器本身对其各复用光通道信号的彼此隔离程度，它仅对分波器有意义。

通道的隔离度越高，波分复用器件的选频特性就越好，它的串扰抑制比也越大，各复用光通道之间的相互干扰影响也就越小。

通道隔离度可以细分为相邻通道隔离度与非相邻通道隔离度两种。

(1) 相邻通道隔离度

它代表分波器本身对其相邻的两个复用通道光信号的隔离程度。具体含义是，某复用光通道的输出光功率，和具有相同光功率输出的相邻光通道信号在本通道的泄漏光功率之

比。其值自然越大越好，如大于 30 dB，即相邻光通道泄漏光功率仅为本通道输出光功率的千分之一，对本通道信号的不良影响自然很小。

（2）非相邻通道隔离度

它代表分波器本身对其非相邻复用通道光信号的隔离程度。具体含义是，某复用光通道的输出光功率，和非相邻光通道在本通道的泄漏光功率之比。同相邻通道隔离度一样，其值自然越大越好，如大于 30 dB。

3. 通道带宽

该参数仅对分波器有意义。目前关于分波器的带宽有两个指标，即 -0.5 dB 带宽和 -20 dB 带宽。它们分别代表当分波器的插入衰耗下降 0.5 dB 和 20 dB 时，分波器的工作波长范围之变化值。但 -0.5 dB 带宽是描述分波器带通特性的，所以其值越大越好。而 -20 dB 带宽则是描述分波器阻带特性的，阻带特性曲线应该陡峭，所以其值越小越好。

7.2.2 光波分复用器的要求

光波分复用器是 WDM 系统的重要组成部分，对它的要求如下。

① 插入衰耗低。所谓插入衰耗是指合、分波器对光信号的衰减作用，从衰耗的角度出发，其值越小对提高系统的传输距离越有利。

② 良好的带通特性。合、分波器实际上是一种光学带通滤波器，因此要求它的通带平坦、过渡带陡峭、阻带防卫度高。通带平坦可使其对带内的各复用通道光信号呈现出相同的特性，便于系统的设计与实施；过渡带陡峭与阻带防卫度高可以滤除带外的无用信号与噪声。

③ 高分辨率。要想把几十个光复用通道信号正确地分开，分波器应该具有很高的分辨率，只有如此才有可能在有限的光波段范围内增多复用光通道的数量，以便实现超大容量传输。目前高性能的分波器的分辨率可低于 10 GHz。

④ 高隔离度。所谓隔离度是指分波器对各复用光通道信号之间的隔离程度。隔离度越高，则各复用光通道信号彼此之间的相互影响越小，即所谓串扰越小，因此系统越容易包含众多数量的复用光通道。

⑤ 温度特性好。伴随温度的变化，合、分波器的插损、中心工作波长等特性也会发生偏移，因此要求它应该具有良好的温度特性。

7.2.3 光波分复用器的类型

目前光波分复用器的制造技术已经比较成熟，广泛商用的光波分复用器根据分光原理的不同分为 4 种类型，分别为熔锥光纤型、干涉滤波型、衍射光栅型和集成光波导型。

1. 熔锥光纤型

熔锥光纤型 WDM 类似于 X 形光纤耦合器，即将两根除去涂覆层的光纤扭绞在一起，在高温加热下熔融，同时向两侧拉伸，形成双锥形耦合区。通过设计熔融区的锥度，控制拉锥速度，从而改变两根光纤的耦合系数，使分光比随波长急剧变化。如图 7.2.1 所示，直通臂对波长为 λ_1 的光有接近 100% 的输出，而对波长为 λ_2 的光输出接近零；耦合臂对波长为 λ_2 的光有接近 100% 的输出，而对波长为 λ_1 的光输出接近为零。这样当输入端有 λ_1 和 λ_2 两个波长的光信号同时输入时，λ_1 和 λ_2 的光信号则分别从直通臂和耦合臂输出；反之，当直通臂和耦合臂分别有 λ_1 和 λ_2 的光信号输入时,也能将其合并从一个端口输出。

熔锥光纤型 WDM 的特点是插入损耗低,最大值小于 0.5 dB,典型值为 0.2 dB,结构简单,制造工艺成熟,价格便宜,并具有较高的光通路带宽与通道间隔比以及温度稳定性;缺点是尺寸偏大,复用路数少(典型应用于双波长 WDM),隔离度较低($\approx$20 dB)。采用多个熔锥式 WDM 器串接的方法,可以改进隔离度(约 30～40 dB),适当增加复用波长数($\leqslant$6 个)。熔锥光纤型 WDM 常用于两信道 WDM 系统(如对 1 310 nm 与 1 550 nm 两个波长进行合波与分波),还常用作光放大器泵浦光源与信号光源的复合(如 980 nm 与 1 550 nm)。

2. 干涉滤波型

干涉滤波型波分复用器的基本单元由玻璃衬底上交替地镀上折射率不同的两种光学薄膜制成,它实际上就是光学仪器中广泛应用的增透膜,如图 7.2.2 所示。

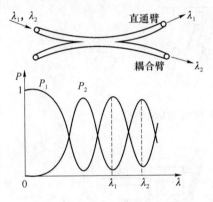

图 7.2.1　熔锥光纤型波分复用器的结构与特性　　图 7.2.2　增透膜原理图

其原理是一束平行光中的两条光线投射在两层介质膜的分界面上,光线 1 的透射光在下层膜的界面 B 处反射,再从 C 点处透射出,与光线 2 在上表面的反射光相干。两列反射光的光程差为

$$\delta = n_2 2L_{AB} - n_1 L_{CD} + \lambda/2 = 2d(n_2^2 - \sin^2 i)^{1/2} + \lambda/2 \qquad (7.2.2)$$

当光程差 δ 为 $(2k+1)\lambda/2$ 时,反射光干涉相消,可得出单层透光膜最小厚度的设计公式为

$$d = \frac{\lambda}{2(n_2^2 - \sin^2 i)^{1/2}} \qquad (7.2.3)$$

选择折射率差异较大的两种光学材料,以式(7.2.3)表示的膜厚交替地镀敷几十层,便做成了介质膜干涉型波分复用器的基本单元。镀敷层数越多,干涉效应越强,透射光中波长为 λ 的成分相对其他波长成分的强度优势越大。将对应不同波长制作的滤光片以一定的结构配置,就构成了一个分波器。实际上此光学系统是可逆的,将图中所有光线的方向反过来就成了合波器。

当前的镀膜技术结合了材料科学、真空物理学、薄膜物理化学、计算机辅助设计等先进技术,可以将多层介质膜滤光器制成超窄带型的 DWDM 器件,其复用信道间隔可小于 1 nm,迄今,已实现实用化的 0.8 nm 信道间隔的 DWDM 用多层介质膜多腔干涉滤光器,是目前应用最广泛的合、分波器。

图 7.2.3 为六波长介质薄膜干涉滤波型 WDM 器件结构。它通常用自聚焦棒透镜作为准直器件,直接在自聚焦棒的端面镀上电介质膜以形成滤波器。从图中可以看出,介质薄膜

干涉滤波型的分波器在自聚焦棒透镜的端面上镀有不同滤光特性的电介质膜,每种电介质膜只允许某一波长的光透过。当含有多种波长的光波进入分波器时,每经过一根自聚焦棒透镜就有一个波长的光波被分离出来,从而实现分波作用。图 7.2.4 为八波长介质薄膜干涉滤波型 WDM 器件。

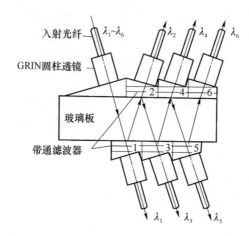

图 7.2.3 六波长介质薄膜干涉滤波型 WDM 器件

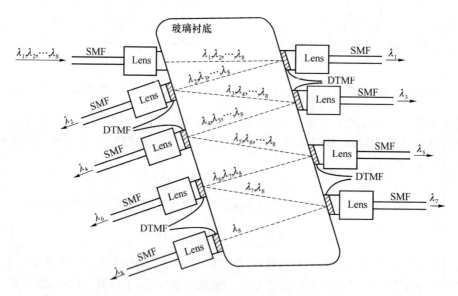

图 7.2.4 八波长介质薄膜干涉滤波型 WDM 器件

介质薄膜干涉滤波型分波器的优点是:良好的带通特性,它只允许带内波长的光波通过,而把带外其他波长的光波(包括噪声)过滤掉,从而具有较高的信噪比;插入衰耗低,大批量生产可以做到 2~6 dB;复用波长数较多,其典型复用波长数为 2~6 个,最大已达 8 个;温度特性好,其温度系数小于 0.3 pm/℃,因此它的中心工作波长随温度的变化极小,从而保证了它具有稳定的工作波长。

介质薄膜干涉滤波型分波器的缺点是:分辨率与隔离度不是很高,难以用于 16 通路以上的 WDM 系统;插入衰耗随复用通道数量的增加而增大。

表 7.2.1 给出了干涉薄膜滤光型 DWDM 器件的特性参数。

表 7.2.1　干涉薄膜滤光型 DWDM 器件的特性参数

器件 参数	四信道		八信道
中心波长/nm	ITU-T G.692 1549.32～1560.61		
信道间隔/GHz	400		200
最小信道带宽/nm	±0.32(±40 GHz)	±0.16 (±40 GHz)	±0.16 (±40 GHz)
插入损耗/dB	≤3.0		≤7.0
信道隔离度/dB	≥23		
信道内损耗起伏/dB	≤0.5		
偏振相关损耗/dB	≤3.0		
回波损耗/dB	≥50		
波长稳定度/nm·℃⁻¹	< 0.003		
工作温度/℃	0～+60		

3. 衍射光栅型

所谓光栅是指具有一定宽度、平行且等距的波纹结构。当含有多波长的光信号通过光栅时产生衍射,不同波长的光信号将以不同的角度出射。

图 7.2.5 为体型光栅波分复用器原理图。当光纤阵列中某根输入光纤中的多波长光信号经透镜准直后,以平行光束射向光栅。由于光栅的衍射作用,不同波长的光信号以方向略有差异的各种平行光束返回透镜传输,再经透镜聚焦后,以一定规律分别注入输出光纤之中,实现了多波长信号的分路,采用相反的过程,亦可实现多波长信号合路。

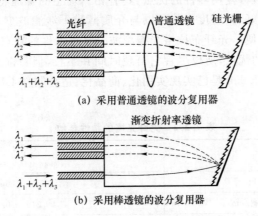

(a) 采用普通透镜的波分复用器

(b) 采用棒透镜的波分复用器

图 7.2.5　体型光栅波分复用器

图中的透镜一般采用体积较小的自聚焦透镜(GRIN)。所谓自聚焦透镜,就是一种具有梯度折射率分布的光纤,它对光线具有汇聚作用,因而具有透镜性质。如果截取 1/4 的长度并将端面研磨抛光,即形成了自聚焦透镜,可实现准直或聚焦。

若将光栅直接刻在棒透镜端面,可以使器件的结构更加紧凑,稳定性大大提高,如图 7.2.5(b)所示。

光栅型波分复用器件优点是:高分辨率,其通道间隔可以达到 30 GHz 以下;高隔离度,其相邻复用光通道的隔离度可大于 40 dB;插入衰耗低,大批量生产可达到 3～6 dB,且不随复用通道数量的增加而增加;具有双向功能,即用一个光栅可以实现分波与合波功能,因此它可以用于单纤双向的 WDM 系统之中。

正因为具有很高的分辨率和隔离度,所以它允许复用的通道数量达 132 个之多,故光栅型的波分复用器件在 16 通道以上的 WDM 系统中得到了应用。

光栅型波分复用器件的缺点是:温度特性欠佳,其温度系数约为 14 pm/℃,因此要想保证它的中心工作波长稳定,在实际应用中必须加温度控制措施;制造工艺复杂,价格较贵。

除用体光栅外,还可直接在光敏光纤的纤芯中制作光纤光栅,如用紫外曝光法。光纤光栅是近几年正着力研究、探索其机理的一种新型的全光纤器件,它利用了紫外激光诱导光纤纤芯折射率呈周期性变化的机理。当折射率的周期性变化满足布拉格光栅的条件时,相应波长的光就会产生全反射,而其余波长的光会顺利通过,相当于一个带阻滤波器。由于光纤布拉格光栅(FBG)直接采用紫外光写入,其反射波长的反射率可达 100%。利用普通的光分路器与多个光纤布拉格光栅就可以构成 WDM 系统使用的分波器,如图 7.2.6 所示。由于该结构要利用较多的 FBG,成本较高。

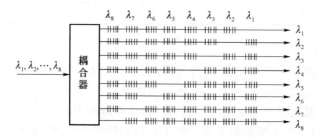

图 7.2.6 八波长光纤布拉格光栅 DWDM 器件

光纤布拉格光栅型波分复用器件的优点:具有相当理想的带通特性,带内响应平坦、带外抑制比高;温度特性较好,其温度系数可以与介质薄膜干涉滤波型相媲美;具有很高的分辨率;与普通光纤连接简便。光纤布拉格光栅型波分复用器件的缺点是插入衰耗比较大。

由于具有以上突出的优点,所以尽管它出现时间并不长,但目前已应用在 16 通道以上的 WDM 系统之中。表 7.2.2 是已实现实用化、商品化、适合制作 DWDM 器件的光纤光栅特性参数。

表 7.2.2 光纤光栅的特性参数

	ITU-T G.692
中心波长/nm	(1546.11～1560.61)
信道间隔/GHz	100,200
1 dB 最小反射带宽/nm	0.3($\lambda_0 \pm 0.15$)
3 dB 最小反射带宽/nm	0.6($\lambda_0 \pm 0.3$)
峰值反射率	>99%
相邻信道隔离度/dB	>22
中心波长温度系数/nm·℃$^{-1}$	标准封装:0.01 温度补偿封装:< 0.002
使用温度/℃	−20～+60
外形尺寸/mm	标准封装:$\phi 3 \times 50$ 温度补偿封装:$\phi 5 \times 60$
光纤类型/μm	9/125

4. 集成光波导型(AWG)

集成(阵列)波导光栅,又称为相位阵列波导,通常制作成平面结构。它包含输入、输出波导,输入、输出 WDM 耦合器以及阵列波导,如图 7.2.7 所示。阵列波导由规则排列的波导组成,相邻波导的长度相差固定值 ΔL,因而产生的相移随波长而变,焦点的位置亦随信号波长而变,这样,AWG 的工作类似凹面衍射光栅。由光栅方程可知,对于在某指定输入端口输入的多波长复合信号,将被分解至不同的输出端口输出,实现多波长复合信号的分接。

以光集成技术为基础的平面波导型波分复用器件,具有一切平面波导的优点,如几何尺寸小、重复性好(可批量生产)、可在掩膜过程中实现复杂的支路结构、与光纤容易对准等。

集成光波导型波分复用器的优点是:分辨率较高;隔离度高;易大批量生产。其缺点是:插入衰耗较大,一般为 6～11 dB;带内的响应度不够平坦。

因为具有高分辨率和高隔离度,所以复用通道的数量达 32 个以上,再加上便于大批量生产,所以 AWG 型的波分复用器件在 16 通道以上的 WDM 系统中得到了非常广泛的应用。目前,阵列波导光栅型 WDM 器件的研究越来越被重视,该器件在众多类型的高密型的 WDM 器件中占有明显优势。日本 NTT 光子学实验室采用由两级 AWG 滤波器构成 5 GHz间隔、4200 信道级联解复用器供超多波长光源之用。

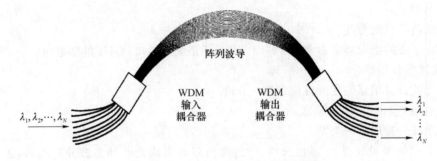

图 7.2.7　集成光波导型波分复用器

表 7.2.3 给出了 4 种波分复用器件性能的比较。

表 7.2.3　4 种波分复用器件性能比较

器件类型	机　理	通道数	通道间隔/nm	串音/dB	插入损耗/dB	主要缺点
衍射光栅型	角度色散	4～132	0.5～10	≤－30	3～6	温度敏感
介质薄膜型	干涉/吸收	2～32	1～100	≤－25	2～6	通路数较少
熔锥光纤型	波长依赖型	2～6	10～100	≤－(10～45)	0.2～0.5	通路数较少
集成光波导型	平面波导	4～32	1～5	≤－25	6～11	插入损耗大

小　　结

1. 光波分复用原理

(1) 光波分复用的定义

所谓光波分复用技术就是为充分利用单模光纤低损耗区的巨大带宽资源,采用波分复用器(合波器),在发送端将多个不同波长的光载波合并起来并送入一根光纤进行传输;在接收端,再由解波分复用器(分波器)将这些不同波长承载不同信号的光载波分开的复用方式。

(2) 粗波分复用和密集波分复用的应用范围

密集波分复用(DWDM)主要用于长途主干线,而粗波分复用(CWDM)的应用领域是城域网。

(3) 光波分复用的技术特点

① 充分利用光纤的低损耗带宽,实现超大容量传输;

② 节约光纤资源,降低成本;

③ 可实现单根光纤双向传输;

④ 各通道透明传输、平滑升级扩容;

⑤ 可充分利用成熟的 TDM 技术;

⑥ 可利用 EDFA 实现超长距离传输;

⑦ 对光纤的色散并无过高要求;

⑧ 可组成全光网络。

(4) 光波分复用系统的基本形式

波分复用系统的基本构成主要有 3 种形式:光多路复用单芯传输、光单芯双向传输、光分路插入传输。

(5) 光波长区的分配

WDM 系统的绝对频率参考为 193.1 THz,信道间隔为 25 GHz 的整数倍。

2. 光波分复用器

(1) 光波分复用器的主要性能参数

插入损耗、隔离度、通道带宽。

(2) 光波分复用器的类型

主要介绍熔锥光纤型、干涉滤波型、衍射光栅型和集成光波导型波分复用器,了解各种光波分复用器原理、特性及应用范围。

思考与练习

7-1 在光纤通信系统中,为什么要采用波分复用技术?

7-2 简述光波分复用技术的原理与特点。

7-3 光波分复用系统的基本构成形式有哪些?

7-4 ITU-T 对 WDM 绝对频率参考及通道间隔是如何规定的?

7-5 描述光波分复用器的性能参数主要有哪些?

7-6 光波分复用器的种类有哪些?

7-7 简述各种光波分复用器的工作原理与特点。

7-8 CWDM 技术最适合应用在什么领域? 为什么?

7-9 DWDM 和 CWDM 间的区别是什么?

7-10 波分复用技术中的每根光纤可容纳的波长数目、波长间隔是什么含义? 给出 CWDM 和 DWDM 这两个系统中上述问题的具体答案。

光纤通信系统性能与设计

第8章

前面讨论了光纤通信系统的基本组成部分,包括光纤、光发送机、光接收机、光无源器件、光放大器。本章讨论将这些单元组成一个实用光波通信系统时与系统设计和性能有关的问题。光纤通信系统按传输信号种类来分,有模拟光纤通信系统和数字光纤通信系统。本章重点讨论数字光纤通信系统。

8.1 两种数字传输体系

数字光纤通信是数字通信与光纤通信系统的优化组合。数字通信具有抗干扰能力强、易于集成、转接交换方便等优点,而光纤频带宽的特点又补偿了数字通信占用频带宽的不足,因此,在通信网中数字通信是光纤通信采用的主要方式。

在数字传输系统中,由模拟话音信号变换成数字信号进行传输时,每一路话音占用的速率一般为 64 kbit/s,通常称为零次群。如果在同一信道中增加容量,应该采用多路复用的方法提高传输速率。根据不同需要和不同传输介质的传输能力,可将不同的速率复接成一个系列,即由低向高逐级复接,这就是数字复接系列。数字光纤通信系统先后有两种传输体系:准同步数字体系(PDH)和同步数字体系(SDH)。

8.1.1 准同步数字体系

标称速率相同、实际容许有一定偏差的数字体系,称为准同步数字体系(PDH)。目前,世界上有两种制式:一种是以 1544 kbit/s 为基群的 T 系列;另一种是以 2048 kbit/s 为基群的 E 系列,其体系构成如图 8.1.1 所示。

基群的构成:话音信号的带宽小于 4 kHz,所以取样频率定为 8 kHz,把每个样值编成 8 个比特的码压缩在很短的时段之内,也就是说每隔 125 μs 取样一次,那么在 125 μs 的时间内就可以复接很多路话音信号。把 125 μs 分成 32 个时隙,每个时隙为 3.9 μs,每比特为 488 ns,可以复接 30 个话路(另外两个时隙留作他用)。因为每个话路的速率为 64 kbit/s,复接 32 个话路的总码率为 $32\times64=2048$ kbit/s,这就是通常所说的 PCM 基群的数码率。

由于 ITU 推荐了两种不同的基群方案,由此组成的高次群(二次群以上的系统叫高次群),其构成也不同。我国采用的是以 2048 kbit/s 为基群的数字系列。基群含有 30 个话路,基群以上的高次群每增加一个等级,话路数扩大 4 倍,但传输速率并不是 4 的整数倍。基群的容量为 30 路/32 路,二次群的容量为 120 路,三次群的容量为 480 路,四次群的容量为 1920 路,五次群的容量为 7680 路。相应地,一次群、二次群、三次群、四次群、五次群的传输速率依次为 2 048 kbit/s、8 448 kbit/s、34 368 kbit/s、139 264 kbit/s、564 992 kbit/s。

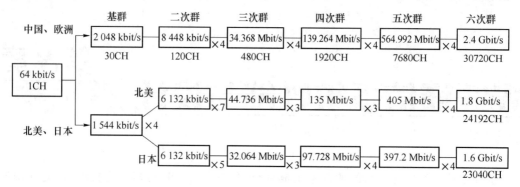

图 8.1.1　PDH 体系构成

8.1.2　同步数字体系

1986 年,美国贝尔研究所提出一种新的传输制式——光同步网络(SONET)——的概念。其目的是为了对光接口进行规范化,以实现在美国电信网上不同生产厂家的光传输设备在光路上的互通。这个新的传输制式到 1988 年为国际电报电话咨询委员会(CCITT)接受,并进行了适当的修改,重新命名为同步数字传送系列(SDH,Synchronous Digital Hierarchy)。

SDH 是一套可进行同步信息传输、复用、分插和交叉连接的标准化数字信号的结构等级,而 SDH 网络则是由一些基本网络单元组成的、在传输媒质上(光纤、微波等)具有全世界统一的网络节点接口。SDH 复接方式是几个支路(低等级支路信号)在同一个高稳定的时钟控制下,它们的码速是严格相等的,即各支路的码位是同步的。这时,可将各支路码元直接在时间压缩、移相后进行复接,这样的复接称为同步复接。

SDH 不仅适用在光纤网中,也适用于数字微波和卫星网中。其主要特点如下。

(1) 速率统一

SDH 把世界上两大数字体系和 3 个地区标准在四次群以上兼容互通,将其共同的两速率变为 155.520 Mbit/s 构成一个基本模块信号 STM-1。这样就为目前已存在的准同步数字系列的两种基群码速率系统信息的交换提供了有利条件。使 1.5 Mbit/s 和 2 Mbit/s 两大数字体系(3 个地区性标准)在 STM-1 等级以上获得统一。今后,数字信号在跨越国界通信时,不再需要转换成另一种标准,第一次真正实现了数字传输体制上的世界性标准。

(2) 有标准化的光接口

SDH 有标准化的 STM 等级,不仅同等级的 STM-N 具有相同的传输速率,而且其信号的帧结构也完全一致,在网中有多厂家设备的情况下也能有效地组网。由于将标准光接口综合进各种不同的网元,减少了将传输和复用分开的需要,从而简化了硬件,缓解了布线拥挤。

(3) 一步复用特性

与 PDH 不同的是,SDH 一方面采用同步复用方式,使各种不同等级的低速支路信号在 STM-N 帧结构中的排列十分有规律,位置相对固定;另一方面,由于净负荷与网络是同步的,因而只需利用软件即可使高速信号一次直接分插出低速支路信号,即所谓的一步复用特性。这样既不影响别的支路信号,又不需要对全部高速复用信号进行解复用,省去了全套背靠背复用设备,网络结构得以简化,使上、下业务十分容易,降低了成本,而且提高了设备的稳定性与可靠性。

（4）具有强大的网管功能

SDH 在其帧结构中安排了丰富的开销比特，可以用于性能监视、故障监测、公务联络、保护倒换等。所以 SDH 系统的运行、管理、维护与指配（OAM&P）能力大大提高，完全可以适应信息传输网的现代化管理要求。

SDH 设备由于具有一定的交叉连接能力和丰富的光/电接口，所以可根据不同的应用场合组成线形网、树形网、枢纽网、环形网和网格形网等较复杂的网络，以适应现代信息传输网的组网要求。此外，由其组成的环形网还具有自愈功能，大大提高了网络的安全性。

SDH 的等级、速率与容量如表 8.1.1 所示。

表 8.1.1　SDH 的等级、速率与容量

等　级	速率/(Mbit·s⁻¹)	2 M 口数量/个	话路容量/路
STM-1	155.520	63（常用）	1 890
STM-4	622.080	252	7 560
STM-16	2 488.320	1 008	30 240
STM-64	9 953.280	4 032	120 960
STM-256	39 813.120	16 128	483 840

8.2　系统的性能指标

目前，ITU-T 已经对光纤通信系统的各个速率、各个光接口和电接口的各种性能给出具体的建议，系统的性能参数也有很多，这里介绍系统最主要的性能指标，包括误码性能、抖动性能。

8.2.1　误码性能

误码性能是衡量数字通信系统质量优劣的重要指标，它反映了数字传输过程中信号受损害的程度。

在数字通信中常用比特率误码率（BER）来衡量误码性能。误码率大小直接影响系统传输的业务质量，例如，误码率对话音的影响程度如表 8.2.1 所示。

表 8.2.1　误码率对话音的影响程度

误码率	受话者的感觉
10^{-6}	感觉不到干扰
10^{-5}	在低话音电平范围内刚觉察到有干扰
10^{-4}	在低话音电平范围内有个别"喀喀"声干扰
10^{-3}	在各种话音电平范围内都感觉到有干扰
10^{-2}	强烈干扰，听懂程度明显下降
5×10^{-2}	几乎听不懂

所谓"平均误码率"就是在一定的时间内出现错误的码元数与传输码流总码元数之比,其表达式为

$$BER_{av} = \frac{错误接收的码元数 \ m}{传输的总码元数 \ n} = \frac{m}{f_b t}$$

例如,信息码数率为 8.448 Mbit/s 的光纤系统,若 $BER_{av} = 10^{-9}$,则 5 min 内允许的误码数是:$m = 10^{-9} \times 8.448 \times 10^6 \times 5 \times 60 = 2.5$ 码元。

ITU-T 建议的误码质量要求见表 8.2.2。

表 8.2.2 ITU-T 建议的误码质量要求

业务种类	数字电话	2~10 Mbit/s 数据	可视电话	广播电视	高保真立体声
平均误码率	10^{-6}	10^{-8}	10^{-6}	10^{-6}	10^{-6}

表 8.2.2 中为电信号从发送端到接收端的总误码率,其中一部分分配给编码、复接、码型变换等过程的误码,然后再折算到光纤传输速率下的误码率,对于低速光纤通信系统的长期平均误码率应小于 10^{-9},ITU-T 建议高速光纤通信系统的长期平均误码率应小于 10^{-10},10 Gbit/s 以上或带光放大器的光纤通信系统要达到 10^{-12}。

在通信网中除了话音,还有其他业务,为了能综合衡量各业务的传输质量,根据 ITU-T G.821 建议,可将误码性能优劣的指标分为 3 类:① 劣化分(DM);② 严重误码秒(SES);③ 误码秒(ES)。其定义和指标见表 8.2.3。

表 8.2.3 中的指标是建立在统计意义上的,其中总的观测时间:$T_L = T_A + T_U$,式中 T_A 为可用时间(如可用分钟、秒),即系统处于正常工作状态的时间;T_U 为不可用时间(如劣化分、严重误码秒、误码秒),亦即故障状态时间。一般而言,总的观测时间以较大为好,如数天或一个月。在工程中常采用平均误码率来衡量系统的总体性能。

表 8.2.3 误码类别、定义和总指标(假设为 27 500 km 数字连接情况)

类别	定义	全程全网指标
DM	采样观测时间 $T_0 = 1$ min,若 $BER > 10^{-6}$,则这 1 min 为一个 DM	$\frac{劣化分钟}{可用分钟} < 10\%$
SES	采样观测时间 $T_0 = 1$ s,若 $BER > 10^{-3}$,则这 1 s 为一个 SES	$\frac{严重误码秒钟}{可用秒钟} < 0.2\%$
ES	采样观测时间 $T_0 = 1$ s,若误码数至少为 1 个,则这 1 s 为一个 ES	$\frac{误码秒钟}{可用秒钟} < 8\%$

8.2.2 抖动性能

抖动是数字信号传输过程中产生的一种瞬时不稳定现象。抖动的定义是数字信号的特定时刻(如最佳采样时刻)相对标准时间位置的短时间偏差。这种偏差包括输入脉冲信号在某一平均位置左右变化和提取时钟信号在中心位置左右变化。

产生抖动的原因很多,主要与定时提取电路的质量、输入信号的状态和输入码流中的连"0"数目有关。抖动严重时,信号失真、误码率增大。完全消除抖动是困难的,为保证整个系统正常工作,ITU-T 建议抖动的指标有:输入抖动容限、输出抖动容限和抖动转移(抖动增益)等。

（1）输入抖动容限

光纤通信系统各次群的输入接口必须容许信号含有一定的抖动。根据 ITU-T G.823 建议,输入抖动容限是指在数字段内满足误码特性要求时,允许的输入信号的最大抖动范围。输入抖动容限值越大越好。

（2）输出抖动容限

根据 ITU-T G.921 建议,输出抖动容限是指在系统没有输入抖动的情况下,系统输出端的抖动最大值。该值越小越好,说明设备和数字段产生抖动小。

（3）抖动转移（抖动增益）

抖动转移也称为抖动传递,它定义为系统输出信号的抖动与输入信号中具有对应频率的抖动之比。

关于上面 3 个参数的要求和性能测试,ITU-T 建议有相关的规定,如输入抖动容限的测试方法为:用正弦低频信号发生器调制伪随机码,改变正弦低频信号发生器的频率和幅度,使光端机的输入信号产生抖动;固定一个低频分量的频率,加大其幅值,直到产生误码,用抖动测试仪测出此时的抖动即是输入抖动容限。

8.3 系统结构

光波通信系统的应用可分为三大类:点到点连接;广播和分配网;局域网。

8.3.1 点到点连接

点到点连接构成最简单的光波系统,称为链路,其作用是将可用电信号形式代表的信息从一个地方传送到另一个地方。光纤通信系统最简单的结构形式是工作在波长为 $0.85~\mu m$、$1.3~\mu m$ 或 $1.55~\mu m$ 的点对点的链路,它可以是传输距离为几十米的室内传输,也可以是成千上万千米的跨洋传输。在一幢大楼内或两楼之间的计算机数据的光纤传输就是一种短距离的点对点系统,在这种应用中,通常不是利用光纤的低损耗及宽带宽能力,而是取其抗电磁干扰等优点。相反,在超长距离的海底光缆系统中,光纤的低损耗和宽带宽对于降低建设和运行成本具有决定性作用。

当两点间距离超过一定程度时,就必须补偿光纤损耗,否则由于衰减信号变得太弱而不能可靠检测。传统的补偿方法是用中继器,根据不同波长,中继距离在 $20\sim100~km$ 范围内。中继距离是系统的一个重要设计参数,它决定着系统的成本,由于光纤的色散,中继距离与系统码速有关。在点对点的传输中,码速、中继距离乘积 BL 是表征系统性能的一个重要指标。由于光纤的损耗和色散均与波长有关,所以 BL 也与波长有关。对于工作波长为 $0.85~\mu m$ 的第一代商用化光纤通信系统,BL 的典型值在 $1(Gbit/s)\cdot km$ 左右,而 $1.55~\mu m$ 波长的第三代系统的 BL 值可以超过 $1\,000(Gbit/s)\cdot km$。

中继距离随光纤损耗的减小而增加,同时它也随接收机灵敏度和光源输出光功率的提高而增加。

8.3.2　广播和分配网

光波系统的许多应用不仅要求传送信息,而且要求能将信息分配到许多用户。这种应用例子包括电信业务的本地环路分配和公用天线电视(CATV)中的多路视频信道的广播。研究和发展的重点是通过宽带综合业务数字网(B-ISDN)分配各种业务,包括电话、传真、计算机数据、可视图文和电视广播。对超宽带 ISDN,其传输距离较短($L<50$ km),但比特率可高达 10 Gbit/s。

对于树形拓扑结构,信道分配在中心位置(集线器)进行,交叉连接设备在电域内自动交换信道,光纤的作用与点对点线路类似,城市内的电话网络就是这种情况。由于光纤带宽远大于单个中心局所要求的带宽,因此几个局可以共享通向中心局的一根光纤。在一个城市中,电话网采用树形拓扑结构分配音频信道。树形拓扑结构中,一根光纤的中断可能影响大部分的业务,所以结构的可靠性十分重要,重要中心点间的直接连接都敷设备用光纤。对于总线拓扑结构,单根光缆承载整个业务范围的多信道光信号,并通过光分接头完成分路,光分路器将一小部分功率分送给每个用户。总线拓扑结构的一个简单应用是城市中由多路视频信道分配组成的 CATV 系统。由于光纤的带宽比同轴电缆要宽得多,允许分配约 100 个信道。对单信道比特率达 100 Mbit/s 的高清晰度电视(HDTV),也要求使用光缆传送。

总线拓扑结构的缺点在于信号损耗随耦合器数量指数增加,限制了单根光纤总线服务的范围和用户。若忽略光纤自身的损耗,并假定耦合器的分光比和插入损耗都相同,则第 N 个分支可得到的功率为

$$P_N = P_T C[(1-\delta)(1-C)]^{N-1} \tag{8.3.1}$$

式中,P_T 为发送功率;C 为耦合器的功率分路比;δ 为耦合器的插入损耗;并假设每个分路器的 C 和 δ 都相同。

若取 $\delta=0.05$,$C=0.05$,$P_T=1$ mW 和 $P_N=0.1\ \mu$W,则 N 的最大值不超过 60。在总线上周期地接入光放大器提升功率,可以克服上述限制,只要光纤色散的影响限制在可忽略的程度,允许分配的用户数将大大增加。

8.3.3　局域网

光波系统的许多应用要求在网络中一个局部区域内(如在一个大学校园)的大量用户相互连接,使任何用户可以随机地进入网络,并将数据传送给其他任何用户,这样的网络称为局域网(LAN)。由于传输距离较短(<10 km),因此在 LAN 应用中光纤低损耗的意义并不很大,使用光纤的主要意义在于使光波系统能够提供宽的带宽。

在多路访问局域网中,每个用户能够发送信息到网络中所有其他的用户,同时也能接收所有其他用户发来的信息,电话网和计算机以太网就是这种网络的例子。

环形和星形是 LAN 广泛使用的两种结构。对于环形网络,点到点连接将节点依次相连以形成单个闭合环。各节点中均设置有发送机-接收机对,均可发送和接收数据,也用作中继器。一个令牌(预先确定的比特率)在环内传递,每个节点都监视比特率以监听它自己的地址和接收数据。随着光纤分布式数据接口(FDDI)标准接口的出现,光纤 LAN 开始普遍采用环形拓扑结构。星形网络中,所有节点都通过点到点连接接到中心站(中枢节点)上,分为有源星形结构和无源星形结构两种。前者是指所有到达的光信号都通过光接收机转换

为电信号,再将电信号分配给驱动各个节点的光发送机;后者采用星形耦合器等无源光器件在光域进行分配。由于从一个节点的输入被分配到许多节点输出,因此传送到每个节点的功率将受用户数的限制。

如果只有一个光载波,采用电的 TDM 和分组交换以及必要的协议就可以构成多路访问 LAN。如果使用波分复用技术,刚采用交换、选择路由或分配载波频率的技术来实现用户之间的无阻塞连接。

网络的极限容量受分配损耗和插入损耗的限制。对于 $N \times N$ 星形耦合器,每个用户接收的功率 P_N 降低为

$$P_N = (P_T/N)(1-\delta)^{\log_2 N} \tag{8.3.2}$$

式中,P_T 为平均发射功率;N 为用户数;δ 为星形耦合器每个方向耦合器的插入损耗。若 $\delta = 0.05$,$P_T = 1 \text{ mW}$ 和 $P_N = 0.1 \text{ μW}$,则可得 $N = 500$。而在总线网中,同样的条件下最大用户数为 $N = 60$。由于总插入损耗仅随 N 呈对数增长,因此插入损耗并不是无源星形网络的主要限制因素,所以星形拓扑结构在 LAN 应用中具有明显优点。

为了满足网络工作的要求,接收到的光功率应该超过接收机灵敏度 $\overline{P}_{\text{rec}}$。

8.4　光纤损耗和色散对系统性能的影响

光波系统的设计,要求最大限度地利用光纤的频带资源,达到最高的通信能力或容量,提供最大的通信效益,为此需要研究限制通信能力的因素。光发送机、中继器、光接收机和光纤传输媒质等光波系统组成单元都对通信能力的提高产生限制。本节主要讨论光纤传输媒质对光波通信能力的影响。第 2 章中的讨论指出,光纤损耗和色散特性是影响光波系统通信容量(BL 积)的重要因素,而损耗和色散又都随工作波长而变化,因此工作波长的选择和光纤特性参数对通信容量的影响程度就成为光波系统设计的一个主要问题。

8.4.1　损耗限制系统

假设发射机光源的最大平均输出功率为 $\overline{P}_{\text{out}}$,接收机探测器的最小平均接收光功率为 $\overline{P}_{\text{rec}}$,光信号沿光纤传输的最大距离 L 为

$$L = -\frac{10}{\alpha_f} \lg\left(\frac{\overline{P}_{\text{out}}}{\overline{P}_{\text{rec}}}\right) \tag{8.4.1}$$

式中,α_f 是光纤的总损耗(单位为 dB/km),包括熔接和连接损耗。由于

$$\overline{P}_{\text{out}} = \overline{N}_{\text{ph}} h\nu B \tag{8.4.2}$$

所以 $\overline{P}_{\text{out}}$ 与码率 B 有关,式中,$\overline{N}_{\text{ph}}$ 为接收机要求的每比特平均光子数,$h\nu$ 为光子能量,因此传输距离 L 与码率 B 有关。在给定工作波长下,L 随着 B 的增加按对数关系减小。

在 0.85 μm 波段,由于光纤损耗较大(典型值为 2.5 dB/km),根据码率的不同,中继距离通常被限制在 $10 \sim 30 \text{ km}$。而在 $1.3 \sim 1.6 \text{ μm}$ 波段,由于光纤损耗较小,在 1.3 μm 处损耗的典型值为 $0.3 \sim 0.4 \text{ dB/km}$,在 1.55 μm 处为 0.2 dB/km,中继距离可以达到 $100 \sim 200 \text{ km}$,尤其 1.55 μm 波长处的最低损耗窗口,中继距离可以超过 200 km,如图 8.4.1 所示。

损耗对光波系统传输距离的限制,可用光放大器来克服。

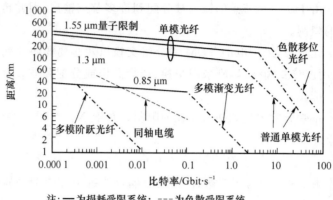

注:—为损耗受限系统; - - -为色散受限系统

图 8.4.1　各种光纤的传输距离与传输速率的关系

8.4.2　色散限制系统

光纤色散导致光脉冲展宽,从而构成对系统 BL 乘积的限制。当色散限制的传输距离小于损耗限制的传输距离时,或者说,传输距离主要由色散所限制时,该系统是色散限制系统。导致色散限制的物理机制随波长不同而不同,下面分别进行讨论。

(1) $0.85\ \mu m$ 光纤通信系统

早期发展的第一代 $0.85\ \mu m$ 光纤通信系统中,通常采用低成本的多模光纤作为传输媒质。多模光纤的主要限制因素是模间色散。多模阶跃光纤的 BL 可根据第 2 章中的公式

$BL < \dfrac{n_2}{n_1^2}\dfrac{c}{\Delta}$ 计算得到。由图 8.4.1 可以看出,对于这种多模阶跃光纤构成的系统,即使是在

1 Mbit/s 的较低码率下,其 L 值也限制在 10 km 以内。因此,除了一些数据连接应用,多模阶跃光纤很少用于光纤通信系统中。使用多模渐变光纤可大大提高 BL 值,可用近似关系式 $BL < 2c/(n_1\Delta^2)$ 计算。在这种情况下,如图 8.4.1 所示,$0.85\ \mu m$ 光波系统在比特率小于 100 Mbit/s 时为损耗限制系统,当比特率大于 100 Mbit/s 时为色散限制系统。第一代陆上光波系统就是采用这种多模渐变光纤,比特率在 $50 \sim 100$ Mbit/s 之间,中继距离接近 10 km,于 1978 年投入商业运营。

(2) $1.3\ \mu m$ 光纤通信系统

第二代光纤通信系统采用最小色散波长在 $1.3\ \mu m$ 附近的早期单模光纤。该系统最大的限制因素是由较大的光源谱宽支配的由色散导致的脉冲展宽。此时 BL 值可由下式表示:

$$BL \leqslant (4|D|\sigma_\lambda)^{-1} \tag{8.4.3}$$

式中,D 为光纤的色散参数;σ_λ 为光源的均方根谱宽。$|D|$ 值与工作波长接近零色散波长的程度有关,典型值为 $1 \sim 2$ ps/(nm·km)。如果在式(8.4.3)中取 $|D|\sigma_\lambda = 2$ ps/km,则 BL 的受限值为 125 (Gbit/s)·km。一般来说,$1.3\ \mu m$ 光波系统在 $B < 1$ Gbit/s 时为损耗限制系统,在 $B > 1$ Gbit/s 时可能成为色散限制系统。

(3) $1.55\ \mu m$ 光纤通信系统

第三代光纤通信系统使用在 $1.55\ \mu m$ 波长具有最小损耗的单模光纤,由于色散参数 D

相当大,在这种系统中光纤色散是主要的限制因素。这个问题可采用单纵模半导体激光器而获得解决。在这种窄线宽光源下,系统的最终限制为

$$B^2L < (16|\beta_2|)^{-1} \tag{8.4.4}$$

式中,β_2 为群速度色散,其与色散参数 D 的关系为 $\beta_2 = -\lambda^2 D/(2\pi c)$。

　　对于这种 $1.55~\mu m$ 理想系统,B^2L 可达 $6\,000(\text{Gbit/s})^2 \cdot \text{km}$,当 $B > 5~\text{Gbit/s}$,传输距离超过 $250~\text{km}$ 时就成为色散受限系统。实际上,直接调制中产生的光源频率啁啾将引起脉冲频谱展宽,加剧色散限制。例如,将 $D = 16~\text{ps/(nm} \cdot \text{km)}$ 和 $\sigma_\lambda = 0.1~\text{nm}$ 代入式(8.4.3),可得 $BL < 150(\text{Gbit/s}) \cdot \text{km}$,即使损耗限制距离可能超过 $150~\text{km}$,但考虑光源啁啾后,即使比特率低至 $2~\text{Gbit/s}$,传输距离也只能达到 $75~\text{km}$。

　　解决频率啁啾导致 $1.55~\mu m$ 波长系统受色散限制的一个方法是采用色散位移光纤。这种光纤群速色散的典型值为 $\beta_2 = \pm 2~\text{ps}^2/\text{km}$,对应的 $D = \pm 1.6~\text{ps/(nm} \cdot \text{km)}$。在这种系统中,光纤的色散和损耗在 $1.55~\mu m$ 波长处都成为最小值,系统的 BL 值可以达到 $1\,600(\text{Gbit/s}) \cdot \text{km}$,在 $20~\text{Gbit/s}$ 比特率下,中继距离也可达 $80~\text{km}$。半导体光源一般为负啁啾,当采用预啁啾补偿技术时,BL 值也可进一步提高。

8.5　光纤通信系统的设计

　　对数字光纤通信系统而言,系统设计的主要任务是:根据用户对传输距离和传输容量(话路数或比特率)及其分布的要求,按照国家相关的技术标准和当前设备的技术水平,经过综合考虑和反复计算,选择最佳路由和局站设置、传输体制和传输速率以及光纤光缆和光端机的基本参数和性能指标,以使系统的实施达到最佳的性能价格比。在技术上,系统设计的主要问题是确定中继距离,尤其对长途光纤通信系统,中继距离设计是否合理对系统的性能和经济效益影响很大。

　　在实际光纤通信系统的设计中,除了考虑光纤损耗和色散对 BL 的固定限制外,还有许多问题需要考虑,如工作波长、光纤、光发送机、光接收机、各种光无源器件的兼容性、性能价格比、系统可靠性及扩容升级要求等。在设计过程中,首先要确定系统设计要求达到的技术指标和应满足的性能标准,主要的技术指标如比特率 B 和传输距离 L,而要满足的系统性能是误码率,典型值是 $\text{BER} < 10^{-9}$。其次是确定工作波长,例如选用 $0.85~\mu m$ 波长,BL 小,成本低,而选用 $1.3 \sim 1.6~\mu m$ 波长,BL 大,成本亦高。参考图 8.4.1 有助于对工作波长做出合理的选择。

8.5.1　功率预算

　　光纤通信系统功率预算的目的是:保证系统在整个工作寿命内,接收机要具有足够大的接收光功率,以满足误码率小于 10^{-9} 要求。如果接收机的接收灵敏度为 $\overline{P}_{\text{rec}}$,发射机的平均输出光功率为 $\overline{P}_{\text{out}}$,则应该满足

$$\overline{P}_{\text{out}} = \overline{P}_{\text{rec}} + L_{\text{tot}} + P_m \tag{8.5.1}$$

式中,L_{tot} 是通信信道的所有损耗,P_m 为系统的功率余量,$\overline{P}_{\text{out}}$ 和 $\overline{P}_{\text{rec}}$ 的单位为 dBm,L_{tot} 和

P_m 的单位用 dB 表示。为了保证系统在整个寿命内,因元器件劣化或其他不可预见的因素引起接收灵敏度下降时系统仍能正常工作,在系统设计时必须分配一定的功率余量,一般考虑 P_m 为 6 ~ 8 dB。

信道的损耗 L_{tot} 应为光纤线路上所有损耗之和,包括光纤传输损耗、连接损耗及熔接损耗,假如 α 表示光纤损耗系数(单位为 dB/km),L 为传输长度,L_{con} 为光纤连接损耗,L_{spl} 为光纤熔接损耗。通常光纤的熔接损耗包含在传输光纤的平均损耗内,连接损耗主要是指发射机及接收机与传输光纤的活动连接损耗。光纤线路上总损耗可表示为

$$L_{tot} = \alpha L + L_{con} + L_{spl} \tag{8.5.2}$$

在选定系统元部件后,可根据式(8.5.1)估算最大传输距离。

例如,要设计一个工作于 50 Mbit/s,最大传输距离为 8 km 的光纤链路,参照图 8.4.1,若采用多模渐变光纤,系统可设计工作在 0.85 μm 波长,比较经济。确定了工作波长后,必须确定合适的光发送机和接收机。GaAs 光发送机可用半导体激光器或发光二极管作为光源。类似地,可采用 PIN 或 APD 硅光接收机设计,从降低成本考虑,可选择 PIN 接收机。在目前工艺水平下,为保证误码率 BER$<10^{-9}$,接收机要求平均每比特 5 000 个光子,接收机的灵敏度为 $\overline{P}_{rec} = \overline{N}_{ph} h\nu B = -42$ dBm。基于 LED 和 LD 的光发送机的平均发送功率一般分别为 50 μW 和 1 mW。表 8.5.1 给出了按以上方法所作功率预算的一个例子。

表 8.5.1   0.85 μm 光纤通信系统的功率预算

参　量	符　号	LD 光发送机	LED 光发送机
发送功率/dBm	$\overline{P}_{out}$	0	−13
接收机灵敏度/dBm	$\overline{P}_{rec}$	−42	−42
系统裕量/dB	P_m	6	6
信道总损耗/dB	L_{tot}	36	23
连接器损耗/dB	L_{con}	2	2
光缆损耗/dB·km^{-1}	α	3.5	3.5
最大传输距离/ km	L	9.7	6

对于 LED 光发送机,传输距离限制在 6 km,若需延长至 8 km,可采用 LD 光发送机或采用 APD 接收机代替 PIN 接收机,灵敏度可提高到 7 dBm 以上,这样可以使 $L>8$ km。在选择光发送机和光接收机类型时,经济是通常应考虑的因素。

8.5.2　上升时间预算

系统带宽应满足传输一定码率 B 的要求,即使系统各个部件的带宽都大于码率,但由这些部件构成系统的总带宽却有可能不满足传输该码率信号的要求。对于线性系统来说,常用上升时间来表示各组成部件的带宽特性。上升时间预算的目的在于检验所选用的光源、光纤和检测器的响应速度是否满足系统设计的要求,以确保系统在预定的比特率时能正常工作。

上升时间定义为:系统在阶跃脉冲作用下,从幅值的 10% 上升到 90% 所需要的响应时间,如图 8.5.1 所示。

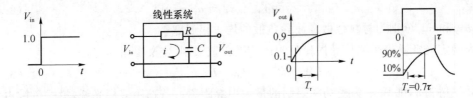

图 8.5.1　上升时间

线性系统的上升时间 T_r 与带宽 Δf_{3dB} 的关系为

$$T_r = \frac{2.2}{2\pi\Delta f_{3dB}} = \frac{0.35}{\Delta f_{3dB}} \tag{8.5.3}$$

即 T_r 与 Δf_{3dB} 成反比关系，$T_r\Delta f_{3dB} = 0.35$。

对于任何线性系统，上升时间都与带宽成反比，只是 $T_r\Delta f$ 的值可能不等于 0.35。在光纤通信系统中，常利用 $T_r\Delta f_{3dB} = 0.35$ 作为系统设计的标准。

码率 B 对带宽 Δf_{3dB} 的要求依据码型的不同而异，对于归零码（RZ），$\Delta f_{3dB} = B$，因此 $BT_r = 0.35$；而对于非归零码（NRZ），$\Delta f_{3dB} = \dfrac{B}{2}$，要求 $BT_r = 0.7$。

因此光纤通信系统设计必须保证系统上升时间满足：

$$T_r \leqslant 0.35/B \quad \text{对 RZ 码} \tag{8.5.4}$$

$$T_r \leqslant 0.70/B \quad \text{对 NRZ 码} \tag{8.5.5}$$

光纤通信系统的 3 个组成部分（光发射机、光纤和光接收机）具有各自的上升时间，系统的总上升时间 T_r 与这 3 个上升时间的关系为

$$T_r^2 = T_{tr}^2 + T_f^2 + T_{rec}^2 \tag{8.5.6}$$

式中，T_{tr}、T_f 和 T_{rec} 分别为发射机、传输光纤和接收机的上升时间。

发射机的上升时间主要由驱动电路的电子元件和光源的电分布参数决定。一般说来，对 LED 光发射机，T_{tr} 为几纳秒，而对 LD 光发射机，T_{tr} 可短至 0.1 ns。

接收机的上升时间主要由接收前端的 3 dB 电带宽决定，在已知该带宽的情况下，可利用式（8.5.3）求出接收机的上升时间。

8.5.3　色散预算

色散预算的目的在于检验某实际系统是受功率限制还是受色散限制。光纤通信系统中，光纤的材料色散和波导色散与长度呈线性关系，总色散随距离增大，模式色散则不同，当求光纤模式色散时，应考虑模式转换的影响。由于光纤宏观结构上的不均匀（包括尺寸不均匀、弯曲或接头）等导致模式间的相互转换，这种转换是一种随机无规则过程，结果使各模式的能量到达接收端时，产生模式能量转移，其中一部分导模转换为辐射模，增加了光纤损耗，但却改善了色散特性。若单位长度光纤的模式色散导致脉冲的均方根展宽为 σ_1，则考虑到模式转换的影响后，长度为 L 的多模光纤的模式色散展宽为

$$\sigma_{mod} = \sigma_1 L^a \tag{8.5.7}$$

式中，a 为光纤的质量指数，在 0.5～1 之间取值，高质量光纤 $a \approx 0.9$，中等质量光纤 $a \approx 0.7$，低质量光纤 $a \approx 0.5$。

光纤的总色散展宽可表示为

$$\sigma_T^2 = \sigma_{\text{mod}}^2 + \sigma_{\text{mat}}^2 + \sigma_{\text{wag}}^2 \tag{8.5.8}$$

式中,σ_{mat} 和 σ_{wag} 分别为材料色散和波导色散的均方根展宽。

为确定光纤通信系统是受损耗限制还是受色散限制,定义参量 W 为

$$W = \overline{P}_{\text{out}} - \overline{P}_{\text{rec}} - L_{\text{tot}} - P_m \tag{8.5.9}$$

若光纤损耗为 α,则 W/α 为受功率限制的最大中继距离。若选用多模光纤,模式色散占主导影响,则传输距离为 W/α 时,系统不受色散限制所决定的临界比特率为

$$B_{\text{cr}} = \frac{1}{4\sigma_1 (W/\alpha)^a} \tag{8.5.10}$$

如果系统的比特率 $B > B_{\text{cr}}$,则系统是受色散限制的。而在色散限制下的最大中继距离为

$$L_{\text{max}} = \frac{1}{(4\sigma_1 B)^{1/a}} \tag{8.5.11}$$

对单模光纤,不存在模式色散,其色散为材料色散与波导色散之和,随光纤长度成比例增大,系统不受色散限制的临界比特率为 $B_{\text{cr}} = 1/(4\sigma) = 1/(4\sqrt{\sigma_0^2 + \sigma_D^2})$,其中,$\sigma_0$ 为输入脉冲均方根脉宽,$\sigma_D = |D| L \sigma_\lambda$ 为色散引起的脉冲展宽,对很窄的脉冲,$\sigma \approx \sigma_D = |D| L \sigma_\lambda$,$\sigma_\lambda$ 为输入脉冲均方根谱宽,因此有 $B_{\text{cr}} = 1/(4 |D| L \sigma_\lambda)$。由此可得色散限制下的最大中继距离为

$$L_{\text{max}} = \frac{1}{4B |D| \sigma_\lambda} \tag{8.5.12}$$

只有当系统要求的传输距离 $L < L_{\text{max}}$ 时,才能满足系统设计要求。

8.5.4　系统功率代价

前面的讨论表明,光纤损耗和色散均会影响光波系统的设计和性能。在 $B < 100$ Mbit/s时,只要系统组成单元的选择符合上升时间预算,大多数光波系统均受光纤损耗而不是受色散限制。然而当 $B > 500$ Mbit/s 时,光纤色散开始支配系统的性能,尤其是光接收机的灵敏度受到与色散相关的一些因素的影响,使判决电路的信噪比 SNR 退化,影响光接收机的灵敏度,导致系统功率预算的代价。引起光接收机灵敏度降低的因素包括模噪声、色散展宽、激光器模式分配噪声、频率啁啾等。

1. 模噪声

在多模光纤中,由于振动和微弯等机械扰动,各传输模式间的干涉在光检测器受光面上产生了一个斑纹图样,称为斑图。与斑图相关的强度不均匀分布自身是无害的,因为接收机性能由探测器面积分所得总功率决定。然而如果斑图随时间波动,将导致接收功率的波动并附加到总的接收机噪声中,导致信噪比降低,这种波动称为模噪声。另外,对接和连接器起空间滤波器的作用,使任何瞬时变化都变成斑点波动,亦增加了模噪声。

模噪声与光源的谱宽 $\Delta\nu$ 和光纤各模式在光纤中传输的时间差 ΔT(模间延迟,具体计算见第 2 章)有很大关系,因为只有在相干时间($\Delta t \approx 1/\Delta\nu$)大于 ΔT 时,即满足 $\Delta\nu \cdot \Delta T < 1$ 的条件下才会出现模间干涉效应。对于 LED 发送机,由于 $\Delta\nu$ 较大(约 5 THz),所以不容易发生模间干涉,因此大多数多模光纤系统都采用 LED 作为光源。当同时采用多模光纤和半导体激光器时,模噪声成为严重问题。通常将模噪声加到接收机其他噪声中计算误码率,以估计模噪声导致的灵敏度降低和系统功率代价。

图 8.5.2 表示 1.3 μm 光纤系统当速率为 140 Mbit/s、BER 为 10^{-12} 时,计算出的功率代价与模式选择损耗以及纵模数的关系(所用光纤纤芯直径为 50 μm,承载 146 个模式)。

功率代价取决于对接和连接器的模式选择耦合损耗,也取决于半导体激光器的纵模光谱。

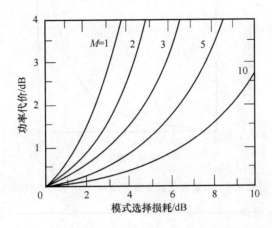

图 8.5.2　功率代价与模式选择损耗和纵模数的关系

2. 色散展宽

单模光纤系统避免了模间色散和与之相关的模式噪声,但群速色散导致的光脉冲展宽限制了系统的 BL 值。此外,这种色散导致的脉冲展宽效应还会使接收机灵敏度下降,产生系统功率代价。

色散引起脉冲展宽可能对系统的接收性能形成两方面的影响,首先,脉冲的部分能量可能逸出到比特时间以外而形成码间干扰(ISI,Intersymbol Interference)。这种码间干扰可以采用线性通道优化设计,即使用一个高增益的放大器(主放)和一个低通滤波器,有时在放大器之前也使用一个均衡器,以补偿前端的带宽限制效应,使这种码间干扰减小到最小。其次,由于光脉冲的展宽,在比特时间内光脉冲的能量减少,导致在判决电路上 SNR 降低。为了维持一定的 SNR,需要增加平均入射光功率。由于色散导致的光脉冲展宽而引起接收机灵敏度下降的功率代价可用 δ_d 表示。对 δ_d 的精确计算相当困难,因为它与接收机展宽了的脉冲形状等许多因素有关,通常采用假设是高斯脉冲展宽来进行粗略的估算。δ_d 可近似写成

$$\delta_d = 10 \lg f_b \tag{8.5.13}$$

式中,f_b 为脉冲展宽系数,在光源谱线很宽的情况下,展宽系数可表示为

$$f_b = \sigma/\sigma_0 = \sqrt{1 + (DL\sigma_\lambda/\sigma_0)^2} \tag{8.5.14}$$

式中,σ_0 为光纤输入端脉冲的均方根宽度,σ_λ 是在假设光源为高斯谱宽时的均方根宽度。

式(8.5.13)和式(8.5.14)可以估算采用多模半导体激光器或发光二极管作为光源的单模光纤通信系统中由于色散导致脉冲展宽而引起的接收灵敏度下降。在码率 B 满足 $4B\sigma \leqslant 1$ 的情况下,码间干扰可以忽略,所以如果假设 $\sigma = (4B)^{-1}$,将式(8.5.14)代入式(8.5.13)中,可得

$$\delta_d = -5\lg[1 - (4BLD\sigma_\lambda)^2] \tag{8.5.15}$$

图 8.5.3 给出了 δ_d 随无量纲色散参数 $BLD\sigma_\lambda$ 的变化曲线。在 $BLD\sigma_\lambda = 0.1$ 时,灵敏度

下降可以忽略($\delta_{d}=0.38$ dB),但当 $BLD\sigma_{\lambda}=0.2$ 时,δ_{d} 增加到 2.2 dB,当 $BLD\sigma_{\lambda}=0.25$ 时,δ_{d} 成为无穷大,接收机灵敏度严重恶化,不能正常工作。光纤通信系统设计一般都要求 $BLD\sigma_{\lambda}<0.2$,$\delta_{d}<2$ dB。

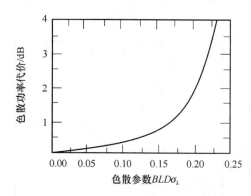

图 8.5.3　无量纲色散参数 $BLD\sigma_{\lambda}$ 产生的功率代价

3. 激光器模式分配噪声

多纵模半导体激光器在调制时,其各个模式一般是不稳定的,即使各模式功率的总和(总功率)不随时间而变,但各个模式的功率却随时间呈随机波动。当不存在色散时,所有模式在传输和检测中保持同步,这种波动是无害的。但在实际有色散的光纤中,工作于不同波长的不同模式将以不同的速度传播,造成各模式间不同步,引起接收机电流附加的随机波动,SNR 降低,这种现象称为模式分配噪声(MPN,Mode-Partition Noise)。为维持 SNR 不变,保证满足误码率(BER)要求,需要付出功率代价,以 δ_{mpn} 表示。

在多模激光器的情况下,δ_{mpn} 可由下式计算

$$\delta_{mpn}=-5\lg(1-Q^{2}r_{mp}^{2}) \tag{8.5.16}$$

式中,Q 参数由式(4.2.30)给出;r_{mp} 为考虑模式分配噪声时接收到的相对噪声功率电平。当激光器在连续波工作时总功率保持不变,平均模式功率为按均方根脉宽为 σ_{λ} 的高斯分布分配,接收机判决电路的脉冲形状用余弦函数描述时,r_{mp} 可近似写成

$$r_{mp}=-\frac{k}{\sqrt{2}}\{1-\exp[-(\pi BLD\sigma_{\lambda})^{2}]\} \tag{8.5.17}$$

式中,k 为模式分配系数,在 $0\sim1$ 之间取值,其具体大小很难估算。对不同激光器 k 值也不同,典型 k 值为 $0.6\sim0.8$。

对于给定 k 值,模式分配噪声功率代价 δ_{mpn} 随 $BLD\sigma_{\lambda}$ 的变化趋势与图 8.5.3 类似。

4. 频率啁啾

对半导体激光器进行调制时,有源区的折射率、传播常数及光脉冲的相位均发生变化,这种由调幅到调相的转换导致光谱的加宽称为频率啁啾。频率啁啾是限制光波系统性能的重要因素,即使采用高边模抑制比(MSR,Mode-Suppression Ratio)的单纵模半导体激光器来产生数字比特流,这种影响也是不可忽视的。

带有频率啁啾的光脉冲在色散光纤中传输时,脉冲形状将发生变化。例如对矩形脉冲,频率啁啾分量主要出现在前沿和后沿,使前沿出现蓝移(频率升高),后沿出现红移(频率降低)。由于频率的移动,当脉冲在光纤中传输时,包含在脉冲啁啾分量的部分功率将逸出比

特时隙。该功率损耗降低了接收机的 SNR，导致了功率代价 δ_c，其大小可近似表示为

$$\delta_c = -10\lg(1 - 4BLD\Delta\lambda_c) \tag{8.5.18}$$

式中，$\Delta\lambda_c$ 为与频率啁啾相关的谱移量。式(8.5.18)的适用条件为 $LD\Delta\lambda_c < t_c$，t_c 为啁啾脉冲宽度，取决于弛豫振荡周期，约为半个振荡周期，其典型值为 $100 \sim 200$ ps。在 $LD\Delta\lambda_c = t_c$ 前，因为所有的啁啾功率都已逸出比特时隙，功率代价停止增加。

式(8.5.18)中没有考虑在接收机处接收到的脉冲的形状，通过对基于升余弦滤波的 PIN 光接收机的精确计算，可得到较准确的功率代价值为

$$\delta_c = -20\lg\left\{1 - \left(\frac{4}{3}\pi^2 - 8\right)B^2 LD\Delta\lambda_c t_c\left[1 + \frac{2B}{3}(LD\Delta\lambda_c - t_c)\right]\right\} \tag{8.5.19}$$

对于比特率较高的系统($B > 2$ Gbit/s)，通常脉冲持续时间可能比脉冲所产生的啁啾时间还短，在这种情况下，整个光脉冲持续时间都产生线性频率啁啾，即使码速较低，光脉冲也不具有很陡的上升沿和下降沿，即不是方波而是高斯波形，线性啁啾在整个光脉冲持续时间出现，且在脉冲持续时间内线性增加，由此引起的功率代价可表示为

$$\delta_c = 5\lg[(1 + 8C\beta_2 B^2 L)^2 + (8\beta_2 B^2 L)^2] \tag{8.5.20}$$

式中，C 为啁啾参数。

在理想情况下，只要 $|\beta_2|B^2 L < 0.05$，功率代价就可以忽略。如果啁啾参数 $C = -6$，则 $\delta_c > 5$ dB。为使 $\delta_c < 0.1$ dB，系统设计应使 $|\beta_2|B^2 L < 0.002$，当 $|\beta_2| = 20$ ps^2/km 时，$B^2 L \leqslant 100$ (Gbit/s)$^2 \cdot$ km。采用 G.653 和 G.655 光纤或 DCF 色散补偿光纤，可使 $B^2 L$ 大大提高。

半导体激光器的频率啁啾起源于由线宽增强系数 β_c(典型值为 $4 \sim 8$)决定的载流子引入的折射率变化，若 $\beta_c = 0$，半导体激光器就不存在频率啁啾，但这是不可能的。如果采用量子阱结构(DFB)设计，β_c 可以减小一半。因此高速光纤通信系统多采用量子阱结构半导体激光器，以减小频率啁啾的影响。另一种消除频率啁啾的方法是用直流驱动半导体激光器使之发光，然后采用外调制器进行外调制。

小　　结

1. 两种数字传输体系。

PDH(准同步数字体系)是标称速率相同、实际容许有一定偏差的数字体系。目前世界上有两种制式：一种是以 1 544 kbit/s 为基群的 T 系列；另一种是以 2 048 kbit/s 为基群的 E 系列。

SDH 是一套可进行同步信息传输、复用、分插和交叉连接的标准化数字信号的结构等级，而 SDH 网络则是由一些基本网络单元组成的、在传输媒质上(光纤、微波等)具有全世界统一的网络节点接口。

2. 光纤通信系统的性能指标。光纤通信系统主要有误码和抖动两大性能参数。

系统的误码性能是衡量系统优劣的一个非常重要的指标，它反映数字信息在传输过程中受到损伤的程度。长期平均误码率是指在实际测量中，长时间测量的误码数目与传送的总码元数之比。

抖动是数字传输中的一种不稳定现象，为保证整个系统正常工作，根据 ITU-T 建议和

我国国标,抖动的性能参数主要有输入抖动容限、输出抖动容限、抖动转移。

3. 系统结构。光波通信系统的应用可分为三大类:点到点连接;广播和分配网;局域网。

4. 损耗和色散对系统的限制。光纤通信系统受光纤损耗的影响。假设发射机光源的最大平均输出功率为 $\overline{P}_{out}$,接收机探测器的最小平均接收光功率为 $\overline{P}_{rec}$,则光信号沿光纤传输的最大距离为 $L=-\dfrac{10}{\alpha_f}\lg\left[\left(\dfrac{\overline{P}_{out}}{\overline{P}_{rec}}\right)\right]$。

系统传输距离主要由色散所限制时,该系统是色散限制系统。导致色散限制的物理机制随波长不同而不同。

5. 光纤通信系统功率预算。

目的:保证系统在整个工作寿命内,接收机要具有足够大的接收光功率,以满足一定的误码率要求。

方法:如果接收机的接收灵敏度为 $\overline{P}_{rec}$,发射机的平均输出光功率为 $\overline{P}_{out}$,则应该满足 $\overline{P}_{out}=\overline{P}_{rec}+L_{tot}+P_m$。 L_{tot} 为所有损耗之和, $L_{tot}=\alpha L+L_{con}+L_{spl}$。

思考与练习

8-1 说明功率预算法的基本思想。

8-2 时间预算法都考虑了哪几方面的影响?

8-3 在光纤系统设计时总体上应考虑哪几方面的问题?

8-4 一个工作波长为 1.55 μm 的单模光纤链路,需要在无放大器的条件下以 622 Mbit/s 的数据速率传输 80 km。所使用的单模 InGaAsP 激光器平均能将 13 dBm 的光功率耦合进光纤,光纤的损耗为 0.35 dB/km,而且每千米处有一个损耗为 0.1 dB 的熔接头;接收端的耦合损耗为 0.5 dB,使用的 InGaAs APD 的灵敏度为 -39 dBm;附加噪声损伤大约为 1.5 dB。做出这个系统的功率预算并计算出系统的富余度。如果速率改为 2.5 Gbit/s,APD 的灵敏度变为 -31 dBm,则系统富余度又是多少?

8-5 某 1.3 μm 光波系统,速率为 100 Mbit/s,采用 InGaAsP LED 光源,耦合进单模光纤的平均功率为 0.1 mW,光纤损耗为 1 dB/km,每 2 km 处有一 0.2 dB 连接损耗,光纤链路两端各有一插损为 1 dB 的活动连接器,采用 PIN 接收机,灵敏度为 100 nW,要求保留 6 dB 系统余量,试作功率预算,决定最大传输距离。

第9章

光纤通信新技术

光纤通信发展的目标就是要提高通信容量,满足社会需求。随着传输系统容量需求的快速增长,光纤通信新技术不断涌现。本章主要介绍相干光通信、光交换技术、光孤子通信、全光通信网、量子光通信等新技术。

9.1 相干光通信技术

相干光通信理论和实验研究始于 20 世纪 80 年代,由于相干光通信系统被公认为具有灵敏度高的优势,各国在相干光传输技术上做了大量研究工作。但是在 1995 年前后,随着 EDFA 和 WDM 技术的成熟,强度调制直接检测(IM-DD)的光通信系统已足以满足当时的通信需求,使得相干光通信技术的发展缓慢下来。IM-DD 系统的主要优点是调制、解调容易,成本低。但由于没有利用光的相干性,所以从本质上讲,这还是一种噪声载波通信系统。2000 年以后,随着视频会议等通信技术的应用和互联网的普及,使得信息爆炸式增长,对作为整个通信系统基础的光纤通信提出了更高的传输容量和灵敏度要求。相干光通信具有灵敏度高,中继距离长,选择性好,通信容量大,多种调制方式等优点,再一次引起了人们的重视。同时,光器件性能飞速发展,例如,波长稳定、谱线狭窄的光源和波长可调谐的 LD 的成功研制,使得相干光通信技术日益成熟。

相干光通信,像传统的无线电和微波通信一样,在发射端对光载波进行幅度、频率或相位的调制,在接收端采用零差检测或外差检测,这种检测方法称为相干检测。相干检测接收灵敏度比 IM-DD 方式高 20 dB。采用相干检测,可以更充分地利用光纤带宽,从而大大提高传输容量。

9.1.1 相干光通信的基本工作原理

相干光通信的基本工作原理是:在发送端,采用外光调制方式将信号以调幅、调相或调频的方式调制到光载波上,再经光匹配器送入光纤中传输。当信号光传输到达接收端时,首先与一本振光信号进行相干混合,然后由探测器进行探测。相干检测原理如图 9.1.1 所示。

图 9.1.1 中的光信号是以调幅、调频或调相的方式被调制(设调制频率为 ω_S)到光载波上的,当该信号传输到接收端时,首先与频率为 ω_L 的本振光信号进行相干混合,然后由光电检测器进行检测,这样获得了中频频率为 $\omega_{IF} = \omega_S - \omega_L$ 的输出电信号,如果 $\omega_{IF} \neq 0$,称该检测为外差检测,当输出信号的频率 $\omega_{IF} = 0$(即 $\omega_S = \omega_L$)时,则称之为零差检测,此时在接收端

可以直接产生基带信号。

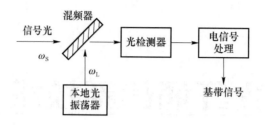

图 9.1.1　相干光检测原理框图

根据平面波的传播理论,可以写出接收光信号 $E_S(t)$ 和本振光信号 $E_L(t)$ 的复数电场分布表达式为

$$E_S(t) = E_S \exp[-j(\omega_S t + \varphi_s)] \tag{9.1.1}$$

$$E_L(t) = E_L \exp[-j(\omega_L t + \varphi_L)] \tag{9.1.2}$$

式中,E_S 为接收光信号的电场幅度值;φ_s 为接收光信号的相位调制信息;E_L 为本振光信号电场幅度值;φ_L 为本振光信号的相位调制信息。

当 $E_S(t)$ 和 $E_L(t)$ 彼此相互平行,均匀地入射到光电检测器表面上时,发生光的干涉,由于总入射光强正比于 $[E_S(t) + E_L(t)]^2$,则输出电流为

$$I = R(P_S + P_L) + 2R \sqrt{P_S P_L} \cos(\omega_{IF} t + \varphi_S - \varphi_L) \tag{9.1.3}$$

式中,R 为光电检测器的响应度,P_S、P_L 分别为接收光信号和本振光信号强度。

一般情况下,$P_L \gg P_S$,从式(9.1.3)中可以看出,其中第一项近似为与传输信息无关的直流项,而第二项为经外差检测后的输出信号电流,很明显其中含发射端传送信息:

$$i_{out} = 2R \sqrt{P_S P_L} \cos(\omega_{IF} t + \varphi_S - \varphi_L) \tag{9.1.4}$$

对零差检测,$\omega_{IF} = 0$,输出信号电流为

$$i_{out} = 2R \sqrt{P_S P_L} \cos(\varphi_S - \varphi_L) \tag{9.1.5}$$

从式(9.1.4)和式(9.1.5)可以看到:

① 即使接收光信号功率很小,但由于输出电流与 P_L 成正比,仍能够通过增大 P_L 而获得足够大的输出电流,这样,本振光在相干检测中还起到了光放大的作用,从而提高了信号的接收灵敏度。

② 由于在相干检测中,要求 $\omega_S - \omega_L$ 随时保持常数(ω_{IF} 或 0),因而要求系统中所使用的光源具备非常高的频率稳定性、非常窄的光谱宽度以及一定的频率调谐范围。

③ 无论外差检测还是零差检测,其检测根据都来源于接收光信号与本振光信号之间的干涉,因而在系统中,必须保持它们之间的相位锁定,或者说具有一致的偏振方向。

9.1.2　DPSK 信号的准相干检测

自 2000 年以来,由于对光通信速率、容量要求的不断提高,具有较好的抗非线性、色散以及较高的码元传输性能的差分相移(DPSK)调制方式取代强度调制成为研究的重点,目前在 40 Gbit/s 及以上的高速光纤通信系统中得到广泛应用。

DPSK 信号由于采用了特殊的差分编码,对其进行检测时不需要本振光,因而也不需要锁相电路。这就使得 DPSK 系统简单而易于实现,同时采用延时干涉-干衡探测的 DPSK 系

统比传统的 OOK 系统有约 3 dB 的信噪比优势。由于这种检测方式不需要本振激光器,与真正的相干检测有所不同,因而称之为准相干。另外,这种检测方式是当前码元与之前一个码元的相干,这种检测方式又称为自相干。

　　DPSK 信号的准相干检测接收机原理图如图 9.1.2 所示,包括光滤波器、马赫-曾德尔(MZ)延迟干涉仪和平衡的光电检测器。

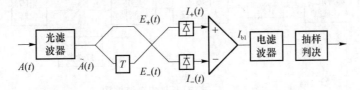

图 9.1.2　DPSK 信号的准相干检测接收机原理图

　　设到达平衡接收机的信号光场的复包络为 $A(t)$,经过光滤波器后设其包络为 $\tilde{A}(t)$,MZ 延迟干涉仪的上臂没有延迟,下臂的延迟为 T,为一个 DPSK 符号的周期。则进入两个 PIN 光电二极管的电场分别为

$$E_+(t) = \frac{\tilde{A}(t) - \tilde{A}(t-T)}{2} \tag{9.1.6}$$

$$E_-(t) = j\frac{\tilde{A}(t) + \tilde{A}(t-T)}{2} \tag{9.1.7}$$

　　则平衡光电二极管输出的光电流等于

$$I_{b1} = R[|E_+(t)|^2 - |E_-(t)|^2] = \frac{R}{2}\tilde{A}^*(t)\tilde{A}(t-T) \tag{9.1.8}$$

式中,$\tilde{A}^*(t)$ 是 $\tilde{A}(t)$ 的共轭。

　　由复数运算的法则可以得知,$\tilde{A}^*(t)\tilde{A}(t-T)$ 得出的是 $\tilde{A}(t)$ 和 $\tilde{A}(t-T)$ 的相位差,也就是当前 DPSK 信号与上一个 DPSK 信号的相位差。由于 DPSK 信号采用的是差分编码,$\tilde{A}^*(t)\tilde{A}(t-T)$ 正好可以对 DPSK 信号进行检测。不同于相干光通信,这种接收机没有使用本地振荡器,因此称其为准相干检测,又由于这种检测方式是上一个 DPSK 符号经过延迟后与当前符号相干,这种检测方式又称为自相干检测。

9.1.3　相干光通信系统的组成

　　相干光通信系统由光发射机、光纤和光接收机三部分组成,如图 9.1.3 所示。

1. 光发射机

　　由光载波激光器发出相干性很好的光载波通过调制器调制后,变成受数字信号控制的已调光波,并经光匹配器后输出。这里的光匹配器有两个作用:一是使调制器输出的已调光波的空间复数振幅分布和单模光纤的基模之间有最好的匹配;二是保证已调光波的偏振态和单模光纤的本征偏振态相匹配。

　　光发射机中的调制器根据调制方式的不同,可分为 3 种基本形式,即幅移键控(ASK,利用光载波幅度的变化来表示数字信号的“1”码和“0”码)、频移键控(FSK,利用输出光波频率的不同来表示数字信号的“1”码和“0”码)和相移键控(PSK,利用输出光波的相位差 π 来表示数字信号的"1"码和"0"码)。

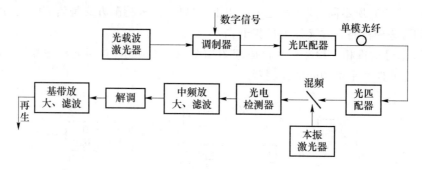

图 9.1.3　相干光通信系统框图

2. 单模光纤

单模光纤的作用是将已调光波从发射端传送到接收端,传输模式为 HE_{11} 模。在整个传输过程中,光波的幅度被衰减,相位被延迟,偏振方向也可能发生变化。

3. 光接收机

接收到的光波首先进入匹配器,匹配器的作用与发射机的匹配器相同,也是使接收光波的空间分布和偏振状态与本振激光器输出的本振光波相匹配。光混频器是将本振光波(频率为 ω_L)和接收光波(频率为 ω_S)相混合,并由后面的光电检测器进行检测,然后由中频放大器检出其差频信号(频率为 $\omega_S - \omega_L$)进行放大。最后再经过适当处理,即根据发射端调制形式进行解调,就可以获得基带信号。

9.1.4　相干光通信的优点

相干光通信充分利用了相干通信方式具有的混频增益、出色的信道选择性及可调性等特点。与 IM-DD 系统相比,它具有以下独特的优点。

(1)接收机灵敏度高

相干光通信的一个最主要的优点是相干探测能改善接收机的灵敏度。在相干光通信系统中,经相干混合后的输出光电流的大小与信号光功率和本振光功率的乘积成正比。由于本振光功率远大于信号光功率,从而使接收机的灵敏度大大提高,以至于可以达到探测器的点噪声极限,因此也增加了光信号的传输距离。

(2)频率选择性好

相干光通信的另一个主要优点是可以提高接收机的选择性,从而可充分利用光纤的低损耗光谱区($1.25\sim1.6\ \mu m$),提高光纤通信系统的信息容量。如利用相干光通信可实现信道间隔小于 $1\sim10\ GHz$ 的密集频分复用,充分利用了光纤的传输带宽,可实现超高容量的信息传输。

(3)可以使用电子学的均衡技术来补偿光纤中光脉冲的色散效应

如将外差检测相干光通信中的中频滤波器的传输函数正好与光纤的传输函数相反,即可降低光纤色散对系统的影响。

(4)具有多种调制方式

在直接检测系统中,只能使用强度调制方式对光波进行调制,而在相干光通信中,除了可以对光波进行幅度调制外,还可以进行频率调制或相位调制等多种调制,具有很大的灵活性和选择余地。

9.1.5　相干光通信的关键技术

相干光通信要实现实用化,应解决以下关键技术。

1. 激光器的频率稳定和频谱压缩技术

在相干光通信中,激光器的频率稳定性是相当重要的。如对于零差检测相干光通信系统来说,若激光器的频率(或波长)随工作条件的不同而发生漂移,就很难保证本振光与接收光信号之间的频率相对稳定性。外差相干光通信系统也是如此。一般外差中频选择在 $0.2 \sim 2\,\mathrm{GHz}$ 之间,当光载波的波长为 $1.5\,\mu\mathrm{m}$ 时,其频率为 $200\,\mathrm{THz}$,中频为载频的 $10^{-6} \sim 10^{-5}$ 倍。光载波与本振光的频率只要产生微小的变化,都将对中频产生很大的影响。因此,只有保证光载波振荡器和光本振振荡器的高频率稳定性,才能保证相干光通信系统的正常工作。

在相干光通信中,光源的频谱宽度也是非常重要的。只有保证光波的窄线宽,才能克服半导体激光器量子调幅和调频噪声对接收机灵敏度的影响,而且其线宽越窄,由相位漂移而产生的相位噪声越小。

为了满足相干光通信对光源谱宽的要求,通常采取谱宽压缩技术,主要有以下两种实现方法。

① 注入锁模法。即将一个以单模工作的频率稳定、谱线很窄的主激光器的光功率,注入到需要宽度压缩的从激光器,从而使从激光器保持和主激光器一致的谱线宽度、单模性及频率稳定度。

② 外腔反馈法。外腔反馈是将激光器的输出通过一个外部反射镜和光栅等色散元件反射回腔内,并用外腔的选模特性获得动态单模运用,以及依靠外腔的高 Q 值压缩谱线宽度。

2. 外光调制技术

由于对半导体激光器光载波的某一参数直接调制时,总会附带对其他参数的寄生振荡,如 ASK 直接调制伴随着相位的变化,而且调制深度也会受到限制。另外,还会遇到频率特性不平坦及张弛振荡等问题。因此,在相干光通信系统中,除 FSK 可以采用直接注入电流进行频率调制外,其他都是采用外光调制方式。

外光调制是根据某些电光或声光晶体的光波传输特性随电压或声压等外界因素的变化而变化的物理现象而提出的。外光调制器主要包括 3 种:利用电光效应制成的电光调制器、利用声光效应制成的声光调制器和利用磁光效应制成的磁光调制器。采用以上外光调制器,可以完成对光载波的振幅、频率和相位的调制。目前,对外光调制器的研究比较广泛,如利用扩散 $\mathrm{LiNbO_3}$ 马赫干涉仪或定向耦合式的调制器可实现 ASK 调制,利用量子阱半导体相位外调制器或 $\mathrm{LiNbO_3}$ 相位调制器实现 PSK 调制等。

3. 偏振保持技术

在相干光通信中,相干探测要求信号光束与本振光束必须有相同的偏振方向,也就是说,两者的电矢量方向必须相同,才能获得相干接收所能提供的高灵敏度,否则会使相干探测灵敏度下降。因为在这种情况下,只有信号光波电矢量在本振光波电矢量方向上的投影,才真正对混频产生的中频信号电流有贡献。若失配角度超过 $60°$,则接收机的灵敏度几乎得不到任何改善,从而失去相干接收的优越性。因此,为了充分发挥相干接收的优越性,在相干光通信中应采取光波偏振稳定措施。目前,主要有两种方法:一种是采用"保偏光纤",使光波在传输过程中保持光波的偏振态不变(而普通的单模光纤会由于光纤的机械振动或温度变化等因素,使光波的偏振态发生变化),但"保偏光纤"与单模光纤相比,其损耗比较大,价格比较昂贵;第二种是使用普通的单模光纤,在接收端采用偏振分集技术,信号光与本振光混合后,首先分成两路作为平衡接收,对每一路信号又采用偏振分束镜分成正交偏振的两路信号分别检测,然后进行平方求和,最后对两路平衡接收信号进行判决,选择较好的一路作为输出信号,此时的输出信号已与接收信号的偏振态无关,从而消除了信号在传输过程中偏振态的随机变化。

4. 非线性串扰控制技术

由于在相干光通信中常采用密集频分复用技术,因此光纤中的非线性效应可能使相干光通信中的某一信道的信号强度和相位受到其他信道信号的影响而形成非线性串扰。光纤中对相干光通信可能产生影响的非线性效应包括受激拉曼散射(SRS)、受激布里渊散射(SBS)、非线性折射和四波混合。由于 SRS 的拉曼增益谱很宽(约小于 10 THz),因此当信道能量超过一定值时,多信道复用相干光通信系统中必然出现高低频率信道之间的能量转移,形成信道间的串扰,从而使接收噪声增大,接收机灵敏度下降。SBS 的阈值为几毫瓦,增益谱很窄,若信道功率小于一定值,并且信号载频设计得好,就可以很容易地避免 SBS 引起的串扰。但是,SBS 对信道功率却构成了限制。光纤中的非线性折射通过自相位调制效应而引起相位噪声,在信号功率大于 10 mW 或采用光放大器进行长距离传输的相干光通信系统中要考虑这种效应。当信道间隔和光纤的色散足够小时,四波混频(FWM)的相位条件可能得到满足,FWM 成为系统非线性串扰的一个重要因素。FWM 是通过信道能量的减小和使信道受到干扰而构成对系统性能的限制。当信道功率低到一定值时,可避免 FWM 引起对系统的影响。由于受到上述这些非线性因素的限制,采用密集频分复用的相干光通信系统的信道发射功率通常只有零点几毫瓦。

9.2　光孤子通信技术

孤子(Soliton)又称孤立波,是一种特殊形式的超短脉冲,或者说是一种在传播过程中形状、幅度和速度都维持不变的脉冲状行波。有人把孤子定义为:孤子与其他同类孤立波相遇后,能维持其幅度、形状和速度不变。

孤子这个名词首先是在物理的流体力学中提出来的。1834 年,美国科学家约翰·斯科特·罗素观察到这样一个现象:在一条窄的河道中,迅速拉动一条船前进,当船突然停下来时,在船头形成的一个孤立的水波迅速离开船头,以 14～15 km/h 的速度前进,而波的形状不变,前进了 2～3 km 才消失,他称这个波为孤立波。

其后,1895 年,卡维特等人对此进行了进一步研究,人们对孤子有了更清楚的认识,并先后发现了声孤子、电孤子和光孤子等现象。从物理学的观点来看,孤子是物质非线性效应的一种特殊产物。从数学上看,它是某些非线性偏微分方程的一类稳定的、能量有限的不弥散解,即它能始终保持其波形和速度不变。孤立波在互相碰撞后,仍能保持各自的形状和速度不变,好像粒子一样,故人们又把孤立波称为孤立子,简称孤子。

由于孤子具有这种特殊性质，因而它在等离子物理学、高能电磁学、流体力学和非线性光学中得到广泛的应用。

1973 年，孤立波的观点开始引入到光纤传输中。在频移时，由于折射率的非线性变化与群色散效应相平衡，光脉冲会形成一种基本孤子，在反常色散区稳定传输。由此，逐渐产生了新的电磁理论——光孤子理论，从而把通信引向非线性光纤孤子传输系统这一新领域。光孤子就是这种能在光纤中传播的长时间保持形态、幅度和速度不变的光脉冲。利用光孤子特性可以实现超长距离、超大容量的光通信。

9.2.1　光孤立子产生的机理

在讨论光纤传输理论时，假设光纤折射率 n 和入射光强（光功率）无关，且始终保持不变。这种假设在低功率条件下是正确的，获得了与实验良好一致的结果。然而，在高功率条件下，折射率 n 随光强而变化，这种特性称为非线性效应。在强光作用下，光纤折射率 n 可以表示为

$$n = n_0 + \bar{n}_2 |E|^2 \tag{9.2.1}$$

式中，E 为电场强度，n_0 为 $E = 0$ 时的光纤折射率，约为 1.45。这种光纤折射率 n 随光强 $|E|^2$ 而变化的特性，称为克尔（Kerr）效应，$\bar{n}_2 = 10^{-22} \, (\text{m/V})^2$，称为克尔系数。虽然光纤中电场较大，为 $10^6 \, \text{V/m}$，但总的折射率变化 $\Delta n = n - n_0 = \bar{n}_2 |E|^2$ 还是很小的（10^{-10}）。即使如此，这种变化对光纤传输特性的影响还是很大的。

设波长为 λ、光强为 $|E|^2$ 的光脉冲在长度为 L 的光纤中传输，则光强感应的折射率变化 $\Delta n(t) = \bar{n}_2 |E(t)|^2$，由此引起的相位变化为

$$\Delta \phi(t) = \frac{\omega}{c} \Delta n(t) L = \frac{2\pi L}{\lambda} \Delta n(t) \tag{9.2.2}$$

这种使脉冲不同部位产生不同相移的特性，称为自相位调制（SPM）。如果考虑光纤损耗，式（9.2.2）中的 L 要用有效长度 L_{eff} 代替。SPM 引起脉冲载波频率随时间的变化为

$$\Delta \omega(t) = -\frac{\partial \Delta \phi(t)}{\partial t} = -\frac{2\pi L}{\lambda} \frac{\partial}{\partial t} [\Delta n(t)] \tag{9.2.3}$$

如图 9.2.1 所示，在脉冲上升部分，$|E|^2$ 增加，$\dfrac{\partial \Delta n(t)}{\partial t} > 0$，得到 $\Delta \omega < 0$，频率下移；在脉冲顶部，$|E|^2$ 不变，$\dfrac{\partial \Delta n(t)}{\partial t} = 0$，得到 $\Delta \omega = 0$，频率不变；在脉冲下降部分，$|E|^2$ 减小，$\dfrac{\partial \Delta n(t)}{\partial t} < 0$，得到 $\Delta \omega > 0$，频率上移。频移使脉冲频率改变分布，其前部（头）频率降低，后部（尾）频率升高。这种情况称脉冲已被线性调频，或称啁啾（Chirp）。

图 9.2.1 示出光脉冲在反常色散光纤中传输时，由于非线性效应产生的啁啾被压缩或展宽。对反常色散光纤，群速度与光载波频率成正比，在脉冲中载频高的部分传播得快，而在载频低的部分则传播得慢。

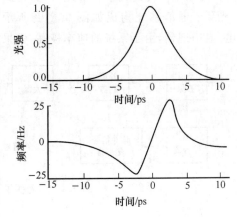

图 9.2.1　脉冲的光强频率调制

同时考虑到光纤色散的影响,这种非线性 SPM 对光脉冲在光纤中的传输特性产生非常奇妙的影响。在单模光纤的反常色散区(即波长大于零色散波长的区域),其$\partial \nu_g / \partial \omega > 0$,SPM 引起的频移使脉冲前沿的速度变慢、后沿的速度加快,结果脉宽收缩变窄,刚好与单纯因群色散引起的脉冲展宽效应相反。在一定条件下,非线性压缩和色散展宽作用相平衡,光脉冲形状在传输过程中就能保持不变,这种脉冲称为基本孤子(一阶孤子)。若非线性压缩作用大于色散展宽,使脉冲进一步窄化,就形成高阶孤子。由于 SPM 是光强的函数,对一定的光纤介质,存在某个阈值功率,只有当注入的光功率超过该阈值时才能产生压缩形成孤子。

9.2.2　光孤子通信

光纤通信中,限制传输距离和传输容量的主要原因是"损耗"和"色散"。"损耗"使光信号在传输时能量不断减弱,而"色散"则使光脉冲在传输中逐渐展宽。所谓光脉冲,其实是一系列不同频率的光波振荡组成的电磁波的集合。光纤的色散使得不同频率的光波以不同的速度传播,这样,同时出发的光脉冲,由于频率不同,传输速度就不同,到达终点的时间也就不同,这便形成脉冲展宽,使得信号畸变失真。现在随着光纤制造技术的发展,光纤的损耗已经降低到接近理论极限值的程度,色散问题就成为实现超长距离和超大容量光纤通信的主要问题。

光孤子通信是一种全光非线性通信方案,其基本原理是光纤折射率的非线性(自相位调制)效应导致对光脉冲的压缩,可以与群速色散引起的光脉冲展宽相平衡,在一定条件下(光纤的反常色散区及脉冲光功率密度足够大),光孤子能够长距离不变形地在光纤中传输。它完全摆脱了光纤色散对传输速率和通信容量的限制,其传输容量比当今最好的通信系统高出 1~2 个数量级,中继距离可达几百千米,它被认为是下一代最有发展前途的传输方式之一。

从光孤子传输理论分析,光孤子是理想的光脉冲,因为它很窄,其脉冲宽度在皮秒级(ps,即 10^{-12} s)。这样,就可使邻近光脉冲间隔很小而不至于发生脉冲重叠,产生干扰。利用光孤子进行通信,其传输容量极大,可以说是几乎没有限制。传输速率将可能高达每秒兆比特,如此高速将意味着世界上最大的图书馆——美国国会图书馆——的全部藏书只需要 100 s 就可以全部传送完毕。由此可见,光孤子通信的能力何等巨大。

光孤子通信系统构成如图 9.2.2 所示。系统中的光源为光孤子源,光放大器代替光/电/光中继器,由于系统的速率极高,多采用外调制器。

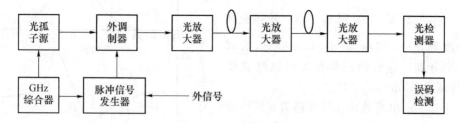

图 9.2.2　光孤子通信系统的组成框图

(1) 光孤子源

光孤子激光器种类有多种,如增益开关法布里-瑞罗腔(FP)激光器、分布反馈激光器、色心激光器、锁模激光器等。除作为光纤通信光源的一般要求外，由于产生光孤子需要较高的功率，因此光孤子源要求输出功率大且为窄脉冲。对于标准光纤，实现孤子传输（$N=1$）所需的实际功率大约是几百毫瓦或更大，然而一般激光二极管是难以达到这样高的输出功率的。对于色散位移光纤来说，7 ps 脉冲的孤子传输所需功率为 $20\sim60$ mW。若孤子脉冲宽度为 20 ps，则需要的功率可降低到几个毫瓦，这样低的峰值功率使实用化成为可能，并且大大地降低了成本。

（2）外调制器

超高速、大容量的光通信，一般情况下都采用外调制技术。这是因为外调制可以显著提高调制速率，可高达几十吉比特每秒，另一个原因是可避免光源直接调制时所产生的啁啾。目前使用较多的是 LiNbO$_3$ 光调制器。

（3）光放大器

目前使用较多的光放大器是 EDFA，泵浦光源采用 1.48 μm InGaAsP 激光器，因为 EDFA 具有增益大、与光纤匹配好、技术成熟、成本较低等优点。近年来，随着拉曼光纤放大器的发展，在光孤子通信系统中也逐渐获得应用。

（4）光孤子传输光纤

用于光孤子传输的光纤主要有两种，即常规的 1.3 μm 和 1.55 μm 的单模光纤以及色散位移光纤。它们不仅处于低损耗窗口，而且对应的群色散均处于负值范围。具有正啁啾的光脉冲通过光纤时，脉冲可变窄。这样一来，光纤非线性引起的光脉冲压缩与光纤色散引起的光脉冲展宽恰好相抵消，因而可保持光脉冲形状不变，使光脉冲不变形地无限远传输。

（5）光检测器

光孤子通信系统中的光检测器与一般光纤通信系统中使用的检测器相同，只不过要求检测器的响应速度要快得多，即带宽大得多，因为传输的速率很高。

9.2.3　光孤子通信优点及关键技术

全光式光孤子通信是新一代超长距离、超高码速的光纤通信系统，更被公认为是光纤通信中最有发展前途、最具开拓性的前沿课题。比较光孤子通信和线性光纤通信，全光式光孤子通信具有一系列显著的优点：

① 传输容量比最好的线性通信系统大 $1\sim2$ 个数量级；

② 可以进行全光中继。

由于孤子脉冲的特殊性质，使中继过程简化为一个绝热放大过程，大大简化了中继设备，高效、简便、经济。光孤子通信和线性光纤通信相比，无论在技术上还是在经济上都具有明显的优势，光孤子通信在高保真度、长距离传输方面优于光强度调制-直接检测方式和相干光通信。

光孤子通信已经取得了突破性进展。光纤放大器的应用对孤子放大和传输非常有利，它将孤子通信的梦想推进到实际开发阶段。光孤子在光纤中的传输过程需要解决如下关键技术：光纤损耗对光孤子传输的影响，光孤子之间的相互作用，高阶色散效应对光孤子传输的影响，以及单模光纤中的双折射现象等。

（1）适合光孤子传输的光纤技术

研究光孤子通信系统的一项重要任务就是评价光孤子沿光纤传输的演化情况。研究特定光纤参数条件下光孤子传输的有效距离,由此确定能量补充的中继距离,这样的研究不但为光孤子通信系统的设计提供数据,而且通常导致新型光纤的产生。

(2) 光孤子源技术

光孤子源是实现超高速光孤子通信的关键。根据理论分析,只有当输出的光脉冲为严格的双曲正割形,且振幅满足一定条件时,光孤子才能在光纤中稳定地传输。目前,研究和开发的光孤子源种类繁多,有拉曼孤子激光器、参量孤子激光器、掺铒光纤孤子激光器、增益开关半导体孤子激光器和锁模半导体孤子激光器等。现在的光孤子通信实验系统大多采用体积小、重复频率高的增益开关 DFB 半导体激光器或锁模半导体激光器作为光孤子源,它们的输出光脉冲是高斯形的,且功率较小,但经光纤放大器放大后,可获得足以形成光孤子传输的峰值功率。理论和实验均已证明,光孤子传输对波形要求并不严格。高斯光脉冲在色散光纤中传输时,由于非线性自相位调制与色散效应共同作用,光脉冲中心部分可逐渐演化为双曲正割形。

(3) 光孤子放大技术

全光孤子放大器对光信号可以直接放大,避免了目前光通信系统中光/电、电/光的转换模式。它既可作为光端机的前置放大器,又可作为全光中继器,是光孤子通信系统极为重要的器件。实际上,光孤子在光纤的传播过程中不可避免地存在着损耗。不过光纤的损耗只降低孤子的脉冲幅度,并不改变孤子的形状,因此补偿这些损耗成为光孤子传输的关键技术之一。目前有两种补偿孤子能量的方法,一种是采用分布式光放大器的方法,即使用受激拉曼散射放大器或分布的掺铒光纤放大器;另一种是集总的光放大器法,即采用掺铒光纤放大器或半导体激光放大器。利用受激拉曼散射效应的光放大器是一种典型的分布式光放大器,其优点是光纤自身成为放大介质,然而石英光纤中的受激拉曼散射增益系数相当小,这意味着需要高功率的激光器作为光纤中产生受激拉曼散射的泵浦源。此外,这种放大器还存在着一定的噪声。集总放大方法是通过掺铒光纤放大器实现的,其稳定性已得到理论和试验的证明,成为当前孤子通信的主要放大方法。光放大被认为是全光孤子通信的核心问题。

(4) 光孤子开关技术

在设计全光开关时,采用光孤子脉冲作输入信号,可使整个设计达到优化,光孤子开关的最大特点是开关速度快(达 10^{-2} s 量级)、开关转换率高(达 100%),开关过程中光孤子的形状不发生改变,选择性能好。

9.2.4 光孤子通信应用前景

20 世纪 90 年代光孤子技术取得巨大进步,在实验室利用环路模型完成了孤子的长距离传输,光孤子传输的试验研究结果是令人鼓舞的,1995 年后开始现场试验和实用化研究,已经引起工业界和电信运营商的高度重视,国内外都在大力研究开发这一技术。迄今为止的研究已为实现超高速、超长距离、无中继光孤子通信系统奠定了理论的、技术的和物质的基础:

① 孤子脉冲的不变性决定了无须中继;

② 光纤放大器,特别是用激光二极管泵浦的掺铒光纤放大器补偿了损耗;

③ 光孤子碰撞分离后的稳定性为设计波分复用提供了方便;

④ 采用预加重技术，且用色散位移光纤传输，掺铒光纤集总信号放大，这样便在低增益的情况下减弱了 ASE 的影响，扩大了中继距离；

⑤ 导频滤波器有效地减小了超长距离内噪声引起的孤子时间抖动；

⑥ 本征值通信的新概念使孤子通信从只利用基本孤子拓宽到利用高阶孤子，从而可增加每个脉冲所载的信息量。

光孤子通信的这一系列进展，使目前的孤子通信系统试验已达到传输速率 10~20 Gbit/s，传输距离 13 000~20 000 km 的水平。

光孤子技术未来的前景是：在传输速度方面采用超长距离的高速通信，时域和频域的超短脉冲控制技术及超短脉冲的产生和应用技术，使现行速率 10~20 Gbit/s 提高到 100 Gbit/s 以上；在增大传输距离方面采用重定时、整形、再生技术和减少 ASE，光学滤波使传输距离提高到 100 000 km 以上，在高性能 EDFA 方面获得低噪声、高输出的 EDFA。当然，实际的光孤子通信仍然存在许多技术难题，但目前已取得的突破性进展使我们相信，光孤子通信在超长距离、高速、大容量的全光通信中，尤其在海底光通信系统中，有着光明的发展前景。

9.3 ROF 系统

光载无线通信（ROF，Radio Over Fiber）又称为微波光纤传输，是应高速大容量无线通信需求，新兴发展起来的将光纤通信和无线通信相结合的无线接入技术。它利用光纤的低损耗、高带宽特性提升无线接入网的带宽，为用户提供"anywhere，anytime，anything"的服务。

ROF 就是利用光纤来传输无线信号，将无线/射频信号直接调制在光上，通过光纤传播到基站，再由基站进行光电转换恢复为无线/射频信号，然后通过天线发射给用户。由于光载波上承载的是射频信号，因此 ROF 系统不再属于传统的数字传输系统，而是一种模拟传输系统。

9.3.1 ROF 系统概述

1. ROF 系统的构造

典型的 ROF 系统一般由 3 部分组成：中心局（CO，Center Office），光纤链路和远端接入点（AP，Access Point）或者基站（BS，Base Station）。ROF 系统结构框图如图 9.3.1 所示。

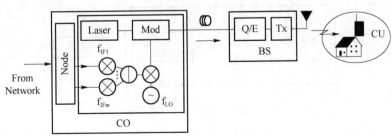

图 9.3.1 ROF 系统结构框图

在图中,中心局的激光器(Laser)通过调制器(Mod)将调制后的信号送入光纤链路(图中粗箭头所示),到达基站后处理。ROF 系统中的基站不同于现有蜂窝网络或宽带无线通信系统中的基站,在功能、结构和成本等方面有所区别。中心局负责整个通信系统中的路由、交换、无线资源分配及某些基带/射频信号处理等功能。中心局将射频信号调制到光载波上,通过光纤发到远端的目的基站。基站接收到此光信号后通过光电转换成可用于无线传播的射频信号,最后通过天线发射出去。于是,终端用户即可接入无线网络。简而言之,ROF 系统中运用光纤作为基站与中心局之间的传输链路,直接利用光载波来传输射频信号。光纤仅起到传输的作用,交换、控制和信号的再生都集中在中心站,基站仅实现光电转换,这样,可以把复杂昂贵的设备集中到中心站点,让多个远端基站共享这些设备,减少基站的功耗和成本。

光纤传输的射频(或毫米波)信号提高了无线带宽,但天线发射后在大气中的损耗会增大,所以要求蜂窝结构向微微小区转变,而基站结构的简化有利于增加基站数目来减少蜂窝覆盖面积,从而使组网更为灵活,大气中无线信号的多径衰落也会降低;另外,利用光纤作为传输链路,具有低损耗、高带宽和防止电磁干扰的特点。正是这些优点,使得 ROF 技术在未来无线宽带通信、卫星通信以及智能交通系统等领域有着广阔的应用前景。

2. ROF 技术应用现状

在移动通信中,丰富的传输带宽、无缝的覆盖范围、大容量、低功耗等优点均使得 ROF 系统在光无线网络融合中有较大的发展空间。另外,它对信号的调制格式具有透明性,它只提供一个物理传输的媒介,可以把它看成天线到中心控制局之间点到点的透明链路。通过它与现有网络的融合,可以达到集中控制、共享昂贵器件、动态分配网络容量、降低成本的目的。

20 世纪 80 年代美国首次将 ROF 技术用于军事用途,自 90 年代后经过快速的发展,ROF 得到了广泛的应用。2000 年的悉尼奥运会利用 ROF 技术建立了 Tekmar Brite Cell-TM 网络,它解决了奥运会期间大量移动电话同时呼叫的连接问题,实现了宽带传输,避免了拥塞的发生,且在奥运会开幕式时,成功连接了 500 000 通无线电话的呼叫。该网络综合了 3 个 GSM 运营商的系统;采用多标准的无线通信协议;拥有大于 500 个远端天线单元;采用低射频功率分布式天线系统;可以动态地分配网络容量。

3. ROF 系统基本原理

ROF 系统原理框图如图 9.3.2 所示。

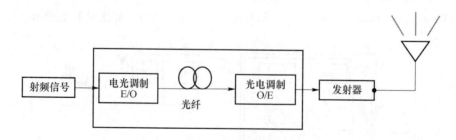

图 9.3.2 ROF 系统原理框图

要实现光纤传输,就要解决如何将目标信号加载到光源的发射光束上(光载波),即电光调制;调制后的光信号经过光纤信道送至接收端,由光接收机鉴别出它的变化,并还原出原来的信息,这个过程称为光电解调。在 ROF 系统中,目标信号是射频信号,即模拟信号,因此发送、传输和接收三部分的技术都是针对模拟信号的,这就有别于传统的数字光纤传输系统。下面介绍调制解调的基本原理和相关技术。

(1) 调制方法

与传统的数字光纤通信系统相同,ROF 系统的调制方法有两种,即直接调制(Direct Modulation)和外调制(External Modulation)。

直接调制适用于半导体光源,这种方法是把要传递的信息转变为电流信号直接输入激光器从而获得调制光信号。可用于 ROF 系统直接调制方式的光源有半导体激光器(LD)和发光二极管(LED)。发光二极管只能用于对性能要求较低的系统,现在应用较少。ROF 系统常用的直接调制光源是半导体激光器。直接调制原理框图如图 9.3.3 所示。

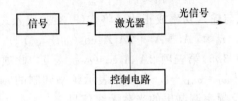

图 9.3.3　直接调制原理框图

外调制是利用晶体的电光效应、磁光效应、声光效应等性质来实现对激光辐射的调制。具体方法是在激光器谐振腔外的光路上放置调制器,在调制器上加载调制电压,使调制器的某些物理特性发生相应的变化,当激光通过时,得到调制。由于这种调制方法的光源与调制器是分开的,因此称为外调制。光源与电信号同时输入外调制器,要传送的电信号即作为调制信号作用于外调制器。外调制原理框图如图 9.3.4 所示。

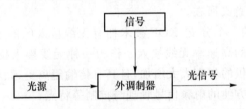

图 9.3.4　外调制原理框图

直接调制具有简单、经济等特点,可以进行强度调制。但直接调制易引入噪声,光源的大带宽会导致严重的色散。

外调制结构相对复杂,不但可以进行强度调制,还可以进行频率及相位调制,调制性能也远优于直接调制。因此对于传输信号带宽大于吉赫兹的 ROF 系统,一般使用外调制的方法。

(2) 解调方法

对光载无线信号的解调也有两种方法:强度调制直接解调(IM-DD)和相干检测。强度调制直接解调就是对强度调制的光载无线信号直接进行包络检测,也就是说强度调制信号直接通过光电探测器即可恢复出原信号。

相干检测可检测强度、相位及频率调制的光载无线信号。光信号在进入光接收机之前与接收端的本振激光器(LO)进行混频,产生一个等于本振激光器的频率和原光源频率之差的中频分量。

相干检测中,设接收来的光信号的表达式为

$$E_{s23}(t) = A_1 \exp(j\omega_s t + j\varphi_s) \tag{9.3.1}$$

式中,A_1 为光信号的电场幅度,可用于表示强度调制;ω_s 为光载波频率,可用于表示频率调制;φ_s 为信号的相位,可用于表示相位调制。接收端本振激光器输出的信号可表示为

$$E_{LO}(t) = A_2 \exp(j\omega_{LO} t) \tag{9.3.2}$$

式中,A_2 为本振光信号的电场幅度,ω_{LO} 为本振光的频率,这里假设本振输出的初始相位为 0,则混频后的中频信号频率为 $\omega_I = |\omega_{LO} - \omega_s|$。此时,输入光电探测器的信号表达式为

$$V_{in} = [A_1 \exp(j\varphi_s) + A_2 \exp(\omega_I t)] \exp(j\omega_s t) \tag{9.3.3}$$

经过光电探测器,有

$$i_O \propto P_i = |V_{in}|^2 \tag{9.3.4}$$

即光电探测器输出的电流与输入功率成正比。将式(9.3.3)代入式(9.3.4),有

$$i_O \propto [A_1^2 + A_2^2 + 2A_1 A_2 \cos(\omega_I t - \varphi_s)] \tag{9.3.5}$$

经过滤波器可得式(9.3.5)第三项 $2A_1 A_2 \cos(\omega_I t - \varphi_s)$。此项包含表示强度调制的 A_1 和表示相位调制的 φ_s。而 $\omega_I = \omega_{LO} - \omega_s$ 直接与表示频率调制的 ω_s 相关。因此相干检测的方式可以恢复强度、相位及频率调制出的光载无线信号。

与直接检测相比,相干检测更容易获得大的信噪比,可恢复的信号种类较多,且频率选择性较好,更适合密集波分复用系统。但相干检测获得较好的检测性质的代价就是大大提高了系统的复杂性,而且缺乏灵活性。

4. ROF 系统的特点与优势

ROF 系统是一种光纤和无线融合的物理层实现技术。在未来通信系统宽带化和无线化的驱使下能承载高速数据传输业务的光纤通信技术与无线通信技术的融合是必然趋势,这也是 ROF 技术诞生的意义所在。

作为光纤通信技术的一个分支,ROF 技术拥有无线接入的能力,可以在"任何时间、任何地点"为用户提供无缝的高速率无线接入。作为一种无线接入技术,ROF 技术与现在的移动业务相比,其所能提供的带宽大大增加,且具有传输距离更远、易于敷设、抗电磁干扰能力强、极低的传输损耗及方便的射频信号管理与控制等特点。

此外,在整个无线通信网中,随着数据传输速率的提高和频率资源的不断消耗,信号的载波频率将逐渐从微波波段提高到毫米波波段。频率的提高会导致自由空间损耗增加、信号传输距离缩短,则蜂窝小区覆盖的面积也会减小。这样就需要更多的能处理毫米波波段高频信号的无线基站。而在电域处理高频信号的成本很高、性能相对较差,进而影响到整个通信系统的成本及通信质量。ROF 技术的出现可以克服以上难点。由于 ROF 系统中的基站十分简单,核心部分只需一个光电探测器及电放大器,无须再对信号进行上变频等处理。在可用于 ROF 系统的高带宽的光电探测器能够大规模生产的前提下,系统基站的成本及体积都会得到有效的控制,而且系统省去了基站端对高频信号的处理过程,通信质量也得到了保障。

ROF 系统的特点可以归结为高带宽、可移动、低损耗、简单、成本低。

9.3.2 ROF 系统关键技术

ROF 技术需要解决的关键问题一方面是如何用光波传送无线信号,并且在基站产生受

基带信号调制的微波/毫米波载波,同时要克服光纤色散对无线信号的影响;另一方面,ROF 技术方案必须综合考虑经济因素,因为系统成本尤其是基站设备和维护的成本决定了 ROF 技术是否有实用价值。

随着通信容量不断增大和通信频率的不断提高(从微波波段到毫米波波段),对微波信号的处理能力提出了更高的要求。微波信号电域下的处理面临的主要问题在于微波传输介质对于高频微波进行长距离传输时具有很大的损耗和能耗,从而导致使用频率的高频扩展受限。此外,电磁辐射对人体安全的影响也越来越受到人们的关注。因此传统的微波信号处理已难以满足新技术的发展要求。微波信号的全光处理能提供更高的微波频率,克服电信号处理电路中有限精度的信号取样,传统电信号处理方式能提供的取样频率最大仅为几个吉赫兹,而采用光处理技术能实现更大的取样频率和控制速度,实现宽带取样和并行操作。此外,由于两者都存在电光或光电转换过程,微波信号的全光处理更有利于在 ROF 系统中应用。

1. 光生毫米波技术

用光学的方法产生微波信号(特别是更高频的毫米波)是近来受到关注的研究课题,这一研究有广泛的应用前景。它不仅可以用来产生毫米波并将其用于 ROF 系统,而且可以产生频率高达太赫兹的近红外信号,用于成像检测、军事雷达等方面。光生毫米波是毫米波波段 ROF 系统的关键技术之一。用光学的方法来产生毫米波,一方面是出于成本的考虑,ROF 系统作为一项接入网技术,成本是必须考虑的因素。由于涉及频率上变换和下变换的问题,在中心局或基站中需有毫米波源,而毫米波源价格十分昂贵;另一方面,毫米波在电域下处理已经比较困难了,面临无法突破的电子瓶颈,而用光学产生的毫米波,不仅具有相位噪声低的优点,而且由于光纤的损耗非常小,信号能够远距离传输,便于分配到远端由天线发射。

用光学的方法产生两个相干的光载波,其电场可以表示为

$$E(t) = E_1 \cos(\omega_1 t + \varphi_1) + E_2 \cos(\omega_2 t + \varphi_2) \qquad (9.3.6)$$

在进行光电转换时,光电二极管相当于一个混频器。经过光电探测器的差拍作用,可以得到光电流为

$$i(t) = I_0 + \tilde{R} E_1 E_2 \cos[(\omega_1 - \omega_2)t + \varphi_1 - \varphi_2] \qquad (9.3.7)$$

式中,I_0 为直流项;$\tilde{R}$ 为光电探测器的响应度。从式(9.3.7)中可以看出,光电检测后得到的电信号的频率为两个光载波之间的频率差。几乎所有的光生毫米波方法都是基于这个原理的。用光学的方法产生间隔为几十甚至上百吉赫兹的两个光载波并不难,因此光生毫米波基本不受带宽的限制,理论上可以产生任意频率的电信号。但是只有当相位部分 $\varphi_1 - \varphi_2$ 为常量或缓慢变化时,得到的毫米波才比较理想,而光的相位是很难控制的,如何得到两个相干性很好的光载波,这是光生毫米波的关键。

目前国际上所报道的光生毫米波技术大致可以分为如下三大类:基于外调制器的光生毫米波技术;基于双波长激光器的光生毫米波技术;基于不同激光器外差的光生毫米波技术。

(1) 基于外调制器的光生毫米波技术

基于外调制器的光生毫米波技术,实际上是一种光倍频技术。通常由一个较低频的微

波源通过光域下的处理后得到频率为其数倍的毫米波信号。由于 MZ 调制器(MZM, Mach Zehender Modulator)的调制特性是非线性的,在进行模拟调制时会产生一系列谐波。在模拟光链路中这些谐波对系统的传输性能是有害的,但是这个特性可以用来实现倍频。即由较低频的微波源驱动 MZM,通过对驱动信号的幅度、相位及 MZM 的偏置进行优化,可以产生特定的高阶边带,而这些边带之间是相干的。相对于其他的方法,基于这个原理产生的毫米波相位较稳定,在 ROF 系统中最常用,但受到电光调制器带宽的限制。下面先来简单分析一下 MZM 的工作原理。MZM 的结构如图 9.3.5 所示。

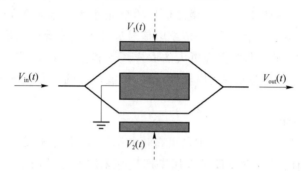

图 9.3.5 典型的 MZM 结构

输入直流光的电场可以简单表示为

$$\boldsymbol{E}_{\text{in}}(t) = E_0 e^{j\omega_0 t + \varphi_0} \tag{9.3.8}$$

输入光经过 MZM 时在两个臂上分别受到驱动信号的调制产生相移,则输出光信号可以表示为

$$\boldsymbol{E}_{\text{out}}(t) = \frac{1}{2} E_0 e^{j(\omega_0 t + \varphi_0 + \varphi_1)} + \frac{1}{2} E_0 e^{j(\omega_0 t + \varphi_0 + \varphi_2)} = E_0 e^{j(\omega_0 t + \varphi_0)} e^{\frac{\varphi_1 + \varphi_2}{2}} \cos\frac{\varphi_1 - \varphi_2}{2} \tag{9.3.9}$$

式中,$\varphi_1 = \dfrac{V_{e1}}{V_\pi}\pi$ 和 $\varphi_2 = \dfrac{V_{e2}}{V_\pi}\pi$ 分别是两臂上驱动信号产生的相移。V_π 是 MZM 的半波电压,仅与调制器的材料有关。一般商用调制器都设定 $V_{e1} + V_{e2} = V_{\text{bias}}$ 为一定值。基于 MZM 的工作原理,即通过对驱动信号及偏置电压的控制,可以实现多种倍频的方法。

双边带抑制载波实现二倍频,当 $V_{\text{bias}} = 2V_\pi$,$V_{e1} = V_1\sin(\omega_e t + \varphi_e)$ 时,

$$\boldsymbol{E}_{\text{out}}(t) = \boldsymbol{E}_0 j\sin[\beta\sin(\omega_e t + \varphi_e)] \tag{9.3.10}$$

式中,$\beta = \dfrac{V_1}{V_\pi}\pi$,$\boldsymbol{E}_0 = E_0 e^{j(\omega_0 t + \varphi_0)}$,对其进行贝塞尔函数展开:

$$\boldsymbol{E}_{\text{out}}(t) = \boldsymbol{E}_0 \sum_m J_{2m+1}(\beta) e^{j(2m+1)(\omega_e t + \varphi_e)} \tag{9.3.11}$$

从式(9.3.11)中可知,输出光信号光谱中只含有奇数阶谐波,而包括载波在内的所有偶数阶谐波由于干涉作用被抵消了,从而实现了光载波抑制。当然,这是理论分析的结果,实际中由于调制器的对称性等原因不可能做到完全消光,但是一般光载波与一阶谐波的抑制比都能达到 20 dB 以上,消光比高的调制器甚至能达到 30 dB。当 $V_1 \leqslant V_\pi$ 时,在剩下的奇数阶谐波中,一阶的边带比其他高阶边带功率大很多,因而 3 阶以上的边带都可以被忽略,能量主要集中在正负一阶的两个边带。在光电转换时由光电探测器的差拍作用可以得到频率为驱动信号频率 2 倍的毫米波。这种方案实现简单,不需要任何滤波器,而且比较稳定,因而它是 ROF 系统中最常用的一种倍频方法。

MZM 与载波滤波实现四倍频,当 $V_{bias}=V_{\pi}$, $V_{e1}=V_1\sin(\omega_e t+\varphi_e)$ 时:

$$\boldsymbol{E}_{out}(t)=\boldsymbol{E}_0\cos[\beta\sin(\omega_e t+\varphi_e)] \tag{9.3.12}$$

对其进行贝塞尔函数展开:

$$\boldsymbol{E}_{out}(t)=\boldsymbol{E}_0\sum_m J_{2m}(\beta)e^{j(2m)(\omega_e t+\varphi_e)} \tag{9.3.13}$$

从式(9.3.13)中可知,奇数阶的谐波已经被抑制掉了,剩下偶数阶的谐波和光载波,而起主要作用的是光载波和正负二阶的谐波,再用一个窄带滤波器将零阶载波滤掉,这样剩下的谐波中正负二阶的谐波就占主导地位了,它们之间的频差为驱动信号频率的 4 倍,再经过光电探测器差拍后可以得到四倍频的毫米波信号。

基于这个原理的四倍频可以有两种方法:一种是利用光纤光栅做成的凹槽滤波器,使滤波器的中心波长与光载波的波长一致,滤波器的 3 dB 带宽要小于驱动信号频率的 2 倍,以保留二阶边带;另一种方法则可以用 Sagnac 双折射光纤环,双折射光纤环由一个 3 dB 耦合器、一段保偏光纤和一个偏振控制器连接而成。

(2) 基于双波长激光器的光生毫米波技术

这种方案的前提是必须产生两个波长的激光,每个波长都是单纵模状态,使它们之间的频率间隔处于毫米波段,经过高速探测器直接探测后即可获取高质量的毫米波信号,与基于外调制器的方法相比,不需要参考微波源。以第二种为例,这种光生毫米波方法面临的主要问题是:两个波长必须工作在单纵模状态下,没有模式跳变,两个波长的频率间隔必须稳定,两个波长之间的相对相差波动必须足够小。加拿大姚建平小组曾用光纤环谐振腔来产生激光,以 SOA 为增益介质,并采用了一个双波长的通带很窄的 FBG 和一个普通的 FBG 组合来选频和消除模式跳变,获得了频率稳定的双波长激光,实验装置如图 9.3.6 所示。由于两个波长的激光是在同一个谐振腔里产生的,它们的相对相位差波动很小,因而能够产生低相位噪声的毫米波。

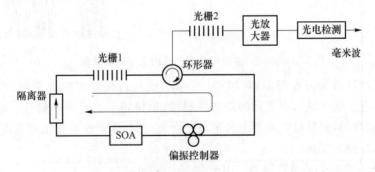

图 9.3.6　光纤环产生双波长单纵模的光生毫米波方案实验装置

(3) 基于不同激光器外差的光生毫米波技术

对来自不同激光器的两束激光进行拍频。这种方法类似于相干光通信里面的外差探测技术。由于来自两个不同激光器的两束光的相干性很差,通常需要采用较为复杂的光相位锁相环(OPLL)、光注入锁定(OIL)等办法来降低相位噪声的影响,因而在 ROF 系统中应用不多,这里简单介绍一下。通常采用的光相位锁技术是用光电倍增管对两外腔半导体激光器拍频,在鉴频器驱动下,压电陶瓷调谐从激光器的光栅反射镜反射,从而锁定频率,拍频产生的微波信号与参考信号之间的误差信号经过滤波放大,然后控制从激光器的驱动电流,以校正相位误差。这样生成的微波信号就能够跟踪锁定参考信号了。

2. 全光频率变换技术

根据 ROF 系统的概念,在基站接收到的光信号为副载波调制,即数据信号调制于毫米波信号之上,然后再调制于光载波之上,而传统的光通信系统中传输的大多是基带数字信号,要将 ROF 系统应用于接入网上并与骨干网结合起来,在中心局或基站必然存在两种信号切换这样一个问题。一般来说,光载基带信号,为了在光电检测之后能够直接无线发射,必须将毫米波副载波调制上去,这就是上变频。在基站接收到的毫米波无线信号为了便于传输和提高频谱效率,需要转换成基带或中频信号,这就是下变频。

(1) 全光上变频技术

几乎所有可以实现光开关和波长转换的技术都可以用来实现全光上变频。例如,基于强度调制器、相位调制器的电光调制作用;基于 EAM 的交叉吸收调制作用;基于 SOA 的非线性效应,即交叉增益调制(仅 SOA)、交叉相位调制、非线性偏振旋转和四波混频。下面按照器件分类分别介绍它们在 ROF 系统上变频中的应用。

① 基于强度调制器的全光上变频

基于电光调制器的上变频示意图如图 9.3.7 所示。

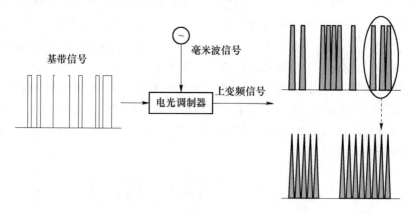

图 9.3.7　基于电光调制器的上变频示意图

基于电光调制器如强度调制器(MZM、EAM)或相位调制器的上变频的方法最常用。将基带信号通过受毫米波信号驱动的高速调制器,便得到了上变频的信号。因为这种方法稳定可靠、实现简单,而且可以和光生毫米波结合在一起,用调制器光生毫米波的同时,也就实现了基带信号的上变频。

② 基于 EAM 的交叉吸收调制作用的全光上变频

电吸收调制器(EAM,Electrico-Absorption Modulator)具有体积小、易于集成、对偏振不敏感和良好的开关特性,因而在全光微波信号处理中得到了广泛应用。相对于 MZ 调制器来说,电吸收调制器的带宽可以更宽,近来国际上报道的 60 GHz ROF 系统很多都采用了电吸收调制器。用电吸收调制器的交叉吸收调制全光上变频的方案很早就被提出了。EAM 的交叉吸收调制(XAM)效应的原理是:当带有信号的泵浦光和直流探测光同时注入 EAM 时,若泵浦光功率较低,使 EAM 的吸收还未饱和,则探测光和泵浦光均被 EAM 较好地吸收,此时输出光功率较小;若泵浦光功率较高,使 EAM 的吸收达到饱和,则 EAM 对探测光的吸收较小,此时探测光输出功率较大,泵浦光在此过程中完成了对探测光的调制。应用于 ROF 系统中的频率上变换就基于这个原理。基带光信号作为探测光,而调制有毫米波的光信号作为控制的泵浦光,同时注入电吸收调制器,在交叉吸收调制效应的作用下,基带信号上也载有了毫米波信号,这样就实现了全光上变频。

利用电吸收调制器有两种方式。一种是控制光和信号光同向通过 EAM,如图 9.3.8 所示。这种方法的好处是交叉吸收调制的效果较好,因为它们相互作用的时间长,缺点是需要一个滤波器将控制光与信号光分离。另一种是控制光和信号光反向通过 EAM,如图 9.3.9 所示。这种方法的好处是只需要在 EAM 前端加一隔离器,省去了滤波的麻烦,缺点则是由于两束光作用时间相对较短,因而交叉吸收调制效果会差一些。

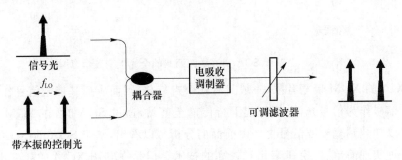

图 9.3.8　基于电吸收调制器的上变频示意图一

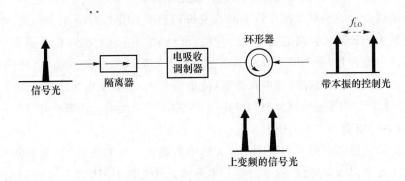

图 9.3.9　基于电吸收调制器的上变频示意图二

③ 基于 SOA 的非线性效应的全光上变频

半导体光放大器(C SOA)不仅有光放大功能,由于它是一种高非线性器件,交叉相位增益调制(XPM)、交叉增益调制(XGM)、非线性偏振旋转(NPR)及四波混频(FWM)4 种非线性现象在 SOA 中都很明显,因而在全光信号处理中得到了广泛应用。这 4 种现象都可以用来作为光开关、光逻辑等,而且 SOA 体积小、质量轻、易于集成,可以级联组成 SOA 阵列,这样它的功能将更加强大。

SOA 中的交叉增益调制是由 SOA 的增益饱和效应引起的。其原理可简单概括为:两束不同波长的光(泵浦光 A,信号光 B)同时注入 SOA,泵浦光 A 功率较大时,会消耗 SOA 的绝大部分载流子,使 SOA 工作于饱和状态,信号光 B 得到的增益就会减小。因为信号光 B 本身功率较弱,不论输入为"1"还是"0",经过 SOA 被饱和吸收后,输出均为"0"。只有当 A 功率较小时,SOA 增益不饱和,B 才会被放大,即 B=1 时,输出为"1";B=0 时,输出为"0"。这就是 SOA 中的交叉增益调制现象。很明显,这种特性可以用来上变频,原理框图如图 9.3.10 所示。

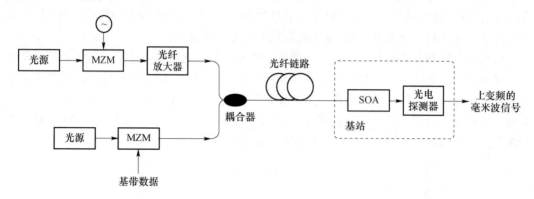

图 9.3.10　基于 SOA 交叉增益调制的全光上变频示意图

由于 SOA 的 XGM 带宽有限，一般只有几个吉赫兹，因而应把基带光信号作为泵浦光，把毫米波光信号作为信号光，它们一起下行传输至基站，通过 SOA 时，在 XGM 的作用下，基带信号可以加载到毫米波信号上。由前面的分析可以看出，基于 SOA 的 XGM 全光频率上变换是一种实现简单、转换速率相对较高的技术。但是在利用 XGM 的频率上变换输出信号的消光比较差，而小的消光比将导致光信噪比和误码性能都较差，而且 SOA 增益随波长和载流子浓度变化的不对称性导致了向长波长和短波长变换时消光比不同，短波长方向的消光比明显大于长波长方向的消光比。同时，SOA 的自发辐射噪声也是提高信噪比的一个主要障碍。总而言之，交叉增益调制频率上变换方法的优点是装置简单、转换效率高、易于实现。但这种方法也有缺点，噪声指数高、波形畸变大、不利于在光纤中长距离传输、消光比退化等，同时 SOA 中载流子恢复时间的限制使 SOA 的交叉增益调制在 40 GHz 或 60 GHz 的 ROF 系统中应用受到了很大限制。

交叉相位调制也是来自于半导体光放大器中的载流子饱和现象，载流子分布随注入光子数的改变而改变，从而导致折射率改变。半导体光放大器中因增益饱和而引起相移，控制光相对于原先波长的光（信号光）的相对大小决定了非线性相移的大小。ROF 系统大多采用幅度调制，因而采用两个 SOA 级联组成一个 SOA-MZI，利用干涉的方法将相位调制转化为幅度调制，结构如图 9.3.11 所示。它相当于一个 MZM，只不过控制信号由电信号变为光信号。作为控制光从控制光端口进入，在 SOA 中对某一臂上的信号光进行相位调制，两臂上信号光的相位差在重新耦合时互相干涉而产生幅度上的变化。若将基带光信号作为信号光，毫米波光信号作为控制光，分别从信号光端口和控制光端口输入 SOA-MZI，即可实现上变频。

交叉相位调制的优点在于它容易获得理想的相移特性，而且非线性系数很高，所以获得了广泛应用。缺点是基于相位调制的光技术都要采用干涉仪结构，所以往往需要有两个干涉臂，这就需要两个半导体光放大器，导致成本增加。而且两个半导体光放大器的特性很难做到一致，这就使干涉仪的调整比较困难，再加上光纤的不稳定因素，这种应用的实用化还有待研究。

当两束光在半导体光放大器中传输时，由于非线性作用将产生新的波长并形成四波混频。对于半导体光放大器中四波混频的半经典解释是:两束不同波长的光进入半导体光放大器时,介质中的载流子形成一个与入射光强分布有关的载流子光栅。在半导体光放大器中至少有 3 种机制对光栅的形成有贡献,分别为载流子密度调制、动态载流子加热和散射。半导体光放大器中的四波混频是三者共同作用的结果,其转换效率随泵浦光和探测光的失谐下降很快。新的波长由几束光波共同作用产生。四波混频的转换效率比较短,但是它的转换时间也很低,在亚皮秒级,因此更适合高速的信号处理。基于 SOA 四波混频的全光上变频的实验装置如图 9.3.12 所示。

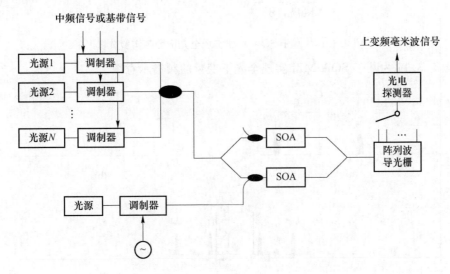

图 9.3.11 基于 SOA-MZI 的全光上变频示意图

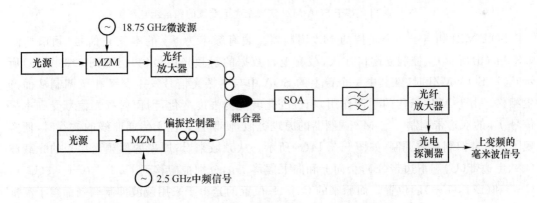

图 9.3.12 基于 SOA 四波混频的全光上变频实验装置

(2) 全光下变频技术

ROF 系统中的频率下变换也是一项关键技术。由于毫米波频谱较宽,传输时受色散影响较大,有必要将其转化为基带或中频信号,这样也便于在基站或中心局进行信号处理。下变频的功能可以在基站中完成,也可以放到中心局中完成。前者可以使信号便于上行传输,但增加了基站的复杂度。后者则刚好相反。频率下变换主要有两种方法:第一种是基于各种调制作用的频谱搬移,使信号边带和光载波频移到一起,然后用带通滤波来实现下变频,目前多采用这种方法;另一种方法就是用特殊的滤波器直接将载有上行信号的边带滤波。

① 基于 SOA-MZI 的全光下变频

基于 SOA-MZI 实现全光下变频实验装置如图 9.3.13 所示。

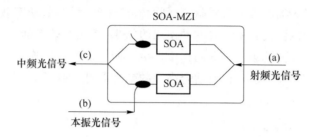

图 9.3.13 基于 SOA-MZI 实现全光下变频实验装置

而图 9.3.14 为基于 SOA-MZI 实现全光下变频的频谱示意图。

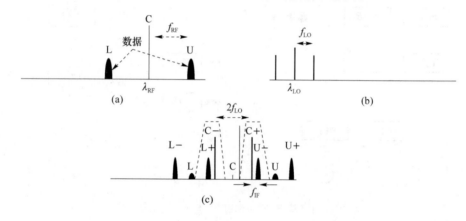

图 9.3.14 基于 SOA-MZI 实现全光下变频的频谱示意图

SOA-MZI 相当于一个光控的 MZ 调制器。载有频率为 f_{LO} 的本振光信号(频谱如图 9.3.14(b)所示)从控制光端口注入,载有上行数据的射频光信号(频谱如图 9.3.14(a)所示)通过 SOA-MZI 时,在其中一个臂上的 SOA 中与本振光信号发生交叉相位调制从而产生相移。由于 MZI 结构的干涉作用,相位变化转变为强度变化,因而射频光信号受到本振信号 f_{LO} 的双边带调制。与 MZ 调制器的原理类似,使偏置点位于传递曲线的波谷时,便实现了双边带抑制载波调制,如图 9.3.14(c)所示。从频域来看,原来的射频光信号的光载波(C)、上边带(U)和下边带(L),会向上和向下频移 f_{LO},分别被搬移到了(C−,C+)、(U−,U+)和(L−,L+)的位置。而原来的 C、U、L 位置的光由于采用载波抑制调制都被干涉抵消了。这样(C+,L+)之间、(C+,U−)之间的频差为 $f_{IF}=f_{RF}-2f_{LO}$,从而实现了全光频率下变换。中频信号上行传输至中心局时,只需要一个较低速率的光电探测器(带宽大于 f_{IF},小于 $2f_{LO}$)就可以对(C−,L+)和(C+,U−)这两个边带之间进行拍频,得到上行数据。

② 基于 EAM 的全光下变频

基于 EAM 的全光下变频原理图如图 9.3.15 所示。

由中心局端向基站同时输送一个载有本振频率为 f_{LO} 的本振光(λ_{LO})和一个直流光(λ_{IF}),这个直流光 λ_{IF} 将会用作上行的光载波。两个波长的光同时进入 EAM 后,首先,由于

EAM 的光电探测特点,将本振光信号转化为频率为 f_{LO} 的本振信号。其次,由于 EAM 的非线性特性,当载有上行数据的射频信号(频率为 f_{RF})对 EAM 进行调制时,与光电探测器产生的本振信号 f_{LO} 发生混频,得到它们的差频信号 $f_{IF}=f_{RF}-f_{LO}$。再次,这个混频得到的载有上行数据的中频信号对中心站传来的上行光载波 λ_{IF} 进行调制,然后上行传输。这就是 EAM 下变频的过程。

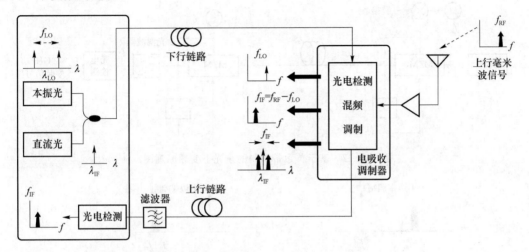

图 9.3.15　基于 EAM 全光下变频原理图

③ 基于窄带滤波的全光下变频

基于窄带滤波的全光下变频原理图如图 9.3.16 所示。

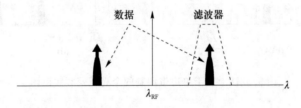

图 9.3.16　基于窄带滤波的全光下变频原理图

载有毫米波的光信号中由于含有光载波、上边带和下边带,因而在光电探测时它们之间互相差拍而产生毫米波信号。若用一个窄带的带通滤波器,仅将信号中的上边带或下边带滤出来,这样在光电检测时便是基带信号了。清华大学研究组曾用光纤光栅滤波成功实现了下变频。这种方法实现简单,但不够灵活,因为窄带滤波器的中心波长和某一边带对准后,光载波频率和毫米波信号的频率都不能改变。另外,由于只用到了其中一个边带,光载波的另外一个边带的功率浪费了,所以功率效率不高。

④ 基于单边带调制的全光下变频

基于单边带调制的全光下变频原理图如图 9.3.17 所示。

发射端采用下边带调制的射频光信号,其频谱如图 9.3.18 (a)所示。

经光纤链路的传输以后,在接收端又被频率为 f_{LO} 的本振信号单边带调制,使光载波和下边带信号都各向下频移了 f_{LO},如图 9.3.18 (c)所示。原来的下边带信号与向下频移的光载波之间的频率差为 $f_{IF}=f_m-f_{LO}$,用带通滤波器的滤波将其他的边带和载波滤除,经

过光差检测以后便可获得下变频的中频信号。同样的道理,如果发射端采用上边带调制,在
接收端也采用上边带调制,经过频移和带通滤波以后,也可以实现下变频,如图 9.3.18 (b)
和图 9.3.18 (d)所示。

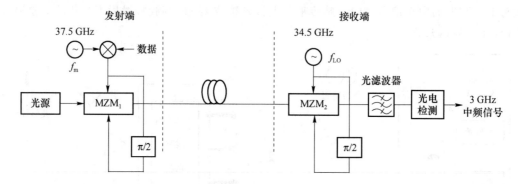

图 9.3.17　基于单边带调制的全光下变频原理图

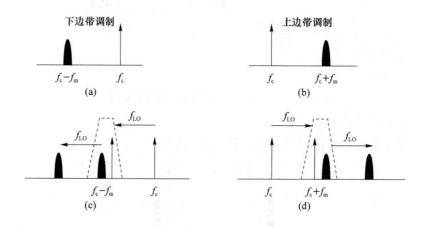

图 9.3.18　基于单边带调制的全光下变频频谱图

9.4　量子通信

　　光既有粒子性又有波动性,即波粒二象性。前面所讲述的光通信技术都利用了光的波
动性。在应用各种交换技术和复用技术挖掘光纤通信潜力的同时,人们也期待寻找到速率
更高的通信方式,于是有人想到了利用光的量子性进行通信,即量子通信。因此,量子通信
技术实际上是光通信技术的一种。

　　量子通信这一概念是 1993 年由物理学家贝内特(C. H. Bennett)结合量子理论和信息
科学而提出来的。它利用光在微观上的粒子特性,让一个个光子通过量子态来运载和传输
0 和 1 的数字信息。

　　量子通信是经典信息论和量子力学相结合的一门新兴交叉学科。它利用了量子力学中
的不确定性(有的学者又称测不准)原理和量子态不可克隆的定理。量子通信的典型方式为
量子隐形传态和密集编码。量子态是信息的载体,只要完成对量子态的操作,就可实现量子

信息的传输。发信者将原物量子态的信息分成经典信息和量子信息两部分,并分别由经典信道和量子信道将其传输给收信者。其中,经典信息是由发信者对原物进行某种测量后而获知的,而量子信息则是发信者在测量中未被提取的其余信息。收信者在接收到这两种信息后,便可制备出原物量子态的完全复制品,从而达到通信的目的。

9.4.1　量子纠缠和量子隐形传态

量子通信研究中的一个关键问题是制备两个或多个粒子(光子)量子纠缠态(Quantum Entangled States)。所谓量子纠缠态是指两个粒子或多个粒子系统叠加所形成的量子态,此态不能写成两个或多个粒子态的直接乘积。

量子纠缠(Quantum Entanglement)是一种非常奇妙的现象,纠缠的实质是指相互关联,即使没有物理直接接触,两个或两个以上的粒子的命运也连在一起,"纠缠粒子对"不管传播多远距离,它们之间的相关和纠缠特性仍然存在,对其中一个光子的控制和测量会决定另一个光子的状态,因此这一特性在信息科学中有着广阔的应用前景。

当前,基于晶体二阶非线性效应的自发辐射光学参量下转换过程(SPDC)是产生纠缠双光子场的一种常用的方法,近年来通过光纤的 Kerr 非线性效应在实验中也能产生纠缠光子对。

量子隐形传态(Quantum State Teleportation)也称量子远距传态,有的学者又称量子移物传态,简称"量子移物"。在科幻小说中有"远距传物",即将人或物体移至很远处。但在现实中传输人或大型物体尚是幻想,但对光子而言,量子移物在实验室内已变成了现实。

量子隐形传态是量子通信的一种新方式,它是在 1993 年由 C. H. Bennett 等人最早从理论上预言的,观察者 Alice 希望将被传送的光子的未知量子态传给一个接收者 Bob,先将纠缠态光子对的一个光子传给 Alice,另一个光子传给 Bob,Alice 对未知量子态和传给她的纠缠态光子进行联合测量,并将测量结果通过经典通道传给 Bob,于是 Bob 就可以将他收到的纠缠态通过幺正变换成未知量子态,这样就实现了量子态远程传输,而 Alice 处的未知量子态则被破坏。

在量子隐形传态方面,人们在理论和实践两方面都进行了深入细致的研究工作。Zeilinger 研究组的潘建伟等人,首先成功地利用参量下转换技术产生的纠缠光子对实现了量子隐形态传态的实验,其结果在 1997 年的《自然》杂志上进行了报道。同时,Kimble、Fumsawa 等人在 1998 年,利用不同的方法也实验成功了量子隐形传态,被 Science 评为 1998 年世界十大科学技术进展之一,引起了人们极大的重视。

9.4.2　量子密码术

量子密码术就是量子密集编码技术。它的理论基础是海森伯的不确定性原理。根据这一原理,它可以使任何窃听者无法窃听量子密码通信中的信息。因此,量子密码术是量子通信中很重要的一个技术内容。

量子密码术的概念最初是由 Wiesner、Bennett 和 Brassard 等人提出的。它的基本原理是:当一个系统进行测量时,必须对其进行干扰,否则,不干扰系统就无法对这个系统进行测量,除非此次测量与系统的量子态是相容的。为了进一步地说明这个原理在量子通信中的应用,举个简单的例子。按照一般习惯,发信者、收信者和窃听者他们在量子通信系统中的位置关系是如图 9.5.1 所示的形式。

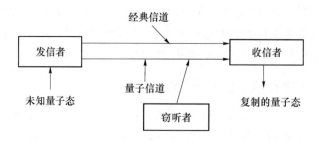

图 9.5.1　发信者、收信者和窃听者的位置关系图

设发信者和收信者之间使用分立光子作为信息的载体,即分立光子携带了要传输的量子信息。发信者先用单光子编码,然后通过信道传送给收信者。若收信者此时收到已编码的光子未受干扰,则可知此编码光子未被测量,即未被窃听者窃听。此时,二者可以开始进行量子通信,在信道上传输载有信息的量子密码。当发信者和收信者发现他们的子集被干扰,则表明有人在测量,即有人在窃听。此时,他们马上放弃这套密钥,建立另一套密钥。这样,就可以充分地保证量子通信的严格保密性和安全性。

9.4.3　量子密钥分配协议

确切地说,量子密码术就是量子密钥分配。采用单光子进行量子通信,通信的双方是通过量子信道和经典信道分配密钥的。其通信的绝对保密性和安全性是由量子力学中的不确定性原理和量子态不可克隆定理来保证的。

量子密钥分配协议是发信者和收信者二人在建立量子通信信道的过程中共同建立的。在量子密钥分发完成以前,发信者和收信者均不知道密钥的内容。量子密钥不用于传送密文,而是用于建立和传输密码本。量子密码术不能防止窃听者对密钥的窃听,只能及时发现窃听者的存在。一旦发现窃听者在窃听,则双方会立即取消这套密钥,重新建立另一套密钥。这样就可以充分地保证量子密码本的安全性,从而也就保证了量子通信密码(密文)内容的保密性。

对量子密钥分配的研究,许多人进行了很多艰苦的工作。因为量子通信有陆地和自由空间点对点之分,所以量子密钥分配也应有两类协议。

(1) 陆地点对点的量子密钥分配协议

① BB84 协议 2,它是由 Bennett 和 Brassard 在 1984 年提出的。它利用单光子的一组光子偏振态编码,属于偏振编码的量子密码术协议。

② EPR 协议 3,它是 Ekert 在 1991 年提出的,是基于 EPR 佯谬的双量子纠缠态而提出的一种量子密钥分配协议。

③ B92 协议 4,它是 Bennett 在 1992 年提出的基于两个非正交量子态的一种量子密钥分配协议。这个协议属于相位编码的量子密码术协议。

上述 3 种量子密钥分配协议是量子密码术中的 3 个基本协议。其他协议均为这 3 个协议的修正和改进。

(2) 自由空间点对点的量子密钥分配协议

在自由空间进行量子通信,例如,卫星和地面站间、卫星和卫星之间,或者空间探测器和地面站间以及空间探测器之间进行的量子通信,都需要相应的量子密钥协议,以确保这些量子通信的保密性和安全性。

对于自由空间中的量子密钥分配协议,要考虑以下情况的存在:在自由空间中,有大气湍流和背景光的影响,另外还有量子通信中的噪声以及窃听者的存在等因素。这样,在自由空间中的量子信道上,其量子密钥分配协议会在原有陆地上点对点的量子密钥分配协议的基础上,再增加一些非量子过程而形成的。为此,瞄准单光子、捕获单光子和跟踪单光子等技术便成为自由空间中量子通信的关键技术。同样地,自由空间中量子密钥的分配也应有相应的协议。目前,关于自由空间量子通信的量子密钥分配协议,有以下几个建议。

① 瞄准、捕获、跟踪量子密钥分配协议。该协议是借助于自由空间激光通信中的瞄准、捕获和跟踪技术,在自由空间中建立起量子通信的信道。在这个过程中,发信者和收信者利用上述技术,对发信者向收信者发出的信标光进行瞄准、捕获和跟踪,以确保量子通信信道的建立。在此基础上,再进行收/发信者的身份认证和其他工作,以完成量子密码术中量子密钥分配协议的建立。

② 单光子捕获量子密钥分配协议。在自由空间进行量子通信时,大气湍流和背景光对单光子捕获的影响很大。为了避免这种影响,可采用空域滤波、频域滤波和时域滤波等技术。空域滤波对收信者的视场角和收信机的瞄准、跟踪精度提出了严格的技术要求;频域滤波则采用超窄带滤波的方法;时域滤波是采用前驱波参考脉冲设置时间窗口的。

对于上述量子通信中量子密码术的各种量子密钥分配协议,由于篇幅的限制,不再深入讨论。读者若感兴趣,可参阅相关的文献。

9.4.4 量子通信的优点及应用前景

(1) 通信容量极大

对于一个经典通信系统来讲,一个 L 位的系统信息存储量为 $2L$ 种信息。但对一个 L 位的两态量子通信系统,其信息存储量可以说是无穷多种,通信容量之大,不言而喻!

(2) 传输速率极快

理论上讲,量子通信的传输速率可以极快。实际上,由于信道对信息会有一定的衰减和阻力,从而降低了它的传输速率。尽管如此,量子通信的传输速度也会比目前的光纤通信快出一千万倍! 在一秒钟之内,它可以传输十万部电影! 其传输速率之快,可想而知。

(3) 抗干扰能力极强

在陆地或自由空间中,点对点的量子通信在传输的信道中会有这种或那种的干扰存在,例如,陆地上传输信道的光纤中存在色散和损耗;在自由空间中,传输信道附近存在大气湍流和背景光等。虽然这些干扰的存在是客观的,但是由于在量子密码术的密钥交换协议中已采取了相应的措施,使这些干扰大大地减少或不存在,从而使量子通信的抗干扰能力处于极强的地位。

(4) 保密性极强

在量子通信系统中,由于采用了相应的量子密钥交换协议,使任何窃听者,不管他们采用什么样的窃听手段,都无法得到含有信息内容的密码本。对密码本中密码包含的信息内容,他们一无所得。他们破译密码的各种手段,在量子通信系统中是无用武之地的。量子通信的这种保密能力,是任何其他通信方式无法比拟的。

(5) 环保条件极佳

电通信存在电磁辐射问题,光通信则有激光的辐射存在。这两种辐射对人的身体健康和眼睛的保健都是不利的。量子通信不存在上述的辐射问题。因此,在强调绿色环保的当今世界,量子通信无疑是一种极佳的通信方式。

由于量子通信具有上述诸多优点,所以其应用前景是十分乐观的。

(1) 星际间通信

现在的空间探测技术发展很快,相应的星际间的通信技术也应紧步跟上。星际之间、探测器与探测器之间以及它们与地球之间的通信,由于相距太远,为了满足实时通信的需求,必须要求通信的传输速率很高。例如,当飞船到达距地球一光年的其他星球时,采用现在的电通信(卫星通信技术)和光通信技术与地球每联系一次需要两年之久的时间。可见,这些通信方式已失去了意义。若采用量子通信技术,由于它的通信时延为零,并且传输速度比光通信技术至少要高出一千万倍,所以完全可以满足星际间通信的实时要求。

(2) 军事通信

军事通信中的地面战争、空战以及空中拦截技术方面的通信联络,不仅要求快捷、无干扰,而且还要求具有极强的安全性和保密性。电通信、光通信尽管采用了各种加密手段,但是敌方总可设法获得并破译之。由于量子通信采取了量子密码技术的量子密钥分配协议,尽管敌方可以探知密钥协议,但无法获得含有信息密码的密码本,更不可能得知密码本和密码的含义,所以它将成为军事通信的极好手段。

(3) 国民经济通信

目前的通信(主要指微波通信和卫星通信),特别是光纤通信,由于其可用波段很宽,再加之光纤通信技术的不断出现,例如,密集波分复用技术、粗波分复用技术以及未来的全光光纤通信技术等,基本上可以满足当前国民经济发展对通信技术的要求。但是,随着国民经济进一步发展,信息源会越来越多,人们对通信事业的要求会越来越高,那时,光纤通信技术的手段就不一定能够满足人们日益增多的需求。此时,量子通信技术除用于星际通信、军事通信以外,完全有能力去填补光纤通信技术在这方面的不足。

9.4.5 国内外量子通信研究现状及发展方向

从 1925 年到 1926 年间波尔创立量子力学理论至今,人们对量子通信在理论和实践方面的研究工作不断地取得进展。到了 20 世纪 80 年代初至 90 年代初,该项技术的研究工作取得了实际性的进展。美国、欧洲各国等在这方面的研究情况如下。

1. 美国

1984 年,美国 IBM 公司的 Bennett 和蒙特利尔大学的 Brassard 首先提出了一种基于单个量子态来传输量子密钥的协议,即 BB84 协议 2;1993 年以来,美国的国家科学基金会和国防高级研究计划局等对量子通信的实用性开展了深入的研究工作。

1995 年,California 大学和 Los Anlamos 国家实验室的 R. Hughes 等人利用单光子源和 Mach-Zehnder 干涉仪在光纤中实现了 14 km 以上量子密钥传递实验。1997 年,Hughes 等人又利用两台光纤干涉仪在长达 48 km 的地下光缆中成功地进行了密匙传送。

2. 欧洲

1999 年,欧洲集中国际力量,对量子通信开展多达 12 个项目的研究工作;2004 年,英国科学家 C. Gobby 等人又成功地在光纤中实现了 122 km 的密钥分发。量子加密技术现已转向实际应用阶段。2004 年 4 月 21 日,奥地利的维也纳市政厅在向奥地利信贷银行的通信过程中率先使用了由单光子组成的量子密钥,保证了转账的绝对安全。

3. 日本

日本的邮政省也把量子通信技术的研究工作作为 21 世纪的战略项目,开展深入的研究工作。

4. 中国

中国国防科技大学物理系、中国科学院物理所以及山西大学等单位,目前对量子通信技术也开展了许多实际性的工作,并取得了一定的成绩。例如,潘建伟等人在 1997 年的《自然》杂志上发表了他们利用参量下转换技术产生的纠缠光子对实现了隐形传态的实验报告。

中国科技大学的量子物理与量子信息实验室在 2004 年间,成功地实现了量子纠缠态的浓缩工作,并且利用这一技术对量子通信中最关键的单元器件——量子中继器——在国际上首先取得了实用性的进展。这一成就,为未来远距离量子通信的实现奠定了基础。

2005 年,中国科技大学量子信息重点实验室的莫小范等人通过中国网通公司的信用光缆,利用 Faraday-Michelson 干涉仪系统实现从北京经河北香河到天津(宝坻)125 km 的量子密钥分发。

目前,对量子通信技术中陆地上点到点的量子密钥分配协议的研究工作,已经取得了实用性的进展;对自由空间中点到点的量子密钥分配协议的研究也开展了研究和实验工作。量子通信技术中的其他技术,如量子态的隐形传输、量子密集编码、量子纠缠态的特性等诸多技术问题,都有待于进一步研究和完善。

小　　结

1. 相干光通信技术

(1) 相干光通信的基本工作原理是:在发送端,采用外光调制方式将信号以调幅、调相或调频的方式调制到光载波上,再经光匹配器送入光纤中传输。当信号光传输到达接收端时,首先与一本振光信号进行相干混合,然后由探测器进行探测。

(2) 相干光通信系统由光发射机、光纤和光接收机 3 部分组成。

(3) 与 IM-DD 系统相比,它具有独特的优点:

① 接收机灵敏度高;

② 频率选择性好;

③ 可以使用电子学的均衡技术来补偿光纤中光脉冲的色散效应;

④ 具有多种调制方式。

(4) 相干光通信要实现实用化,应解决以下关键技术:

① 激光器的频率稳定和频谱压缩技术;

② 外光调制技术;

③ 偏振保持技术；

④ 非线性串扰控制技术。

2. 光孤子通信技术

(1) 孤子又称孤立波,是一种特殊形式的超短脉冲,或者说是一种在传播过程中形状、幅度和速度都维持不变的脉冲状行波。有人把孤子定义为:孤子与其他同类孤立波相遇后,能维持其幅度、形状和速度不变。

(2) 光孤子通信的基本原理是光纤折射率的非线性(自相位调制)效应导致的对光脉冲的压缩可以与群速色散引起的光脉冲展宽相平衡,在一定条件下(光纤的反常色散区及脉冲光功率密度足够大),光孤子能够长距离不变形地在光纤中传输。

(3) 光孤子在光纤中的传输过程需要解决如下关键技术:光纤损耗对光孤子传输的影响,光孤子之间的相互作用,高阶色散效应对光孤子传输的影响,以及单模光纤中的双折射现象等。

3. 光交换技术

(1) 与传统电交换相比,光交换具有以下优越性:

① 极宽的带宽；

② 极快的速度；

③ 光交换与光传输相结合,促进全光通信网的发展；

④ 降低了网络成本,提高了网络的可靠性。

(2) 空分光交换的功能是使光信号的传输通路在空间上发生改变,空分光交换的核心器件是光开关；时分光交换是以时分复用为基础,用时隙互换原理实现交换功能的；波分光交换是针对 WDM 光网络的一种光交换方式,它是以波长交换来完成交换功能的。

4. 全光通信网

(1) 全光网以光节点取代电节点,并用光纤将光节点互连在一起,实现信息完全在光域的传送和交换,是未来信息网的核心。

(2) 全光网是采用光波技术的先进网络,全光网的相关技术包括光传输技术、光交换技术、光交叉连接技术、全光中继技术、光分插复用技术、控制和管理技术、自动交换光网络等。

5. 量子通信

(1) 量子纠缠(Quantum Entanglement)的实质是相互关联,"纠缠粒子对"不管传播多远距离,它们之间的相关和纠缠特性仍然存在,对其中一个光子的控制和测量会决定另一个光子的状态；量子隐形传态(Quantum State Teleportation)也称量子远距传态,又称量子移物传态,简称"量子移物",即将人或物体移至很远处。量子移物在实验室内已变成了现实。

(2) 量子密码术的基本原理是:当一个系统进行测量时,必须对其进行干扰,否则就无法对这个系统进行测量,除非此次测量与系统的量子态是相容的。

(3) 量子通信的优点是:

① 通信容量极大；

② 传输速率极快；

③ 抗干扰能力极强；

④ 保密性极强；

⑤ 环保条件极佳。

（4）目前，对量子通信技术中陆地上点对点的量子密钥分配协议的研究工作，已经取得了实用性的进展；对自由空间中点对点的量子密钥分配协议的研究也开展了研究和实验工作。

思考与练习

9-1　简述相干光纤通信的原理。

9-2　相干光纤通信的优点有哪些？

9-3　什么是光孤子？光孤子是利用什么效应产生的？

9-4　光交换技术的种类有哪些？

9-5　全光光纤通信网中的全光含义是什么？

9-6　全光通信网的基本组成有哪些？

9-7　光交叉连接器的功能是什么？它有哪几种类型？

9-8　量子通信的工作原理是什么？

9-9　量子隐形传态和量子纠缠各是什么意思？

9-10　量子通信有哪些优越性？

第10章

光网络

10.1 光网络及其发展

10.1.1 光网络的基本概念与构成

从光纤通信技术本身的发展来看,光网络是当前最活跃的领域。然而,所谓的"光网络"不是一个严格意义上的技术用语,而是一个通俗用语。光网络(Optical Network)是一个简单通俗的名称,包含的内容十分广泛。仅从字面上理解,光网络兼具"光"和"网络"两层含义:前者代表由光纤提供的大容量、长距离、高可靠的链路传输手段;后者则强调在上述媒介基础上,利用先进的电或光交换技术,引入控制和管理机制,实现多节点间的联网,以及资源与业务的灵活配置。

光网络由光传输系统和在光域内进行交换/选路的光节点构成,光传输系统的容量巨大,光节点的处理能力也非常强大,电处理通常在边缘网络进行,边缘网络中的节点或节点系统可采用光通信信道通过光网络进行直接连接,如图10.1.1所示。

光网络节点(ONN,Optical Network Node)提供了交换和选路功能,用来控制、分配光信号的路径和创建所希望的源和目的之间的连接。网络中的光电和光器件主要集中在业务上路和下路节点上,主要包括:激光器、监测器、耦合器、光交换设备和放大器等。这些器件同光纤一起协同工作以产生某个连接所需要的光信号。

随着波长/光分插复用器(WADM/OADM,Wavelength Add-Drop Multiplexer/Optical Add-Drop Multiplexer)和波长/光交叉连接器(WXC/OXC,Wavelength Cross Connector/Optical Cross Connector)技术的成熟,与WDM技术相结合后,不但能够从任意一条线路中任意上下一路或几路波长,而且可以灵活地将一个节点与其他节点相连,从而形成WDM光网络。另外,动态可重构型OADM和OXC能够使WDM光网络对不同输入链路上的波长在光域上实现交叉连接和分插复用的动态重构能力,增加网络对波长通道的灵活配置能力,提高网络通道的使用效率。

总之,OADM和OXC的使用使得光纤通信逐渐从点到点的单路传输系统向WDM联网的光网络方向发展。通过使用多波长光路来联网的光网络利用波分复用和波长路由技术,将一个个波长作为通道,进行全光路由选择。通过可重构的选路节点建立端到端的"虚波长"通路(由一系列不同波长连接起来的一条光路),实现源和目的之间端到端的光连接,这将使通路之间的调配和转接变得简单和方便。在多波长光纤网络中,由于采用光路由器/光交换机技术,极大提高了节点处理的容量和速度,这使得光网络具有对信息传输码率、调制方式、传送协议等透明的优点,有效地克服了节点"电子瓶颈"的限制,因此,只有 WDM 多波长光纤网络才能满足当前和未来通信业务量迅速增长的需求。

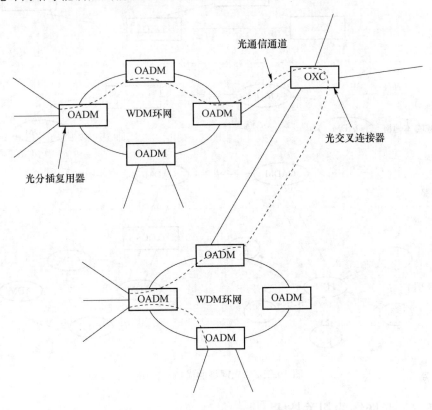

图 10.1.1　多波长光网络总体结构示意图

　　光网络的基本结构类型有星形、总线形(含环形)和树形 3 种,利用这 3 种基本的网络拓扑可以组合成各种复杂的网络结构。光网络横向分割为骨干网、城域/本地网和接入网。骨干网倾向于采用网状结构,城域/本地网多采用环形结构,接入网通常是环形和星形的复合结构,如图 10.1.2 所示。

　　与其他网络结构相比,网状光网络更能体现 WDM 技术的联网优势,例如,Mesh 网比环形网络能够更好地利用空闲资源,网状光网络的主要优势可以体现在以下几个方面:

　　① 在 IP 层和光层之间使用集成的业务量控制工程;

　　② 在相同条件下的建设成本节省近 2/3;

　　③ 动态波长指配能够实现实时指配,以秒的量级进行服务传递,很快产生收益;

　　④ 动态的光通道恢复,毫秒量级的恢复时间;

　　⑤ 共享保护路由的选择增多,减少用于恢复的网络资源,提高光网络基础结构的利用率;

　　⑥ 使用动态波长实现光层与 IP 层的互联,光交叉连接节点可以动态地为阻塞的路由

器分配波长进行重新选路,还可以根据路由器的动态带宽请求重新配置网络,以满足新的网络业务模式。

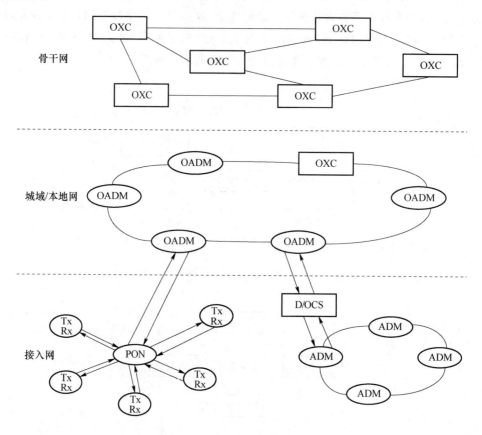

图 10.1.2　光网络的横向分割图

10.1.2　光网络的相关技术

光网络的相关技术包括光交换技术、光交叉连接技术、光中继技术、光分插复用技术、控制和管理技术等。

1. 光交换技术

随着光波分复用系统的应用,每秒总量达几百上千兆甚至太比特(Tbit/s)的数字信息要由交换来处理,由于众所周知的电子瓶颈限制问题,引入了光子技术,实现光交换。光交换技术在光交换节点不经过 O/E/O 转换,不受检测器、调制器等光电器件响应速度的限制,对比特率和调制方式透明,可实现宽带的信号交换。

2. 光交叉连接技术

光交叉连接(OXC)是用于光纤网络节点的设备,通过对光信号进行交叉连接,能够灵活有效地管理光纤传输网络,是实现可靠的网络保护/恢复以及自动配线和监控的重要手段。

OXC 有空分、时分和波分 3 种类型,目前比较成熟的技术是波分复用和空分技术。如果将波分复用技术和空分技术相结合,可大大提高光交叉连接矩阵的容量和灵活性。它是全光网络的核心。OXC 交换的是全光信号,它在网络节点处对指定波长进行连接,从而有效地利用波长资源,实现波长重用。当光纤中断或业务失效时,OXC 能够自动完成故障隔离、重新选择路由和网络重新配置等操作,使业务不中断,即它具有高速光信号的路由选择、网络恢复等功能。OXC 除了提供光路由选择外,还允许光信号插入或分离出电网络层,它类似于 SDH 中的 DXC。

3. 光中继技术

传统的光纤传输系统采用 O/E/O 再生中继器,这种方式的中继设备十分复杂,影响系统的稳定性和可靠性。现已开发的 SOA 和光纤放大器有 EDFA、PDFA、NDFA。EDFA 是目前光放大技术的主流,应用在 1 550 nm 波段,它可以对波长在 1 530~1 570 nm 的光信号同时放大,增益可达 30~40 dB,它能简化系统,降低传输成本,增加中继距离,提高光信号传输的透明性,是实现光网络的关键器件。

4. 光分插复用技术

OADM 具有选择性,可以从传输设备中选择下路信号或上路信号,也可仅仅通过某个波长信号,而不影响其他波长信道的传输。OADM 在光域内实现了 SDH 中的 ADM 在时域内完成的功能,且具有透明性,可以处理任何格式和速率的信号,能提高网络的可靠性,降低节点成本,提高网络运行效率,是组建光网络必不可少的关键性设备。

5. 控制和管理技术

全光网对管理和控制提出了新的问题。一是现行的传输系统(SDH)有自定义的表示故障状态监控的协议,这要求网络层必须与传输层一致;二是由于表示网络状况的正常数字信号不能从透明的光网络中取得,所以存在应该使用新的监控方法的问题;三是在透明的全光网中,不同的传输系统有可能共享相同的传输媒质,而每一个不同的传输系统会有自己定义的处理故障的方法,这便产生了如何协调处理好不同系统、不同传输层之间关系的问题。对于以上每一种问题都要有相应的处理方案。从现阶段的 WDM 全光网发展来看,网络的控制和管理要比网络的实现技术更具挑战性,网络的配置管理、波长的分配管理、管理控制协议、网络的性能测试等都是网络管理方面需解决的技术。

10.1.3　光网络的发展

从历史上看,光网络分为三代。第一代光网络以 SDH 网络为代表,其主要特点是以点到点 WDM 传输系统为基础,提供大容量、长距离、高可靠的业务传送功能,光仅仅是用来实现大容量传输,所有的交换、选路和其他智能化的操作均在电层实现。20 世纪 90 年代中期发展的密集波分复用(DWDM,Dense Wavelength Division Multiplex)光网络技术进一步挖掘了光纤的带宽潜力,提高了网络的传输性能,但在联网技术上没有实现统一。

第二代光网络以 ITU-T 于 20 世纪末提出的光传送网(OTN)为代表,其主要特点是在光层实现交换、选路等功能,从而成为真正意义上的"光"网络。OTN 在功能上类似于 SDH,其出发点是在子网内实现透明的光传输,在子网边界处采用光/电/光(O/E/O)的 3R 再生技术。光分插复用器(OADM)、光交叉连接器(OXC)等光节点技术的成熟为 OTN 的发展铺平了道路,光网络的拓扑形式从环网向格形网演化,一些复杂的网络功能(如保护和恢复)也随之得以实现。目前,实际运营中的光网络正处于这一阶段。从理论上讲,波分复用(WDM)、光时分复用(OTDM)、光码分复用(OCDM)等各种复用方式都可以用作 OTN 的实现手段。由于 WDM 应用的显著优势和已取得的突破性进展,选择基于 WDM 的 OTN 方案最具发展前景,也是当前标准化的焦点。WDM 光传送网采用光波长作为最基本的交换单元,以波长为单位完成对用户信号的传送、复用、选路和管理。

第三代光网络是以 ASON/ASTN 为代表的智能光网络,智能化的 ASON 在 ITU-T 的文献中定义为:通过自动提供、自动发现和动态连接建立功能的分布式(或部分分布式)控制平面,在 OTN 或 SDH 网络之上实现动态的、基于信令和策略驱动控制的一种网络。当前,在因特网业务高速增长所带来的巨大冲击下,光网络的变革正在不断深入,其发展的一个重要方向是 IP 层和光层技术的智能融合,这一点可以从国际上各大标准化组织的近期工作动向看出端倪。国际电联标准部(ITU-T)酝酿并提出了"自动交换光网络(ASON)"的概念,其核心思想是在光网络中引入独立的控制层面。另一方面,互联网工程任务组(IETF)将多协议标签交换(MPLS,Multi-Protocol Label Switch)技术与光交换技术相结合,发展了通用多协议标签交换(GMPLS,General Multi-Protocol Label Switch)技术,其实质是想将日益成熟的 IP 协议族应用于光网络。这些不谋而合的举措显示了光网络朝着智能化方向发展的一个新趋势。

由于 ASON 技术的引入光传送网,分层模型正在从传统的两层结构(管理平面和传送平面)向 3 层结构(控制平面/管理平面/传送平面)转变,控制平面具备传统光传送网管理面的智能控制,业务提供由集中式人工配置演变为分布式自动提供。

近些年以来,基于智能光网络基础上的自适应光网络技术开始走入人们的视野中。自适应光网络的创新性在于其网络体系将引入业务面和增强的控制面,即自适应控制面,其分层模型由 3 层结构发展为 4 层结构。自适应光网络的分层结构与 ASON 的区别在于,除了传统的传送面和管理面以外,还将增加业务面和自适应控制面。独立的业务平面可以实现呼叫与连接分离、业务控制与业务承载分离,从而使得业务创建、生成、控制和管理的过程变得更加简单方便,不需要对控制软件进行复杂的改造升级。自适应控制面一方面支持业务面的自适应,另一方面支持传送面的自适应。结合传送面自适器件的控制实体,可以实现光信号的自适应传输。

随着光纤通信技术的不断发展,全光传输距离越来越长,交换/选路、监控和生存性处理等功能将逐渐由光技术来实现,通过采用先进的光器件逐步取代光电转换设备,光透明子网的覆盖范围不断扩大。光网络的发展演进如图 10.1.3 所示。

当然,光网络的最终发展目标是全光网络。全光网络(AON, All Optical Network)是指业务信号的上传、下载及交换过程均以光波的形式进行,而没有任何的光-电及电-光转换,全部过程都在光域范围内完成。电-光转换与光-电转换仅仅存在于信源端(发送端)和接收端。在全光网络中,由于没有光-电转换的障碍,所以允许存在各种不同的协议和编码形式,信息传输具有透明性,且无须面对电子器件处理信息速率难以提高的困难。

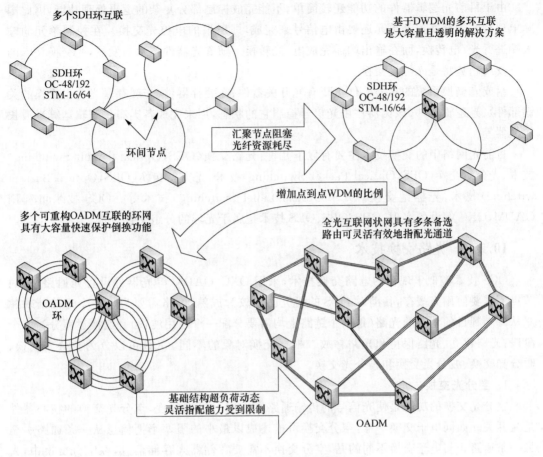

图 10.1.3 光网络的发展演进

10.2 光交换技术

光交换技术是指不经过任何光/电转换,在光域直接将输入光信号交换到不同的输出端。光交换系统主要由输入接口、光交换矩阵、输出接口和控制单元 4 部分组成,如图 10.2.1 所示。

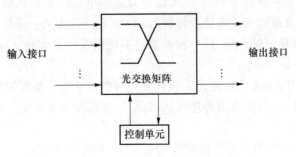

图 10.2.1 光交换系统组成

由于目前光逻辑器件的功能还较简单,不能完成控制部分复杂的逻辑处理功能,因此国际上现有的光交换控制单元还要由电信号来完成,即所谓的电控光交换。在控制单元的输入端进行光/电转换,而在输出端需完成电/光转换。随着光器件技术的发展,光交换技术的最终发展趋势将是光控光交换。

组成光交换系统的核心器件主要有光开关器件、光缓存器件(光缓存是光分组交换的关键部件)、光逻辑器件(该类器件由光信号控制它的状态,用来完成各类布尔逻辑运算)、波长转换器等。

目前光网络中的交换技术主要有以下几种:光路交换(OCS,Optical Circuit Switching)技术、光分组交换(OPS,Optical Packet Switching)技术、光突发交换(OBS,Optical BurstSwitching)技术、光标记交换(OLS,Optical Label Switching)技术等。OCS 技术可利用 OADM、OXC 等设备实现,OPS、OBS、OLS 技术是属于光域的分组交换技术。

10.2.1　光路交换技术

OCS 技术类似于现存的电路交换技术,采用 OXC、OADM 等光器件设置光通路,中间节点不需要使用光缓存,目前对 OCS 的研究已经较为成熟,网络需要为每一个连接请求建立从源端到目的地端的光路(每一个链路上均需要分配一个专用波长)。交换过程分为 3 个阶段:光路建立、光路保持和光路释放。根据交换对象的不同,OCS 可以分为空分光交换、时分光交换、波分光交换和码分光交换。

1. 空分光交换

空分光交换的功能是使光信号的传输通路在空间上发生改变,空分光交换的核心器件是光开关。如同电子交换一样,空分交换可描述成以最小的阻塞率把信息从一条通路引至另一条通路。与电子交换不同的是,空分交换不需要存储器来存储信息,在空分交换中,光交换与电交换之间的主要区别在于其控制功能。

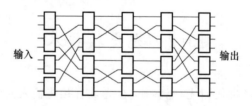

输入　　　　　　　　　　　　　　　　　　　　　　　　输出

图 10.2.2　空分光交换原理图

图 10.2.2 给出了一种以 2×2 光开关输入为基本单元的多级互联空分光交换网络,每个 2×2 光开关具有直通和交叉连接两种状态,2×2 光开关按照一定的拓扑结构连接起来,可实现任一输入端到任一输出端、任一输入端到多输出端以及多输入端到任一输出端之间的交换。

空间光开关可以分为光纤型光开关和自由空间型光开关。基本的光纤型光开关的入端和出端各有两条光纤,可以完成两种连接状态:平行连接和交叉连接。这样的光开关有如下4 种实现方案。

① 波导型光开关,它由外部控制波导的折射率,利用电光效应或热光效应选择输出波导,可利用 LiNbO₃ 方向耦合器构成。

② 门型光开关,它是用半导体光放大器或其他类型的门型光开关构成的 2×2 门型光开关。

③ 机械型光开关,这种光开关的开关速度较慢(量级),只能用在 OXC 或 OADM 节点中,但工作稳定,隔离度高。

④ 热光开关,有 Mach-Zahnder 型和波导型。这种光开关的开关速度优于机械型光开关。

利用 2×2 基本光开关以及相应的 1×2 光开关可以构成大型的空分光交换单元。

2. 时分光交换

时分光交换是以时分复用为基础,用时隙互换原理实现交换功能的。光时分交换系统在结构上与其对应的电子系统相似,主要区别有两点:一是在光时分交换中交换的是光信号,而不是电信号;二是用于光时隙交换的是光器件或光电器件,而不是电子器件。

时分复用是把时间划分成帧,每帧划分成 N 个时隙,并分配给 N 路信号,最后将 N 路信号复接到一根光纤上,在接收端用分接器恢复各路原始信号,如图 10.2.3(a)所示。

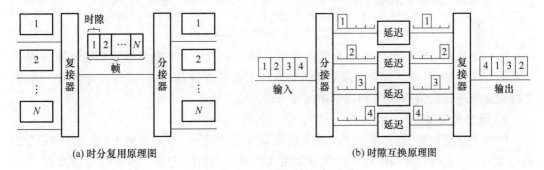

(a) 时分复用原理图 (b) 时隙互换原理图

图 10.2.3 时分光交换原理图

时隙互换是将时分复用帧中各个时隙的信号互换位置,最核心的工作是要能将时分复用信号顺序地存入存储器,同时又能将经过时隙互换操作后形成的另一时隙阵列顺序地取出。如图 10.2.3(b)所示为实现时隙互换的一种方法,首先使时分复用信号经过分接器,在同一时间内,分接器每条输出线上依次传输某一个时隙的信号,然后使这些信号分别经过不同的光延迟器件,获得不同的延迟时间,最后用复接器将这些互换位置的信号重新组合起来构成新的帧,完成交换功能。

3. 波分光交换

波分光交换是针对 WDM 光网络的一种光交换方式,它以波长交换来完成交换功能。波分光交换通常使用波长变换方法实现。图 10.2.4(a)和(b)分别示出波长选择法交换和波长变换法交换的原理框图。

设波分交换机的输入和输出都与 N 条光纤相连接,这 N 条光纤可能组成一根光缆。每条光纤承载 W 个波长的光信号。从每条光纤输入的光信号首先通过分波器(解复用器)WDMX 分为 W 个波长不同的信号。所有 N 路输入的波长为 $\lambda_i (i=1,2,\cdots,W)$ 的信号都送到 λ_i 空分交换器,在那里进行同一波长 N 路(空分)信号的交叉连接,如何交叉连接,将由控制器决定。然后,从 W 个空分交换器输出的不同波长的信号再通过合波器(复用器)WMUX 复接到输出光纤上。这种交换机可应用于采用波长选路的全光网络中。由于每个空分交换器可能提供的连接数为 $N \times N$，故整个交换机可能提供的连接数为 $N^2 W$。

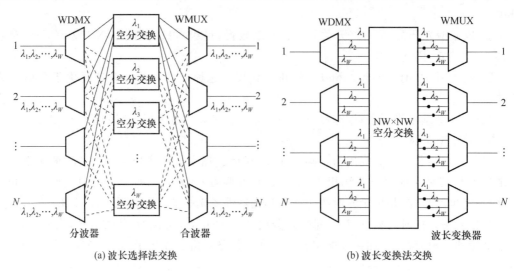

(a) 波长选择法交换　　　　　　　　(b) 波长变换法交换

图 10.2.4　波分交换的原理框图

波长变换法与波长选择法的主要区别是用同一个 $NW \times NW$ 空分交换器处理 NW 路信号的交叉连接时,在空分交换器的输出必须加上波长变换器,然后进行波分复接。这样,可能提供的连接数为 $N^2 W^2$,即内部阻塞概率较小。

4. 码分光交换

码分光交换技术,是将某个正交码上的光信号交换到另一个正交码上,实现不同码字之间的交换。在光码分交换中用到光码分复用(OCDMA)技术,它是一种扩频通信技术,不同用户的信号用互相正交的不同码序列填充,接收时只要用与发送方相同的码序列进行相关接收,即可恢复原用户信息。光码分交换的原理就是将某个正交码上的光信号交换到另一个正交码上,实现不同码字之间的交换。对于光纤通信的 IM-DD 方式,OCDM 对全光信号的处理也限于对数据"1"的编/解码,而对数据"0"不做任何处理。

10.2.2　光分组交换技术

1. 光分组交换技术的产生

IP 思想与光网络的结合产生了另一类光交换技术——光分组交换(OPS)技术。光分组交换借鉴电域分组交换的思想,向光层渗透和延伸。OPS 在灵活性和带宽利用率方面表现出独有的优势,而且能够在光层上以非常细小的交换粒度(速率等级)按需共享可用带宽资源,适用于传输 IP 突发数据。因此,OPS 是一种前途被非常看好的技术。

未来的光网络要求支持多粒度的业务,其中小粒度的业务是运营商的主要业务,业务的多样性使得用户对带宽有不同的需求。OCS 在光子层面的最小交换单元是整条波长通道上数吉比特的流量,很难按照用户的需求灵活地进行带宽的动态分配和资源的统计复用,所以光分组交换应运而生。

2. 光分组交换技术原理

OPS 直接在光域中完成 IP 分组的封装与复用、传送与交换,对波长通道实施统计复用,资源利用率高。在 OPS 中,业务数据和分组头被一起放置在固定长度时隙中,但是传输和存储都采用光的形式。由多个光分组交换节点组成的 OPS 交换网络示意图如图 10.2.5 所示,各节点每个输入端口上的分组到达时间是随机的,交换节点内部对分组进行重新排队,然后对光分组转发。

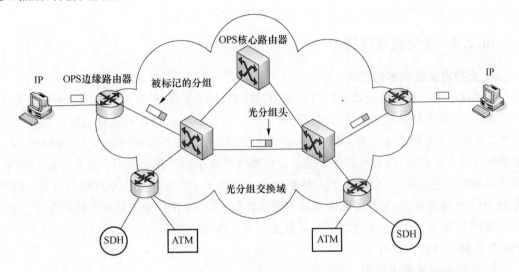

图 10.2.5　OPS 交换网络示意图

OPS 以光分组作为最小的交换颗粒,数据包的格式为固定长度的光分组头、净荷和保护时间 3 部分。OPS 交换原理如图 10.2.6 所示,在交换系统的输入接口完成光分组读取和同步功能,同时用光纤分路器将一小部分光功率分出送入控制单元,用于完成如光分组头识别、恢复和净荷定位等功能。光交换矩阵为经过同步的光分组选择路由,并解决输出端口竞争。最后输出接口通过输出同步和再生模块,降低光分组的相位抖动,同时完成光分组头的重写和光分组再生。

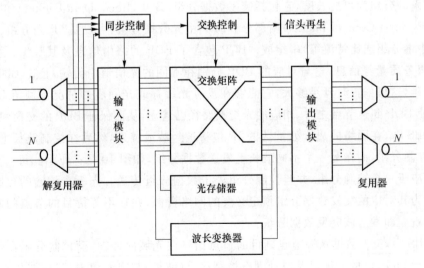

图 10.2.6　光分组交换原理图

从长远来看,全光的 OPS 是光交换的发展方向。OPS 是一种非面向连接的交换方式,采用单向预约机制,在进行数据传输前不需要建立路由、资源分配。分组净荷紧跟分组头在相同光路中传输,网络节点需要缓存净荷,等待分组目的地的分组头的处理,以确定路由。相比于 OCS,OPS 有着很高的资源利用率和很强的适应突发数据的能力。但是也存在着两个近期内难以克服的障碍:一是光缓存器件技术还不成熟,二是在 OPS 交换节点处,多个输入分组的精确同步难以实现,因此 OPS 难以在短时间内实现。

10.2.3　光突发交换技术

1. 光突发交换技术的产生

目前比较成熟的光路交换(OCS)虽然相对简单、易于实现,但建立和拆除一条通道需要一定的时间,且该时间与其连接的保持时间无关。因此在不断增长且变化无常的因特网流量中,OCS 自然难服水土。对 OPS 技术的研究主要集中在定长分组的处理上,而 OPS 的光逻辑处理技术不成熟,没有可用的光随机存储器也阻碍了它的商用进程。针对目前 OCS 和 OPS 存在的一些问题,人们提出了一种新的光交换技术——光突发交换(OBS)技术。OBS 克服了 OPS 的缺点,对光开关和光缓存的要求降低,并能够很好地支持突发性的分组业务,同时与 OCS 相比,它又大大提高了资源分配的灵活性和资源的利用率,被认为很有可能在未来互联网中扮演关键角色。

2. 光突发交换技术原理

突发(Burst)的最初定义为一串突发性的语音流或数字化的信息。在 OBS 中交换的颗粒为光突发,光突发可看成是由一些较小的、具有相同出口边缘节点地址和相同 QoS 要求的、数据分组组成的超长数据分组,这些数据分组可以来自于传统 IP 网中的 IP 包。在电路交换中,每次呼叫由多个突发数据串组成;而在分组交换中,一串突发数据要分在几个数据包中来传输。OBS 的交换粒度介于电路交换和分组交换之间,是多个分组的组合。由于 OBS 的交换颗粒较粗,因而处理开销大为减少。

光突发的分组为可变长度,它包括突发数据分组(BDP,Burst Data Packet)和突发控制分组(BCP,Burst Control Packet)两部分。BDP 由光数据分组(可以是 IP 光分组、ATM 光信元、帧中继分组或比特流等)串组成。BCP 包含了 BDP 的路由信息及其长度、偏置时间、优先级、服务质量等信息,它与对应的 BDP 分别在不同的光信道中传输,且比 BDP 提前一个偏置时延,这里偏置时延足够大,它能够在没有光缓存或光同步的情况下预留 BDP 所需的资源,使 BDP 到达节点之时,相应的光交换路径已建立,从而保证 BDP 的交换和传输。

在 OBS 中,在网络的边缘处抵达的 IP 包将被封装成突发,然后在控制波长上发送(连接建立)控制分组,而在另一个不同波长上发送数据分组,如图 10.2.7 所示。每一个突发数据分组对应于一个控制分组,并且控制分组先于数据分组传送。先一步传输的控制分组在中间节点为其对应的突发数据分组预定必要的网络资源,并在不等待目的节点的确认信息的情况下就立即发送该突发数据分组。

在 OBS 中,突发数据从源节点到目的节点始终在光域内传输,而控制分组在每个节点都需要进行 O/E/O 的变换以及电处理。控制信道(波长)与突发数据信道(波长)的速率可以相同,也可以不同。控制分组数据信道与控制信道隔离的方法简化了突发数据交换的处理,且控制分组长度非常短,因此使高速处理实现更容易。OCS、OPS、OBS 3 种类型的光交换技术比较如表 10.2.1 所示。

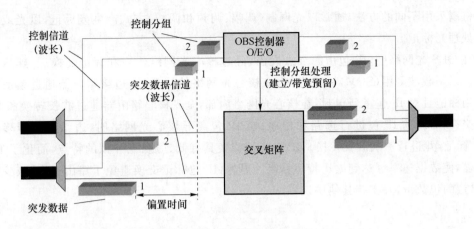

图 10.2.7　光突发交换原理示意图

表 10.2.1　几种交换方式的性能比较

序号	比较内容	光电路交换(OCS)	光分组交换(OPS)	光突发交换(OBS)
1	交换粒度	波长/波带/光纤(大粒度)	10 ns～10 μs 光分组(小粒度)	1～100 μs 突发包(中粒度)
2	交换方式	直通	存储-转发	直通
3	控制方式	带外控制	带内控制	带外控制
4	信息长度	可变	固定	可变
5	建立连接时延	高	低	低
6	建立连接占用信道	占用	不占用	占用
7	带宽利用率	低	高	较高
8	复杂性	低	高	中
9	灵活性	低	高	较高
10	光缓存器	不需要	需要	不需要
11	开销	低	高	低
12	特点	静态配置或端到端信令	存储转发交换	预留带宽交换

10.2.4　光标记交换技术

光标记交换(OLS)技术是在光包的包头地址上用各种方法打上标记,这样在光交换节点上根据光标记实现全光交换。光标记信号一般是兆比特每秒量级的低速率信号,而光包的传输速率都在吉比特每秒量级上,将低速的标记信号加在高速的光包信号上,可以根据不同的机制采用不同的方法,通常以光调制(调幅、调频和调相)方式产生光标记,以光或电的方法处理光标记。

在 OLS 光网络中,IP 包由源节点发出,经过核心光网络传输和标记交换后,到达目的节点。以副载波复用(SCM)标记为例,在核心光网络的接入处,边缘路由器通过添加副载波复用标记且对 IP 包重新包封;在核心光网络内部,全光核心路由器通过波长转换和 SCM 标记交换,对新的 IP 包进行选路和传递;当 IP 包离开核心光网络时,边缘路由器移去其 SCM 标记,并进行一次波长转换。IP 包标记交换具有低延迟、低开销的特点,简化了 IP 包的传输,使数据速率可达到太比特每秒级。另外,IP 包标记交换避免了路由查询,减少了通过 IP 层的包数量,并支持其他协议。

10.3　光传送网(OTN)

由于光信号固有的模拟特性和光器件的水平,在光域内很难完成 3R 中继功能(即再定时、整形和放大),人们暂时放下了对全光网的追求,转而用"光传送网"来代替。其出发点是子网内全光透明,而在子网边界处采用 O/E/O 技术。1998 年,ITU-T 正式提出光传送网(OTN)的概念。OTN 是指为客户层信号提供光域处理的传送网络,主要的功能包括传送、复用、选路、监视和生存性功能等。

OTN 的主要特点是引入了"光层"概念,即在 SDH 传送网的电复用层和物理层之间加入光层。OTN 处理的最基本的对象是光波长,客户层业务以光波长形式在光网络上复用、传输、选路和放大,在光域上分插复用和交叉连接,为客户信号提供有效和可靠的传输。

10.3.1　OTN 的分层结构

OTN 对应于开放系统互联(ISO/OSI)国际标准化组织定义的 7 层通信协议模型的第一层。OTN 又可以定义成一种 3 层网络结构,如图 10.3.1 所示,按照 OTN 技术的网络分层,可分为光通道层(OCh)、光复用段层(OMS)和光传输段层(OTS)3 层。另外,为了解决客户信号的数字监视问题,光通道层又分为光通道净荷单元(OPU)、光通道数据单元(ODU)和光通道传送单元(OTU)3 个子层,类似于 SDH 技术的段层和通道层。

OCh 与各种数字化的用户信号相接口,它为透明地传送 SDH、PDH、Ethernet、ATM、IP 等业务信号提供点到点的以光通道为基础的组网功能。OCh 指单一波长的传输通道,OMS 为经 DWDM 复用的多波长信号提供组网功能,OTS 经光接口与传输媒体相接口,以提供在光纤介质上传输光信号的功能。这 3 层的每一层,一方面扮演其上层(客户)网的服务层,同时又充当其下层(服务)网络的客户层角色。OTN 的各子层功能如下。

① OCh:OCh 为整个 OTN 的核心,是 OTN 的主要功能载体,负责为来自电复用段层的客户信息选择路由和分配波长,为灵活的网络选路安排光通道连接,处理光通道开销,提供光通道层的检测、管理功能,并在故障发生时通过重新选路或直接把工作业务切换到预定的保护路由来实现保护倒换和网络恢复。

② OMS:OMS 负责保证相邻两个波长复用传输设备间多波长复用光信号的完整传输,

为多波长信号提供网络功能。其主要功能包括：为灵活的多波长网络选路重新安排光复用段功能；为保证多波长光复用段适配信息的完整性处理光复用段开销功能；为网络的运行和维护提供光复用段的检测和管理功能。

③ OTS：光传输段层为光信号在不同类型的光传输媒质（如 G.652、G.653、G.655 光纤等）上提供传输功能，同时实现对光放大器或中继器的检测和控制功能等。

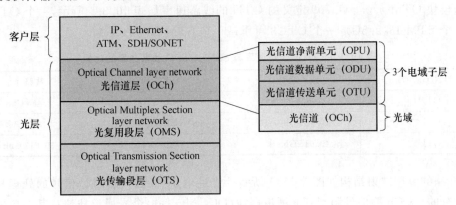

图 10.3.1　OTN 的分层结构

10.3.2　OTN 的复用映射

G.709 定义了两种光传送模块（OTM-n）。一种是完全功能光传送模块（OTM-$n.m$），另一种是简化功能光传送模块（OTM-0.m，OTM-$nr.m$），如图 10.3.2 所示。OTM-$n.m$ 定义了 OTN 透明域内接口，而 OTM-$nr.m$ 定义了 OTN 透明域间接口。这里 m 表示接口所能支持的信号速率类型或组合，n 表示接口传送系统允许的最低速率信号时所能支持的最多光波长数目。当 n 为 0 时，OTM-$nr.m$ 即演变为 OTM-0.m，这时物理接口只是单个无特定频率的光波。OTM-0.m 不支持光监控信道（OSC）。

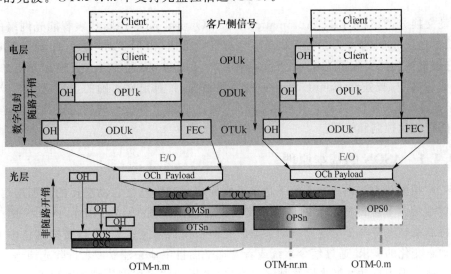

图 10.3.2　OTN 网络层次结构及信息流之间的关系

各种不同的客户层信号,如 IP、ATM、Ethernet 和 STM-N 等先映射到光信道层(OCh)中,经过光信道净负荷单元(OPUk)——光信道数据单元(ODUk)——光信道传送单元(OTUk),然后调制到光信道载波(OCC 或 OCCr)上,多个光信道载波(例如,i 个 40Gbit/s 的光信号、j 个 10Gbit/s 的光信号、k 个 2.5Gbit/s 的光信号,$1 < i+j+k < n$)被复用进一个光信道载波组(OCG-$n.m$ 或 OCG-$nr.m$)中,OCG-$n.m$ 再加上光监控信道(OSC)后,构成光传送模块 OTM-$n.m$。G.709 定义的 OTN 的线路速率如表 10.3.1 所示,一个 OTU1 可承载 1 个 STM-16(2.5G),一个 OTU3 可承载 1 个 STM-256(40G)。

表 10.3.1 OTN 线路速率与 SONET/SDH 线路速率的比较

OTN(G.709)	线路速率	SONET/SDH	线路速率
OTU1	2.666 Gbit/s	STS-48/STM-16	2.488 Gbit/s
OTU2	10.709 Gbit/s	STS-192/STM-64	9.953 Gbit/s
OTU3	43.018 Gbit/s	STS-786/STM-128	39.813 Gbit/s

OTN 的复用映射结构如图 10.3.3 所示。光通道层到光传输段层,信号的处理是在光域内进行的。OCh 层信号调制到光通道载波(OCC)上,每一个光通道载波有其对应的开销(OCCo)和净荷(OCCp),多个 OCC 波分复用形成一个光通道载波组(OCG-$n.m$),然后再依次映射形成光复用单元(OMU-$n.m$)和光传送单元(OTM-$n.m$)。信号的处理包含光信号的复用、放大及光监控通道(OOS/OSC)的加入,这部分信号处理处于波分复用的范围。从客户业务适配到光通道层,信号的处理都是在电域内进行的,包含业务负荷的映射复用、OTN 开销的插入,这部分信号处理处于时分复用的范围。由图可知,一个 ODU3 可承载 4 个 ODU2,一个 ODU2 可承载 4 个 ODU1。

10.4　自动交换光网络(ASON)

自动交换光网络(ASON,Automatic Switch Optical Network)代表智能光网络的主流方向,最早是在 2000 年 3 月由国际电信联盟标准化部门(ITU-T)的 Q19/13 研究组正式提出的,它将交换功能引入了光层,是光传送网的一大突破,实现传送与交换在光层的融合。ASON 采用客户/服务器(Client/Server)的体系结构,具有定义明确的接口,让客户端从光网络(服务器)请求服务,其概念有可能被推广,使之适用于各种不同的传送网技术,实现多层网络的智能化控制和管理。

10.4.1　ASON 的基本原理

ASON 指的是直接由控制系统下达信令来完成光网络连接自动交换的新型网络,其赋予原本单纯传送业务的底层光网以自动交换的智能。如图 10.4.1 所示,ASON 网络结构的核心特点就是支持电子交换设备动态地向光网络申请带宽资源,可以根据网络中业务分布模式动态变化的需求,通过信令系统或者管理平面自主地去建立或者拆除光通道,而不需要人工干预。采用自动交换光网络技术之后,原来复杂的多层网络结构可以变得简单和扁平化,光网络层可以直接承载业务,避免了传统网络中业务升级时受到的多重限制。

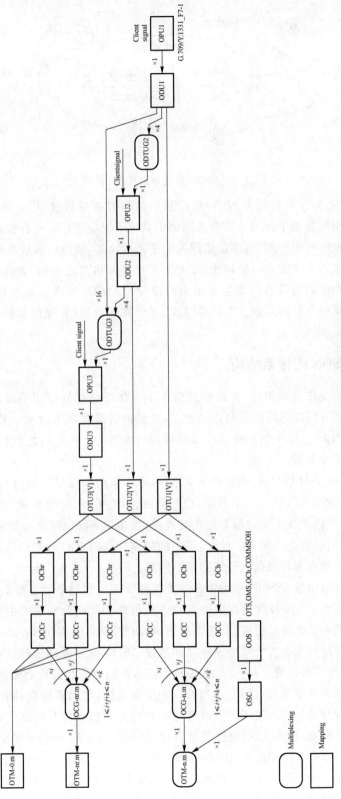

图 10.3.3 OTN 的复用映射结构

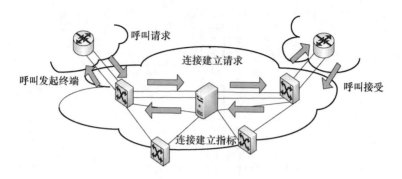

图 10.4.1　ASON 的基本思想和工作模式

ASON 网络之所以是智能光网络,就在于它本身具备的智能性,这种智能性体现在 ASON 网络通过引入控制平面第一次在光网络中实现了光信道建立的智能性,即 ASON 在不需要人为管理和控制的作用下,可以依据控制平面的功能,按用户的请求来建立一条符合用户需求的光信道。与传统光网络相比,ASON 无论是网络节点结构、业务提供方式,还是光通道支配方案和选路的策略都发生了很大的改变。ASON 的优势集中表现在其组网应用的动态、灵活、高效和智能方面。支持多粒度、多层次的智能,并提供多样化、个性化的服务是 ASON 的核心特征。

10.4.2　ASON 的体系结构

ASON 与传统光传送网相比,突破性地引入了更加智能化的控制平面,从而使光网络能够在信令的控制下完成网络连接的自动建立、资源的自动发现等过程。其体系结构主要表现在具有 ASON 特色的 3 个平面、3 个接口以及所支持的 3 种连接类型上。

1. ASON 的 3 个平面

如图 10.4.2 所示为 ITU-T 提出的 ASON 网络体系结构模型。通过引入控制平面以后,ASON 网络从逻辑上可分为 3 个平面:控制平面、传送平面、管理平面,传送平面负责信息流的传送,控制平面关注于实时动态的连接控制,管理平面面向网络操作者实现全面的管理,并对控制平面的功能进行补充。此外,图中的数据通信网(DCN)是用来联系 3 个平面,负责实现控制信令消息和管理信息传送的信令网络。

与现有的光网络相比,ASON 中增加了一个控制平面。控制平面是整个 ASON 的核心部分,由分布于各个 ASON 节点设备中的控制网元组成。控制网元主要由路由选择、信令转发以及资源管理等功能模块组成,而各个控制网元相互联系共同构成信令网络,用来传送控制信令信息。控制网元的各个功能模块之间通过 ASON 信令系统协同工作,形成一个统一的整体,实现了连接的自动化,并且能在连接出现故障时进行快速而有效的恢复。

ASON 通过引入控制平面,使用接口、协议和信令系统,可动态地交换光网络的拓扑信息、路由信息和其他控制信息,实现了光通道的动态建立和拆除以及网络资源的动态分配。从控制技术的角度出发,自动发现、链路资源管理、路由和信令是 ASON 控制平面最关键的问题,也是实现 ASON 所有智能功能的前提和基础。

在 ASON 中,另一个重要特征是管理功能的分布化和智能化。传统的光传送网管理体系被基于传送平面、控制平面和信令网络的新型多层面管理结构所替代,构成了一种集中管理与分布智能相结合、面向运营者的维护管理需求与面向用户的动态服务需求相结合的综合化的光网络管理方案。ASON 的管理平面与控制平面技术互为补充,可以实现对网络资源的动态配置、性能监测、故障管理以及业务管理等功能。

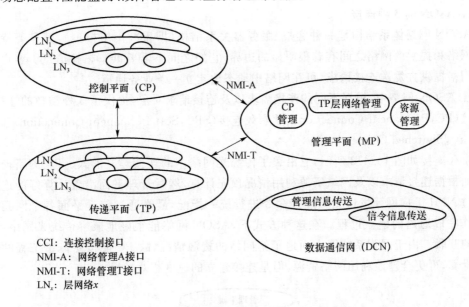

图 10.4.2 自动交换光网络(ASON)体系结构

ASON 传送平面由一系列的传送实体组成,是业务传送的通道,可提供用户信息端到端的单向或双向传输。ASON 传送网络基于格状(Mesh)网络结构,光传送节点主要包括光交叉连接(OXC)和光分插复用器(OADM)等设备。另外,传送平面结构具有分层的特点,它由多个层网络(如光通道层、光复用段层和光传输层)组成。

2. ASON 的 3 个接口

ASON 网络的接口是网络中不同的功能实体之间的连接渠道,它规范化了两者之间的通信规则。在 ASON 网络体系结构中,控制平面和传送平面之间通过连接控制接口(CCI)相连,而管理平面则通过网络管理接口 A(NMI-A)和网络管理接口 T(NMI-T)分别与控制平面及传送平面相连。3 个平面通过 3 个接口实现信息的交互。

通过 CCI,可传送连接控制信息,建立光交换机端口之间的连接。CCI 中的信息交互主要分成两类,从控制节点到传送平面网元的交换控制命令和从传送网元到控制节点的资源状态信息。

通过 NMI-A,网管系统对控制平面的管理主要体现在以下几个方面:管理系统对控制平面初始网络资源的配置;管理系统对控制平面控制模块初始参数配置;连接管理过程中控制平面和管理平面之间的信息交互;控制平面本身的故障管理;对信令网进行的管理,以保证信令资源配置的一致性。对控制平面的管理主要是对路由、信令和链路管理功能模块进行监视和管理,使用的管理协议包括简单网络管理协议(SNMP)等,也可以使用厂家自己定义的接口协议。

通过 NMI-T,网管系统实现对传送网络资源基本的配置管理、性能管理以及故障管理。传送平面的资源管理接口主要参照电信管理网(TMN)结构管理,使用的网络管理技术包括

SNMP 和公共管理信息协议(CMIP)等，也可以使用厂家定义的接口协议。对传送平面的管理主要包括以下几个方面：基本的传送平面网络资源的配置；日常维护过程中的性能监测和故障管理等。

3. ASON 的 3 种连接

ASON 网络体系结构是一种客户/服务器关系结构(即重叠网络模型)，其显著特点是客户网络和提供商网络之间有着很明显的边界，它们之间不需要共享拓扑信息。客户方通过向网络提供方发送连接请求，可在网络中动态地建立一条业务通道。

在 ASON 网络中，根据不同的连接需求以及连接请求对象，提供了 3 种类型的连接：永久连接(PC，Permanent Connection)、软永久连接(SPC，Soft Permanent Connection)和交换连接(SC，Switched Connection)。

永久连接如图 10.4.3 所示，它沿袭了传统光网络中的连接建立形式。PC 的路径由管理平面根据连接请求以及网络资源利用情况预先计算，然后管理平面沿着计算好的连接路径通过 NMI-T 向网元发送交叉连接命令进行统一指配，最终通过传送平面各个网元设备的动作完成通路的建立过程。在这种方式下，ASON 网络能很好地兼容传统光网络，实现两者的互联。由于网管系统能全面地了解网络的资源情况，故 PC 能按照流量工程的要求进行计算，可更合理地利用网络资源，但是连接建立的速度相对较慢。

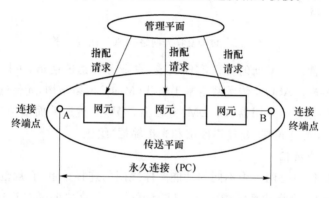

图 10.4.3　ASON 中的永久连接

软永久连接(SPC)的建立是由管理平面和控制平面共同完成的。这种连接的建立方式介于 PC 和 SC 之间，它是一种分段的混合连接方式。在 SPC 中，用户到网络的部分由管理平面直接配置，而网络部分的连接通过管理平面向控制平面发起请求，然后由控制平面完成，如图 10.4.4 所示。在 SPC 的建立过程中，管理平面相当于控制平面的一个特殊客户。SPC 具有租用线路连接的属性，但同时却是通过信令协议完成建立过程的，所以可以说它是一种从通过网络管理系统配置(永久连接)到通过控制平面信令协议实现(交换连接)的过渡类型的连接方式。

交换连接(SC)是一种由于控制平面的引入而出现的全新的动态连接方式。如图 10.4.5 所示，SC 的请求由终端用户向控制平面发起，在控制平面内通过信令和路由消息的动态交互，在连接终端点 AB 之间计算出一条可用的通道，最终通过控制平面与传送网元的交互完成连接的建立过程。在 SC 中，网络中的节点能够像电话网中的交换机一样，根据信令信息实时地响应连接请求。交换连接实现了在光网络中连接的自动化，且满足快速、动态

的要求,符合流量工程的标准。这种类型的连接集中体现了 ASON 的本质特点,是 ASON
连接实现的最终目标。

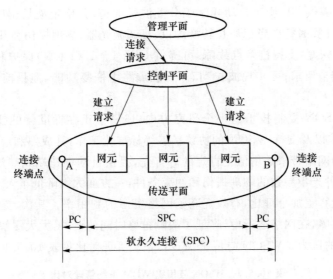

图 10.4.4　ASON 中的软永久连接

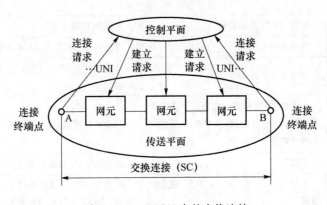

图 10.4.5　ASON 中的交换连接

10.5　波长交换光网络

　　波长交换光网络(WSON,Wavelength Switched Optical Network)是 IETF 标准组织倡
导的目前 OTN 的骨干传送网和第三代全光网智能波分标准,即基于 WDM 传送网的
ASON,除了传统的 ASON 的功能外,主要解决波分网络中光纤/波长自动发现、在线波长
路由选择、基于损伤模型的路由选择等问题。

　　WSON 将控制平面引入到波长网络中,实现波长路径的动态调度。通过光层自身自动
完成波长路由的计算和波长分配,而无须管理平面的参与,使波长调度更智能化,提高了
WDM 网络调度的灵活性和网络管理的效率。目前 WSON 可实现的智能控制功能主要包
括以下几项。

① 光层资源的自动发现：光层波长资源发现，主要包括各网元、各线路光口已使用的波长资源、可供使用的波长资源等信息。

② 波长业务提供：自动、半自动或手工分配波长通道，并确定波长调度节点，避免波长冲突问题。路由计算时智能考虑波长转换约束、可调激光器、物理损伤和其他光层限制。

③ 波长保护恢复：支持抗多点故障，可提供 OCh 1＋1/(1：N) 保护和永久 1＋1 保护等，满足 50 ms 倒换要求；可实现波长动态/预置重路由恢复功能，但目前恢复时间可实现秒级。

WSON 是 ASON 控制技术的一个研究方向，还属于正在标准化的技术，目前完成了WSON 架构、需求以及支持 WSON 的协议扩展等标准化工作，其成熟和应用还需要一定时间，但它的应用给网络带来的增值是肯定的。首先，提供自动创建端到端波长业务，路由计算时自动考虑各种光学参数的物理损伤和约束条件，一方面大大降低了人工开通的复杂度，另一方面，路由计算更加合理化，有效提高了网络资源的利用率。其次，提供较高的生存能力，可以抗多次故障，在网络运行中，降低了故障抢修时间的要求，大大缓解了日常故障抢修给维护人员带来的压力。WSON 与传统 WDM 系统管理对比见表 10.5.1。

表 10.5.1　WSON 与传统 WDM 系统管理对比

全业务波分的发展对比		
性能	传统 WDM 系统管理	WSON 网络管理
管理 WDM 网络结构	管理点到点系统	管理线型、环型、Mesh 型多种网络结构
可管理维护能力	可管理维护能力较低	支持 G.709 接口、提供光层开销、提高可管理维护能力
波长高度管理	不支持，系统初始配置完成后波长固定不变、不可再配置，如果修改配置需要改变物理光纤连接	具有波长调动管理、可利用网管配置上下波长
动态波长分配	不支持	运用 WSON 智能控制技术，可实现动态上下波长
保护恢复管理	支持 1＋10MSP、1＋10NPC 等保护管理	利用 WSON 智能控制技术，支持更多的保护恢复类型，并提供相应的保护恢复管理

目前 ASON 设备的传送平面相对成熟，主要是基于 SDH 的 ASON 设备，它的交叉矩阵从 160 Gbit/s 到 Tbit/s 不等，主要是 320 Gbit/s 和 640 Gbit/s，处理的颗粒为 VC-4-nC/V，部分支持 G.709。在 OTN 中，核心交叉还是基于 SDH-VC 的交叉，只是增加了 OTN 封装，电层带宽颗粒为光通路数据单元（$ODUk$，$k=1,2,3$），即 ODU1(2.5 Gbit/s)、ODU2(10 Gbit/s) 和 ODU3(40 Gbit/s)，光层的带宽颗粒为波长，相对于 SDH 的 VC-12/VC-4 的调度颗粒，OTN 复用、交叉和配置的颗粒明显要大得多，对高带宽数据客户业务的适配和传送效率显著提升。目前的 ASON/GMPLS 控制平面技术还是以 SDH-VC 粒度的交叉为交换对象，研究业务快速配置、网络生存性以及互联互通等问题，而在波长交换光网络中交叉连接的对象是光层波长通道，控制平面在基于波长级别路径的选路和分配资源上存在以下两方面的挑战。

（1）波长一致性约束

在 WSON 中，由于全光波长交换器技术的不成熟以及造价太高，导致 WSON 交换节点还是以不具备全光交换能力的 ROADM(Reconfigurable Optical Add-Drop Multiplexer)设备为主。在这种不具备全光交换能力的 WSON 中,任何两条光路在它们共同经过的光纤链路上不能使用相同的播出,这种约束称为波长一致性约束。

(2) 物理损伤约束

WSON 面临着光纤信道中模拟传输所要遇到的各种问题,特别地,在选择一个波长通道时,各种物理层的约束因素都需要考虑到,如源节点启动的功率预算、偏振模色散、色度色散、放大器自发辐射、信道间的串扰和其他非线性效应。在路径计算过程中,通常假设所有的路由都能满足信号传输质量,因此不需要考虑物理损伤约束。一个光网络可以分成区域大小有限的几个子网,然而,随着网络规模的扩大、传输距离的增大,一个区域太大以至各种物理损伤将被累积,不能保证所有的波长通道都满足信号传输质量。在这种情况下,物理损伤约束应该直接包括在路由状态信息、信令信息和相关的路由算法中。这种约束被称为物理损伤约束。

当前,WSON 网络及节点设备的研发正在进行,主要是为了满足光网络规模化、动态化以及优质化的需求,实现透明的大容量光组网与光交换。

10.6 分组传送网(PTN)

近几年来,移动多媒体业务、IPTV、三重播放等新兴宽带数据业务迅速发展,使得数据流量迅猛增长,这种趋势推动着光传送网的转型和演变,传统的 SDH/WDM 传送网基于电路交换,尽管具有强生存性和 QoS 保证,但在承载突发性强、带宽变化的分组业务时往往表现出交换粒度不灵活、网络层次与功能重叠、效率较低等缺点。尽管几经变革,也提出不少 IP/Ethernet over SDH/WDM 方案,但电路交换本身的缺陷难以从根本上改变这一状态。另一方面,以分组交换为特征的互联网以其高效、灵活等优势获得迅猛的发展,但其不可控管、无 QoS 保证及安全性等也是难解决的无奈提。为了能够灵活、高效和低成本地承载各种业务尤其是数据业务,分组传送网(PTN)技术应运而生。

PTN 是基于分组交换、面向连接的多业务统一传送技术,不仅能较好地承载以太网业务,而且兼顾了传统的 TDM 和 ATM 业务,满足高可靠、可灵活扩展、严格 QoS 和完善的 OAM 等基本属性。从网元的功能结构来看,PTN 网元由传送平面、管理平面和控制平面共同构成,3 个平面内包括的功能模块如图 10.6.1 所示。

① 传送平面。传送平面实现对 UNI 接口的业务适配、业务报文的标签转发和交换、业务的服务质量(QoS)处理、操作管理维护(OAM)报文的转发和处理、网络保护、同步信息的处理和传送以及接口的线路适配等功能。

② 管理平面。管理平面实现网元级和子网级的拓扑管理、配置管理、故障管理、性能管理和安全管理等功能,并提供必要的管理和辅助接口,支持北向接口。

③ 控制平面功能(可选)。目前 PTN 的控制平面的相关标准还没有完成,一般认为它可以是 ASON 向 PTN 领域的扩展,用 IETF 的 GMPLS 协议实现,支持信令、路由和资源管理等功能,并提供必要的控制接口。

PTN 支持基于线性、环形、树形、星形和格形等多种组网拓扑。在城域核心、汇聚和接入三层应用时,PTN 通常采用多环互联＋线形的组网结构。在 PTN 网络中,PTN 的网元分为网络边缘(PE)节点和网络核心(P)节点两类,PE 节点与客户边缘(CE)节点直接相连,P 节点在 PTN 网络中实施标签交换与转发功能。

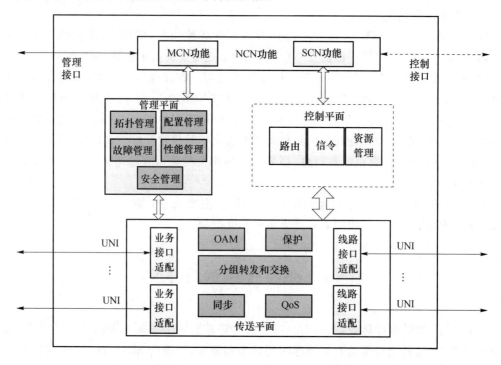

图 10.6.1 PTN 网元的功能模块示意图

PTN 融合了数据网和传送网的优势,并尽量摒弃它们的不足,既具有分组交换、统计复用的灵活性和高效率,又具备电信网强大的运行维护管理(OAM)、快速保护倒换能力和良好的 QoS 保证,成为网络融合和发展的重要方向之一。

目前,PTN 已形成 T-MPLS/MPLS-TP 和 PBB-TE 两大类主流实现技术,前者是传输技术与 MPLS 技术结合的产物,后者是基于以太网增强技术发展而来,即电信级以太网技术。

(1) T-MPLS/MPLS-TP

传送-多协议标签交换(T-MPLS)是从 IP/MPLS 发展而来的,最初由 ITU-T 于 2005 年 5 月提出,到 2007 年底已发布和制定了 T-MPLS 框架(G.8110.1)、T-MPLS 网络接口(G.8112)、T-MPLS 设备功能(G.8121)等系列标准。后来 IETF 提出 T-MPLS 与 MPLS 兼容性等问题。2008 年 2 月,ITU-T 同意和 IETF 成立联合工作组来共同讨论 T-MPLS 和 MPLS 标准的融合问题。在 2008 年 2～4 月期间,联合工作组的相关专家深入研讨了 T-MPLS 和 MPLS 技术在数据转发、OAM、网络保护、网络管理和控制平面方面的差异,并推荐 T-MPLS 和 MPLS 技术进行融合。IETF 同意吸取 T-MPLS 中的 OAM、保护和管理等传送技术,扩展现有 MPLS 技术为 MPLS-TP(Transport Profile for MPLS),双方共同开发 MPLS-TP 标准。

MPLS-TP 的数据转发面是 MPLS 的一个子集,它去掉了 MPLS 中基于 IP 的无连接转发特性,强化了 MPLS 中面向连接的内容,吸取了伪线仿真(PWE3)技术支持多业务承载,

并且保存了 TDM/OTN 良好的操作维护管理功能和快速保护倒换技术的优点。T-MPLS
可以承载 IP、以太网、ATM、TDM 等业务,其物理层可以是 PDH/SDH/OTN,也可以是以
太网。

(2) PBB-TE

PBB-TE 是从以太网发展而来的面向连接的以太网传送技术,由 IEEE 802.1Qay 任务
组负责开发,是在运营商骨干桥接(PBB)基础上发展而来,在 MACinMAC 基础上进行改进
的,取消了 MAC 地址学习、生成树和泛洪等属于以太网无连接特性的功能,并增加了流量
工程(TE)来增强 QoS。PBB-TE 技术可以兼容传统以太网的架构,转发效率较高。

MACinMAC 技术将用户的以太网数据帧再封装一个运营商的以太网帧头,即用户
MAC 被封装在运营商的 MAC 内,形成两个 MAC 地址,通过二次封装对用户流量进行隔
离。这种方法具有清晰的运营商网络和用户间的界限,增强了以太网的可扩展性和业务的
安全性。同时,PBB-TE 也引入了一些传送网的 OAM 功能。

PTN 两大主流实现技术具有类似的功能,都能满足面向连接、可控可管理的因特网传
送要求,但在具体细节上有一定差异,在标签转发和多业务承载方面的主要区别如下。

- 两者采用的标签和转发机制不同。MPLS-TP 采用 MPLS 的标签交换路径(LSP,
  Label Switch Path)标签(局部标签),在 PTN 网络的核心节点进行 LSP 标签交换;
  PBB-TE 采用运营商的 MAC 地址+VLAN(全局标签),在中间节点不进行标签交
  换,标签处理上相对简单一些。
- 多业务承载能力不同。MPLS-TO 采用伪线电路仿真(PWE3)技术来适配不同类型
  的客户业务,包括以太网、TDM 和 ATM 等;PBB-TE 目前主要支持以太网专线
  业务。

我国对 PTN 的两种技术都有研究与开发,并已经推出了一些 PTN 设备,这些设备在
3G 移动通信的建设中得到了应用,推动了 3G 回传网的 IP 化和宽带化。由于多数运营商
已建有 MPLS 网络,所以对 MPLS-TP 比较青睐。

参考文献

[1] 袁国良,李元元.光纤通信简明教程.北京:清华大学出版社,2006.

[2] 王延恒,王黎明.光纤通信系统与光纤网.天津:天津大学出版社,2007.

[3] 胡庆,王敏琦.光纤通信系统与网络.北京:电子工业出版社,2006.

[4] 孙强,周虚.光纤通信系统及其应用.北京:清华大学出版社;北京交通大学出版社,2004.

[5] 刘增基,周洋溢,胡辽林,等.光纤通信.西安:西安电子科技大学出版社,2001.

[6] 袁国良.光纤通信原理.北京:清华大学出版社,2004.

[7] 陈希明,周平.光开关主流技术.光通信技术,2006(3):53-55.

[8] 杨祥林.光纤通信系统.北京:国防工业出版社,2003.

[9] 郑洁.周日凯,马洪勇,等.光开关综述.烽火技术,2008(8):11-13.

[10] 原荣.光纤通信.北京:电子工业出版社,2006.

[11] Joseph C. Palais. Fiber Optic Communications. 北京:电子工业出版社,2005.

[12] Djafar K. Mynbaev,Lowell L. Scheiner. Fiber-Optic Communications Technology. 北京:科学出版社,2004.

[13] 吴德明.光纤通信原理与技术.北京:科学出版社,2004.